高等学校实践类系列教材

# 网络工程技术实践

主编 王 亮

西安电子科技大学出版社

# 内 容 简 介

本书按照典型的企业网络规划、设计、组建、应用和管理的需求编写，根据对计算机网络技术人才专业技能的分类，将企业网络工程技术的内容划分为综合布线技术、企业园区网络技术、企业远程网络技术、企业数据中心技术、企业网管中心技术、企业网络安全技术六大功能模块。书中系统地介绍了各模块相关的基本技术，并通过精心设计的典型网络工程案例，按照任务驱动方式构建了各种基础实训项目。

本书可作为高校计算机网络及相关专业的教材，也可作为计算机网络工程技术人员的参考书。

**图书在版编目（CIP）数据**

网络工程技术实践 / 王亮主编. —西安：西安电子科技大学出版社，2022.5
ISBN 978–7–5606–6414–9

Ⅰ. ①网… Ⅱ. ①王… Ⅲ. ①网络工程—高等学校—教材 Ⅳ. ①TP393

中国版本图书馆 CIP 数据核字(2022)第 055261 号

策　　划　　刘玉芳　刘统军
责任编辑　　孟秋黎
出版发行　　西安电子科技大学出版社(西安市太白南路 2 号)
电　　话　　(029)88202421　88201467　　　邮　　编　　710071
网　　址　　www.xduph.com　　　　　　　电子邮箱　xdupfxb001@163.com
经　　销　　新华书店
印刷单位　　陕西天意印务有限责任公司
版　　次　　2022 年 5 月第 1 版　　2022 年 5 月第 1 次印刷
开　　本　　787 毫米×1092 毫米　1/16　印　张　20
字　　数　　476 千字
印　　数　　1～3000 册
定　　价　　49.00 元

ISBN 978–7–5606–6414–9 / TP

**XDUP 6716001–1**

***如有印装问题可调换***

# 前　言

随着我国信息化建设的深入，越来越多的政府机构和企业都建立了自己的网络和网站，而无论是企业网络的构建、管理还是网站的开发运营，都需要更多的网络人才来实现。当今社会急需掌握计算机网络设计的软、硬件知识，具备计算机网络的规划、设计能力，具备网络设备的安装、操作、测试和维护能力，具备网络管理系统和网络安全系统的操作能力，具备快速跟踪网络新技术的能力，能真正把基础理论知识与网络实践合二为一的懂技术、会管理的复合型人才。

实训教学是高等院校人才培养方案的重要组成部分，实训教学体系的构建和实训环境的建设是专业教育能否真正培养出适应市场需要的技能型、应用型人才的关键。因此，在计算机网络技术及相关专业的建设与改革过程中，应以企业应用和岗位需求为导向，以能力培养为主线，以学生训练为主，紧跟市场和技术发展动态，进行真实(或仿真)的实训教学。本书以计算机网络行业和企业中相关工作岗位和工作范围为出发点，以企业网络组建、应用和网络管理为目标，提炼出网络工程相关工作中各环节常见的问题进行实训，突出针对性和实用性，理论与实践并重，加强对学生技术能力的培养，使学生既能动脑更能动手。

本书以典型企业网络工程的规划、设计、组建、应用、管理为主线进行结构设置，根据计算机网络技术人才所需的专业基础技能，将企业网络工程技术分为综合布线技术、企业园区网络技术、企业远程网络技术、企业数据中心技术、企业网管中心技术、企业网络安全技术六大功能模块，各模块既相对独立，又可以相互关联，集成为一个完整的企业网络系统仿真环境。由每个功能模块提炼出多个典型的工作任务，每个工作任务针对具体的内容和目标进行需求分析，通过知识链接帮助学生了解、掌握与任务相关的知识要点，根据需求分析进行实训的规划和实施，并完成任务的验收。每章的内容既体现了网络工程技术在企业中的实际应用过程，又提供了在学习中发现问题、分析问题、解决问题的途径。

本书采用任务驱动方式编写了 27 个实训任务，基本覆盖了企业网络工程技术的各项基础内容，充分体现了实践性和应用性。

　　本书由王亮负责规划、编写、审核、统稿。编写中还参考了一些专著和文献，在此对相关作者一并表示感谢！

　　网络工程技术涉及的内容丰富，新技术和新应用不断涌现，因篇幅有限，不能一一讲解。由于编者水平有限，疏漏之处在所难免，敬请广大读者批评指正，如有建议和要求请发邮件至 wangliang@scetop.com。

编　者

2022 年 2 月

# 目　　录

第1章 网络工程技术体系概述

⊠ **教学目标**

通过本章学习，使学生了解企业网络技术的实训体系。

⊠ **教学要求**

本章各环节的关联知识与对学生的能力要求见下表：

| 知识要点 | 能力要求 | 关联知识 |
|---|---|---|
| 实训需求与目标 | (1) 了解计算机网络岗位需求；<br>(2) 了解网络人才培养目标；<br>(3) 了解实训目标和实现效果 | (1) 计算机网络人才需求和职业岗位群分析；<br>(2) 计算机网络专业培养目标与人才的需求关系 |
| 实训环境 | (1) 了解网络实训环境结构；<br>(2) 了解设备配置方案 | (1) 网络实训环境的结构布局；<br>(2) 网络实训环境的特点 |
| 实训内容 | (1) 掌握网络技术基础实训的内容；<br>(2) 了解网络工程项目实训的内容 | 网络技术的各项实训内容 |
| 实训流程 | 了解企业网络实训流程的阶段 | 企业网络技术实训流程 |

⊠ **重点难点**

➢ 计算机网络专业培养目标与人才的需求关系；

➢ 网络实训环境的结构布局；

➢ 网络技术的各项实训内容。

# 1.1 概　述

信息化已成为当今世界各国经济与社会发展的大趋势，计算机网络已经成为信息社会的运行平台和实施载体。社会生产与人类生活中，网络应用的全面延伸促进了计算机网络技术的全面发展，各行各业都需要计算机网络技术方面的人才。

在计算机网络技术专业人才培养方面，国外高校很少设置独立的网络技术专业，仅仅在原有计算机科学或信息技术类专业中增加相关网络课程。国外职业教育的体系比较健全，又有微软、Cisco 等龙头 IT 企业的支持，在网络人才的职业培训方面有其特定的优势。与国外相比，国内更重视网络专业人才的培养。近几年许多高校在原计算机应用专业的基础上，设置了独立的计算机网络技术专业。但计算机网络技术专业也存在一些共性问题：定位不准，受师资、实训条件限制，培养的人才知识滞后，职业技能不强，岗位适应能力差。相对网络技术的快速发展和广泛应用，技术应用和技术管理人才的培养工作相对滞后。

目前，信息产业的人才缺口主要表现在具有研发能力的高端人才和高技能型人才两方面。随着网络技术的发展，网络管理、网络安全、网络维护、网页制作、网络资源开发等方面的人才缺口巨大。

实训教学是高职院校专业人才培养方案的重要组成部分，实训教学体系的构建和实训环境的建设是专业教育能否真正培养出适应市场需要的技能型应用人才的关键。因此，计算机网络技术及相关专业的建设与改革应该以企业应用和岗位需求为导向，以能力培养为主线，以学生训练为主，紧跟市场和技术发展动态，进行真实(或仿真)的实训教学。

# 1.2 实训需求与目标

实训教学及实训基地的建设是高校专业建设与改革的重要方面，要制定一套合适的计算机网络技术专业实训教学方案和内容，必须以计算机网络领域岗位需求为依据，明确高等职业院校计算机网络技术专业的人才培养定位与目标。

## 一、计算机网络岗位需求

对网络及相关行业的调研显示，目前计算机网络人才大部分分布在基于网络产业链的各种企业，分别是 IT 厂商、代理/分销商、弱电/系统集成商、服务提供商、终端客户等，这些企业均具有对计算机网络人才的需求，我们通过调查分析整理出符合计算机网络专业特别是高职学生特点和能力的岗位(群)主要有网络建设、网络管理、网络应用、网络营销与支持等。为此，我们提炼出以网络建设、网络管理、网络应用(即建网、管网、用网)三大主要职业岗位群为导向的人才培养方案。

表 1-1 为计算机网络人才需求和职业岗位群分析。从表中可以看出网络行业和企业岗位(群)的岗位能力和职业素质的需求，根据此表的分析结果可有针对性地进行相关能力和素质的培养。

表 1-1  计算机网络人才需求和职业岗位群分析

| 序号 | 产业链企业 | 相关岗位 | 符合高职特点的岗位(群) |
|---|---|---|---|
| 1 | IT 厂商 | 产品设计与工艺 | 网络营销与支持 |
|  |  | 加工、生产 |  |
|  |  | 开发 |  |
|  |  | 销售、营销 |  |
|  |  | 售前、售后服务 |  |
| 2 | 网络代理/分销商 | 产品销售 | 网络建设<br>网络营销与支持 |
|  |  | 售前、售后 |  |
|  |  | 工程 |  |
|  |  | 服务 |  |
| 3 | 系统集成商 | 产品 | 网络建设<br>网络营销与支持 |
|  |  | 售前、售后 |  |
|  |  | 销售 |  |
|  |  | 工程实施 |  |
|  |  | 项目管理 |  |
| 4 | 服务提供商 | 售前工程师 | 网络建设<br>网络管理<br>网络营销与支持 |
|  |  | 销售人员 |  |
|  |  | 售后服务 |  |
|  |  | 项目管理 |  |
|  |  | 项目助理 |  |
| 5 | 终端客户 | 管理人员 | 网络建设<br>网络管理<br>网络应用 |
|  |  | 技术人员 |  |
|  |  | 服务人员 |  |

## 二、网络人才培养目标

图 1-1 所示为计算机网络技术专业人才培养目标与人才需求关系。

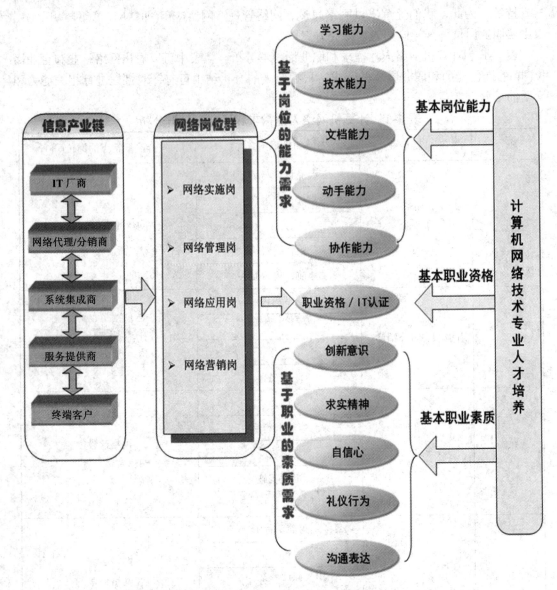

图 1-1 计算机网络技术专业人才培养目标与人才需求关系

　　根据职业岗位的要求，高职计算机网络技术专业的培养目标为：面向 IT 信息产业链，以网络建设、网络管理、网络应用三大主要职业岗位群为导向，培养具备基本职业素质、基本职业资格、基本岗位能力的"三基"型高技能人才，培养能够胜任企业网络的组建与管理、网络产品研发及服务的专业人员。

## 三、实训目标

　　根据计算机网络技术专业人才的培养目标，网络实训的目标是在体验网络岗位及岗位群的基础上，针对 IT 产业链企业内网络建设、网络管理、网络应用、网络营销与支持等岗位的具体要求，进行岗位专项技能强化训练，使受训人员的专业技能水平达到职业能力要求。

计算机网络实训结合计算机网络技术专业改革，充分考虑社会对应用型知识技能人才的专业知识要求和职业素质要求，重点培养学生的实际动手能力和技术应用能力，以计算机和网络设备为基本组件，以企业网络系统为体系结构，以网络的建立与管理为核心，以综合布线为依托，按照真实(或仿真)的实训环境建设要求，重视专业知识熏陶的同时重视职业素质训练，构建使实训学生感受到与企业"零距离"接触的环境，通过典型的企业网络项目实例，让学生在完成企业网络项目的过程中巩固所学到的网络基础知识，能够掌握现实工程中网络集成项目实施必须经历的所有步骤，了解每一个步骤需要注意的事项，为毕业后从事网络相关工作打好基础。

实训具体目标如下：

- 充分了解网络工程项目流程和各施工环节。
- 根据系统的设计文档完成网络系统的相关调试，组织实施单元测试和集成测试，按要求交付系统和调试文档，能够熟练运用专业技能和特殊技能完成复杂的网络施工保障工作，能够独立处理和解决网络工程施工中的技术难题。
- 能够独立处理网络工程系统保障工作中出现的常见问题，及时排查网络系统运行中所出现的各类故障。
- 根据用户需求完成系统的规划设计和预算，具有提出网络工程解决方案的能力和一定的技术管理能力。
- 能够维护网络机房的运行环境。
- 能够对通信线路、网络设备、主机系统等运行平台进行日常监控、故障诊断与维护。
- 具有对网络系统优化升级的能力。
- 具有对网络安全的部署能力。
- 能够对网络系统漏洞及时进行诊断和处理。
- 养成良好的表达、沟通和团队协作能力，掌握快速学习方法，培养良好的分析问题和解决问题的能力。

## 四、实训效果

根据实训目标，结合具体的实训内容和实训流程，应该达到如下实训效果：

- 理解网络工程项目的实施流程，熟悉项目实施过程中各类文档的编写规范。
- 掌握综合布线技术，了解综合布线施工流程和相关施工规范。
- 掌握园区网络交换技术，体验各常用局域网交换技术的实际应用过程，以及主流厂商产品的安装配置过程。
- 掌握广域网技术，体验路由技术、主流厂商设备的相关配置过程。
- 掌握主机服务器技术，体验服务器的安装配置、各种网络服务的部署过程。
- 掌握网络故障诊断与维护技术，体验网络管理与分析的工作流程与技术细节。
- 掌握数据中心机房环境的维护方法和常见问题的处理细节。
- 掌握网络通信线路的管理、维护方法以及常见问题的处理细节。
- 熟练掌握服务器的管理、维护方法以及常见问题的处理细节。

- 熟练掌握园区网络的管理、维护方法以及常见问题的处理细节。
- 熟练掌握广域网络的管理、维护方法以及常见问题的处理细节。
- 熟练掌握数据中心的数据存储、备份管理方法以及常见问题的处理细节。
- 熟练掌握网络系统的安全部署和漏洞处理能力。
- 具有一定的网络设计能力。
- 通过工程实施过程的实践,了解工程施工过程中团队合作的重要性。

# 1.3  实训环境

## 一、实训环境结构

根据对计算机网络技术人才所需专业技能的模块分解,按照一个实际应用的较完整的企业网络系统工程的体系结构及实施流程,将企业网络技术实训环境划分为综合布线、企业园区网、企业远程网、企业数据中心、企业网管中心、企业安全中心六大功能模块,各实训功能模块既相对独立又可相互关联,彼此集成为一个完整的企业网络系统仿真环境。网络实训环境的结构布局如图 1-2 所示。

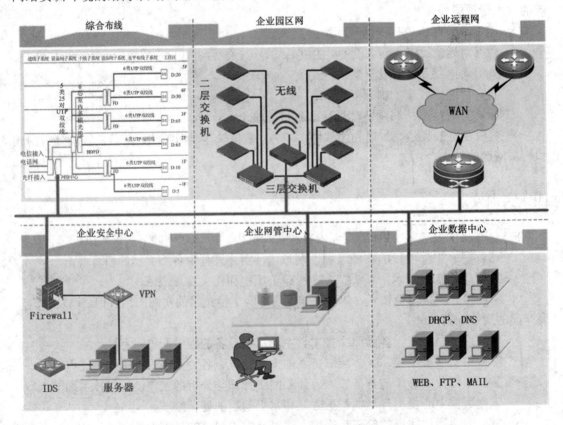

图 1-2  网络实训环境的结构

## 二、实训配置方案

根据企业网络技术的实训目标，结合网络实训环境的结构布局，按照每小组进行实训的配置方案如表 1-2 所示。

表 1-2 企业网络技术实训配置

| 序号 | 功能模块 | 主要设备 | 参考型号 | 备注 |
|---|---|---|---|---|
| 1 | 综合布线 | 多功能综合布线实训装置、钢结构模拟仿真墙等 | VCOM、开元综合布线实训系统 | 每组 1 台综合布线装置、1 单元模拟墙 |
| 2 | 企业园区网 | 可管理二层交换机、三层交换机、无线交换机、无线 AP | 锐捷 RG-S3760、锐捷 RG-S2328G、锐捷 RG-MXR-2、RG-MP71 H3C LS-S3610 H3C LS-S3100、H3C EWP-WX3010、H3C EWP-WA2612 | 每组 2 台二层交换机、2 台三层交换机、1 台无线交换机、2 台无线 AP |
| 3 | 企业远程网 | 路由器 | 锐捷 RG-RSR20、H3C RT-MSR2040 | 每组 4 台 |
| 4 | 企业数据中心 | 服务器、桌面交换机 | 联想、同方、宏碁等 | 每组 4 台 |
| 5 | 企业网管中心 | PC、桌面交换机 | 联想、同方、宏碁等 | 每组 4 台 |
| 6 | 企业安全中心 | 防火墙、VPN | 锐捷 RG-WALL160M、锐捷 RG-WALL-V160S、H3CNS-SecPath U200、深信服 VPN2050 | 每组 2 台防火墙、2 台 VPN |

## 三、实训环境特点

企业网络技术实训环境主要有如下特点：

(1) 系统化。实训功能模块既相对独立又相互关联，实训教学由浅入深逐步展开，符合专业的教学流程，有利于构建相对独立的实训教学体系。

(2) 模块化。网络实训的各实训环节应考虑各自的独立性和完整性，形成具有强针对性的实训功能模块，每个模块用于培养对应人才的特定能力。

(3) 实用性。实训教学环节根据实际的应用型人才培养需要而设置，提供的实训环境符合应用现状，实训环节必须跟上当前技术发展和应用的最新水平，根据需要随时做出扩充和更新。

(4) 仿真性。各实训功能模块楼层间及设备间实行全面的仿真设计，从每个环节体现出实训的真实性，使学生在学习过程中可全面掌握规范的网络设计方法。

# 1.4 实 训 内 容

根据实训的需求和目标，实训内容应重点突出实践教学，突出基本技能和职业能力的培养，提高学生认知水平，强化实践技能的培养，并结合实训实习基地的条件组织安排，采用课堂教学与技能实践、项目工程与实训相结合的形式，实行层次化的阶段能力培养模式。

根据网络岗位职业能力培养的基本规律，将实训内容分为两个层次：第一层是网络技术基础实训，以实训任务的形式着重于网络技术基础技能的训练；第二层是网络工程项目实训，以实训项目的形式突出职业能力培养。

## 一、网络技术基础实训

网络技术基础实训的主要内容如下：

(1) 综合布线实训。综合布线实训主要进行综合布线系统的技能实训，具体实训内容主要包括双绞线的制作、安装信息模块、安装配线架(数据、语音)、光纤连接器的互连、线槽线管成型、综合布线图纸绘制、布线工程测试与验收等。

(2) 企业园区网实训。企业园区网实训主要对二、三层交换机设备进行组建和配置，具体实训内容包括学习交换机基础知识，学习 TCP/IP 协议及应用、网络命令的使用、交换机的设置及管理、虚拟局域网(VLAN)的配置与管理，学习交换机 Trunk 技术、三层路由技术、无线网架设与配置、IPv6 技术与配置等。

(3) 企业远程网实训。企业远程网实训为广域网和路由器相关技术实训，具体实训内容包括学习广域网技术及应用、路由器的基本配置、静态路由配置、RIP 配置、OSPF 配置、访问控制列表 ACL 及其实现方法、地址转换 NAT 配置等。

(4) 企业数据中心实训。企业数据中心实训涉及服务器及网络应用相关技术，具体实训内容包括服务器技术、配置 DHCP 服务、配置 DNS 服务、配置 WWW 服务、配置 FTP 服务、配置共享存储等。

(5) 企业网管中心实训。企业网管中心实训涉及网络管理与监控技术，具体实训内容包括简单网络管理协议(SNMP)、网络管理软件及其应用、网络监测软件及其应用、远程管理软件及其应用等。

(6) 企业安全中心实训。企业安全中心实训涉及网络安全技术及设备，具体实训内容包括防火墙技术应用、交换机安全技术的应用、网络病毒防护系统的设置、VPN 技术(SSL VPN、IPSec VPN)等。

## 二、网络工程项目实训

网络工程项目实训的主要内容如下：

(1) 企业网络工程流程与规范。该实训主要包括网络工程概预算、网络工程招投标、网络工程实施流程、网络工程管理、网络工程技术规范等内容。

(2) 企业网络系统规划与设计。该实训主要包括企业网络方案规划、方案设计、技术选择及设备选型等内容。

(3) 企业网络组建实训。该实训主要由多个模拟企业典型网络的集成项目组成，包括综合布线工程案例、校园双栈园区网建设、集团公司广域网建设、图书馆无线网工程等，以项目的方式进行企业网络组建实训。

(4) 企业网络典型应用实训。该实训主要由多个模拟企业典型网络应用的项目组成，包括企业基础网络应用服务、集团公司网络集中管理、企业邮件系统实施、网络视频系统应用等，以项目的方式进行企业网络应用实训。

(5) 企业网络管理与安全实训。该实训主要由多个模拟企业典型网络管理与网络安全的项目组成，包括校园园区网网络安全、集团公司互联网安全系统、集团公司服务器安全防护、校园网网络管理系统、企业网络故障处理、企业数据存储与备份系统等，以项目的方式进行企业网络管理与安全实训。

## 1.5　实训流程

根据网络实训的功能模块和内容，对参与实训的对象进行分组轮换实训。实训过程可分为四个主要阶段。

➤ **第一阶段——实训准备**

本阶段主要进行网络技术及网络设备总结，分配实训角色，提高职业素质。主要实训内容包括计算机网络设备、网络技术、网络技术发展趋势、团队精神与企业内部沟通技巧、职业素质与规划分析等，采用讲座与演示的教学方式。

➤ **第二阶段——企业网基础任务实训**

本阶段主要进行 6 个基本功能模块的实际操作与专项技术训练。主要实训内容包括综合布线、企业园区网、企业远程网、企业网数据中心、企业网管中心、企业安全中心等，主要采用实践操作的方式，对任务进行设备、配置和功能的验收和考评。该阶段的具体实训任务的流程如图 1-3 所示。

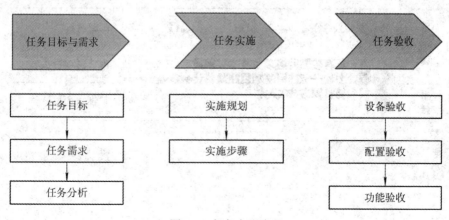

图 1-3　任务实训流程

> **第三阶段——企业网项目实训**

本阶段主要进行系统集成和方案设计的实训，主要实训内容包括网络系统设计规范与案例分析、企业网项目设计、网络项目招投标、企业网项目实训等，主要采用讲座、项目实践操作、资料查询的方式，考评方式采用项目验收、提交设计文档、提交招投标文书等。该阶段的具体实训任务的流程如图 1-4 所示。

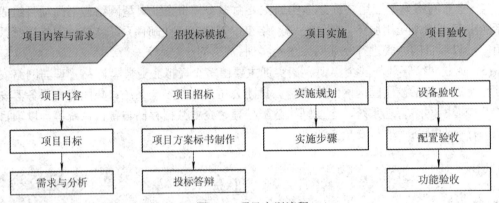

图 1-4 项目实训流程

> **第四阶段——实训结项与考核**

本阶段主要进行实训结项和考核，主要实训内容包括实训项目结项、实训总结和经验交流、实训考核等，主要采用讲评与讨论的方式，考评方式采用提交项目设计所有文档。各阶段流程图如图 1-5 所示。

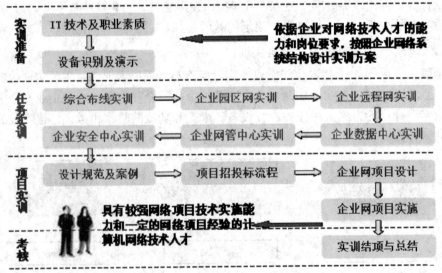

图 1-5 计算机网络技术实训流程

综合布线技术

第 2 章

### ⊠ 教学目标

通过本章的学习完成综合布线的一些典型任务，帮助学生理解综合布线的典型应用，初步具备综合布线工程设计、实施、验收的能力。

### ⊠ 教学要求

本章各环节的关联知识与对学生的能力要求见下表：

| 任 务 要 点 | 能 力 要 求 | 关 联 知 识 |
|---|---|---|
| 双绞线的制作 | (1) 了解双绞线的相关知识；<br>(2) 熟练掌握双绞线的制作规范和步骤 | (1) 双绞线的种类和标准；<br>(2) 双绞线的制作规范 |
| 信息插座的安装 | (1) 掌握信息插座的安装步骤；<br>(2) 了解信息插座的类型和规格；<br>(3) 了解信息插座安装的规范和标准 | (1) 信息插座的部件组成；<br>(2) 信息插座的安装标准 |
| 数据与语音配线架的安装 | (1) 了解配线架的作用和功能；<br>(2) 掌握配线架和线缆端接的操作过程 | (1) 数据配线架的安装要求；<br>(2) 语音配线架及连接端子 |
| 线槽、线管成型 | (1) 了解线槽、线管的品种和规格；<br>(2) 掌握 PVC 线槽、线管成型过程 | (1) 槽管的规格和品种；<br>(2) 槽管的敷设方法；<br>(3) 槽管的安装要求 |
| 综合布线工程图的绘制 | (1) 了解综合布线系统设计；<br>(2) 掌握综合布线工程图的绘制 | (1) 综合布线系统的组成和标准；<br>(2) 综合布线系统的结构；<br>(3) 综合布线系统设计基础 |
| 布线工程测试与验收 | (1) 了解综合布线的测试；<br>(2) 掌握测试仪器的使用方法；<br>(3) 了解工程验收的内容和要求 | (1) 综合布线的测试类型；<br>(2) 综合布线的认证测试模型；<br>(3) 综合布线系统主要指标 |

### ⊠ 重点难点

> 双绞线的制作规范和步骤；

> 配线架和线缆端接；

> PVC 线槽、线管成型；

> 综合布线工程图的绘制；

> 布线工程的测试与验收。

# 任务一　双绞线的制作

## 一、任务描述

在某单位的综合布线系统施工过程中，需要制作一些办公区的信息模块至计算机的双绞线，配线间需要制作 1 m 的双绞线连接交换机与配线架。双绞线的类型有直通线和交叉线。

## 二、任务目标

**目标：**完成双绞线直通线和交叉线的制作。

**目的：**通过制作双绞线了解双绞线的相关知识，熟练掌握双绞线的制作规范和步骤，掌握双绞线的测试方法。

## 三、知识链接

### 1. 双绞线

目前，在通信线路上使用的传输介质主要有双绞线(Twisted Pair，TP)、大对数双绞线、光缆。双绞线是一种综合布线工程中最常用的传输介质，它是由两条相互绝缘的导线按照一定的规格互相缠绕(一般以顺时针缠绕)在一起而制成的一种通用配线。两根绝缘的铜导线按一定密度互相绞在一起，可以降低信号干扰的程度，每一根导线在传输中辐射的电波会被另一根线上发出的电波抵消。

双绞线一般由两根 22～26 号绝缘铜导线相互缠绕而成，实际使用时，双绞线是由多对双绞线一起包在一个绝缘电缆套管里的。典型的双绞线有四对的，也有更多对双绞线放在一个电缆套管里，如用于语音的大对数电缆。

目前，双绞线可分为非屏蔽双绞线(Unshielded Twisted Pair，UTP)和屏蔽双绞线(Shielded Twisted Pair，STP)。非屏蔽双绞线是一种数据传输线，由四对不同颜色的传输线组成，广泛用于以太网络和电话线中。屏蔽双绞线在双绞线与外层绝缘封套之间有一个金属屏蔽层，屏蔽层可减少辐射，防止信息被窃听，也可阻止外部电磁干扰的进入，使屏蔽双绞线比同类的非屏蔽双绞线具有更高的数据传输速率。

随着网络技术的发展和应用需求的提高，双绞线传输介质标准也得到了发展与提高。从最初的一、二类线，发展到目前最高的七类线。在这些不同的标准中，它们的传输带宽和速率也相应得到了提高，七类线已达到 600 MHz 甚至 1.2 GHz 的带宽和 10 Gb/s 的传输速率，支持千兆位以太网的传输。

双绞线的各种类型和标准如图 2-1 所示。

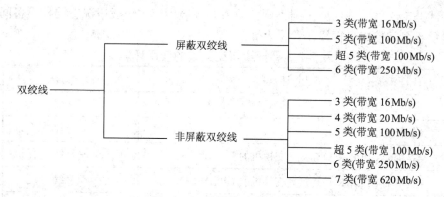

图 2-1　双绞线的种类和标准

## 2. 双绞线的制作规范

双绞线的色标和排列方法有统一的国际标准，工程中主要遵循的是 TIA/EIA568A 和 TIA/EIA568B(可简称为 T568A 和 T568B)两种标准，目前综合布线工程中常用的是 TIA/EIA568B 标准。在绕制双绞线时应按照表 2-1 所示的顺序进行。

表 2-1　双绞线两种标准的顺序

| 类别 | 4 对双绞线顺序 |
|------|----------------|
| T568B | 1 白橙　2 橙　3 白绿　4 蓝　5 白蓝　6 绿　7 白棕　8 棕 |
| T568A | 1 白绿　2 绿　3 白橙　4 蓝　5 白蓝　6 橙　7 白棕　8 棕 |

平行线(直通线)两端一般都遵循 T568B，如图 2-2 所示。

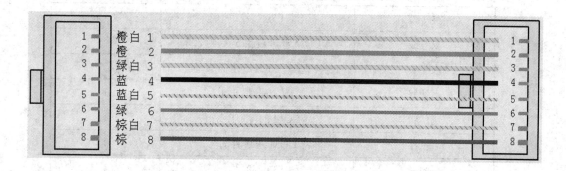

图 2-2　T568B 直通双绞线

交叉线双绞线跳线顺序：一端遵循 568A，另一端遵循 568B，如图 2-3 所示。

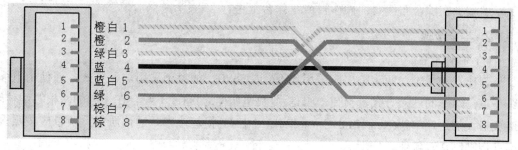

图 2-3　交叉双绞线

　　平行线与交叉线的使用应根据不同的设备和环境确定，一般情况下同种设备间使用交叉线，异种设备间使用平行线，参见表2-2。

表2-2　平行线与交叉线的使用环境

| 使 用 环 境 | 接线方法 |
|---|---|
| 计算机连接到计算机 | 交叉线 |
| 计算机连接到交换机 | 平行线 |
| 交换机的 UPLINK 口连接到交换机的普通口 | 平行线 |
| 交换机的 UPLINK 口连接到交换机的 UPLINK 口 | 交叉线 |
| 交换机的普通口连接到交换机的普通口 | 交叉线 |
| 交换机具有 MDI/MDIX 自适应功能的端口 | 平行线或交叉线 |

⇨ 提示：目前的大部分交换机端口都具有 MDI/MDIX 自适应功能。

## 四、任务实施

### 1. 实施准备

◇ 实训设备

根据任务的需求，每个实训小组的实训设备和工具配置建议如表2-3所示。

表2-3　实训设备和工具配置清单

| 类 型 | 型 号 | 数 量 |
|---|---|---|
| 双绞线 | VCOM 非屏蔽超 5 类双绞线 | 若干 |
| 水晶头 | 超 5 类 RJ-45 水晶头 | 若干 |
| 剥线器 | VCOM 剥线器 | 1 |
| 压线钳 | VCOM RJ-45 压线钳 | 1 |
| 测试仪 | VCOM 通断测试仪 | 1 |
| 卷尺 | 3 m 卷尺 | 1 |

◇ 实训环境

本实训在综合布线实训操作台或工作台上进行。

### 2. 实施步骤

(1) 制作准备。

　　制作双绞线时，两头顺序应采用 568A 或 568B，如果不采用这种方式，而使用电缆两头任意一对一的连接方式，会使一组信号(负电压信号)通过不绞合在一起的两根芯线传输，造成极大的近端串扰(Near End Cross Talk，NEXT)损耗，影响通信质量，所以应按照国际标准规则制作双绞线。

(2) 剥线操作。

截取一段长度不小于 0.5 m 的非屏蔽双绞线，利用压线钳的剪线刀口在双绞线一端剪裁出计划需要使用到的双绞线长度，一般剥出 3 cm 长，如图 2-4 所示。要剥掉双绞线的外保护层，可以利用压线钳的剪线刀口将线头剪齐，再将线头放入剥线专用的刀口，稍微用力握紧压线钳慢慢旋转，让刀口划开双绞线的保护胶皮，把一部分保护胶皮去掉。在这个步骤中需要注意的是，压线钳挡位离剥线刀口和长度通常恰好为水晶头和长度，这样可以有效避免剥线过长或过短。剥线过长不仅不美观，同时因线缆不能被水晶头卡住而容易松动；若剥线过短，因有保护层塑料的存在，不能完全插到水晶头底部，会造成水晶头插针不能与网线芯线完好接触，也会影响到线路的质量。

图 2-4　剥线长度

(3) 解线操作。

将双绞线的护胶皮按照合适的长度剥出后，将每对相互缠绕在一起的线缆逐一解开。解开后则根据需要接线的规则将 4 组线缆依次排列好并理顺，排列时应该注意尽量避免线路的缠绕和重叠。按 T568B 顺序制作水晶头，如果以深色的四根线为参照对象，在手中从左到右可排成：橙→蓝→绿→棕，如图 2-5 和图 2-6 所示。

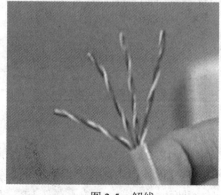

图 2-5　解线

图 2-6　理线

(4) 裁线操作。

拧开每一股双绞线，浅色线排在左，深色线排在右，深色、浅色线交叉排列；将白蓝和白绿两根线对调位置，对照 T568B 标准顺序(白橙、橙、白绿、蓝、白蓝、绿、白棕、棕)把线缆依次排列好并理顺压直后，细心检查排列顺序，如图 2-7 所示。利用压线钳的剪线刀口把线缆顶部裁剪整齐，裁剪时应注意是水平方向插入，否则线缆长度不同会影响到线缆与水晶头的正常接触，保留的去掉外层保护层的部分约为 15 mm，如图 2-8 所示，这个长度正好能将各细导线插入到各自的线槽。如果该段留得过长，会由于线对不再互绞而增加串扰，同时造成水晶头不能压住护套而可能导致电缆从水晶头中脱出，造成线路的接触不良甚至中断。

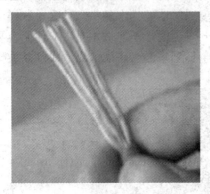

图 2-7　排线

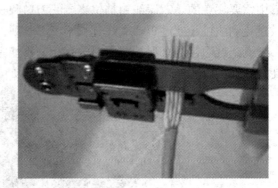

图 2-8　裁线

（5）连接水晶头。

将整理好的双绞线插入 RJ-45 水晶头内。需要注意的是要将水晶头有塑料弹簧片的一面向下，有针脚的一面向上，使有针脚的一端指向远离自己的方向，有方形孔的一端对着自己。此时，最左边的是第 1 脚，最右边的是第 8 脚，其余依次顺序排列。插入时要注意缓缓地用力把 8 条线缆同时沿 RJ-45 水晶头内的 8 个线槽插入，一直插到线槽的顶端，如图 2-9 和图 2-10 所示。

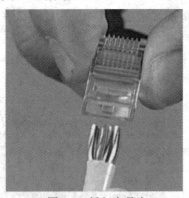

图 2-9　插入水晶头

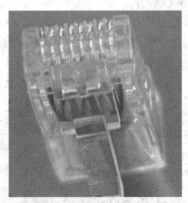

图 2-10　插到线槽顶端

（6）压线操作。

双绞线插到线槽的顶端后就可以进行压线了，确认无误之后将水晶头插入压线钳的 8P 槽内，用力握紧线钳进行压接，如图 2-11 所示。压接的过程使得水晶头凸出在外面的针脚全部压入水晶头内，受力之后听到轻微的"啪"一声即可。制作完成的水晶头如图 2-12 所示。

⇨ 提示：放置水晶头时，8 个锯齿要正好对准铜片。压接水晶头时，用力要均匀，否则水晶头有可能报废。

图 2-11  压接水晶头

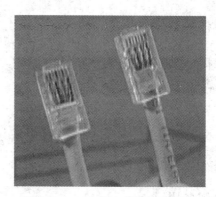

图 2-12  制作完成的水晶头

(7) 完成跳线制作。

如果需要制作的双绞线跳线为平行线，对双绞线另一端同样按照 T568B 的顺序进行制作。如果需要制作的是交叉线，则另一端按照 T568A 的顺序进行制作。

在综合布线系统中，根据跳线端接情况来考虑是使用平行线还是交叉线。通常在工作区子系统中，跳线用于连接 PC 与信息模块后，再通过水平子系统连入交换机端，此跳线类型一般选用平行线；在管理子系统中跳线用于配线架到交换机之间的连接，此跳线类型一般也是选用平行线。

## 五、任务验收

双绞线跳线制作完成后，可以使用通断测试仪(见图 2-13)进行验证测试，具体测试方法如下：

(1) 将双绞线一端插到测试仪主设备，另一端插到测试辅设备上。

(2) 打开电源开关，如果测试线缆为平行线，则测试仪的主设备与辅设备上显示灯会按照 1～8 的顺序依次循环闪亮。如果测试线缆为交叉线，则测试仪的主设备显示灯闪亮顺序为 1～8，而辅设备灯闪亮顺序为：3，6，1，4，5，2，7，8。

图 2-13  双绞线的测试仪

如果双绞线某一芯线缆出现故障，不能连通，则是出现断路，那么在使用测试仪测试时，会出现该芯线缆所对应的显示灯不亮的情况。通过测试仪的测试后，可以判断这根双绞线的绕线顺序及每一芯线的通断情况。

## 六、任务总结

本次实训通过双绞线的制作了解双绞线的相关知识和标准，熟悉双绞线的制作规范和步骤。

# 任务二　信息插座的安装

## 一、任务描述

在某单位的综合布线系统施工中，需要在工作区的墙面上安装大量的信息插座，以供用户计算机通过双绞线连接到综合布线系统。

## 二、任务目标

**目标：**完成信息插座的安装，掌握安装操作过程及操作规范。

**目的：**掌握信息插座的安装方法和安装步骤，了解信息插座的面板、底座、模块的类型和规格，了解综合布线工程环境中信息插座安装的规范和标准。

## 三、知识链接

### 1. 信息插座

信息插座是综合布线系统工作区子系统的主要部件，是终端(工作站)与水平子系统连接的接口，其中最常用的为 RJ-45 信息插座，即 RJ-45 连接器。

无论是大中型网络的综合布线，还是小型办公室和家庭网络的组建，都会涉及信息插座的端接操作。借助于信息插座，不仅使布线系统变得更加规范和灵活，而且也更加美观、方便，不会影响房间原有的布局和风格。

信息插座主要由信息模块、信息面板、底座等部件组成。

(1) 信息模块。信息模块主要是连接水平子系统和工作区子系统的，将来自水平子系统线槽或线管的双绞线固定到信息模块上。信息插座一般是安装在墙面上的，也有桌面型和地面型的，主要是为了方便计算机等设备的移动，并且保持整个布线的美观。

(2) 信息面板。信息面板与信息底座配合使用，其主要作用是固定信息模块，保护信息出口处的线缆，并具有装饰的作用。信息面板对于综合布线系统来说不是主要的影响性能的产品部件，但在整个布线系统中却是仅有的几个外露在表面的产品之一。信息面板一般根据安装的信息模块数量分为单口、双口以及多口等种类。

(3) 底座。信息插座的底座(或底盒)是放置信息模块的部件，与信息面板配合使用固定信息模块，形成完整的信息插座。常见的有适合墙面和地面安装两种规格。

墙面安装底盒为 86 mm × 86 mm 的正方形盒子，常称为 86 底盒。墙面底盒又分为暗装和明装两种，暗装底盒的材料有塑料和金属材质两种，暗装底盒外观比较粗糙。明装底盒外观美观，一般由塑料注塑。

地面安装底盒比墙面安装底盒大，为 100 mm × 100 mm 的正方形盒子，深度为 55 mm (或 65 mm)，一般只有暗装底盒，由金属材质一次冲压成型，表面电镀处理。面板一般为黄铜材料制成，常见的有方形和圆形面板两种，方形面板规格为 120 mm × 120 mm。

### 2. 安装标准

《综合布线系统工程设计规范》(GB 50311—2016)国家标准中对工作区的安装工艺提出了具体要求：安装在地面上的接线盒应防水和抗压；安装在墙面或柱子上的信息插座底盒、多用户信息插座盒及集合点配线箱体的底部离地面的高度宜为 30 cm；每个工作区宜配置不少于 2 个 220 V 交流电源插座，电源插座一般距信息插座至少为 20 cm。图 2-14 所示为信息插座安装标准示意。

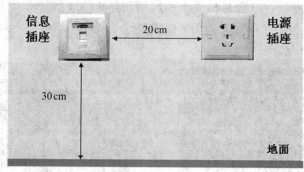

图 2-14　信息插座安装标准示意

## 四、任务实施

### 1. 实施准备

◇ 实训设备

根据任务的需求，每个实训小组的实训设备和工具配置建议如表 2-4 所示。

表 2-4　实训设备和工具配置清单

| 类　型 | 型　号 | 数　量 |
| --- | --- | --- |
| 双绞线 | VCOM 非屏蔽超 5 类双绞线 | 若干 |
| 信息模块 | VCOM 超 5 类信息模块 | 若干 |
| 信息面板 | VCOM 单口面板 | 若干 |
| 底座 | 86 型墙面底座 | 若干 |
| 剥线器 | VCOM 剥线器 | 1 |
| 压线钳 | VCOM RJ-45 压线钳 | 1 |
| 绕线刀 | VCOM 绕线刀 | 1 |
| 测试仪 | VCOM 通断测试仪 | 1 |

◇ 实训环境

本实训在综合布线实训装置、综合布线模拟仿真墙或工作台上均可进行。

**2. 实施步骤**

(1) 端接信息模块。

① 将双绞线从线槽或线管中通过进线孔拉入信息插座底盒中，为了便于端接、维修和变更，线缆在底盒里应预留约 15 cm 的长度。

② 用剥线器将双绞线塑料外皮剥去 2～3 cm，剪掉抗拉线。

③ 将信息模块的 RJ-45 接口向下，置于桌面、墙面等较硬的平面上。

④ 分开双绞线中的 4 对线对，但线对之间不要拆开，按照信息模块上所指示的线序，稍稍用力将 8 根导线一一置入相应的线槽内，如图 2-15 所示。通常情况下，模块上同时标记有 T568A 和 T568B 两种线序，用户应当根据布线设计时的规定，与其他连接设备采用相同的线序，一般按照 T568B 标准连接。

⑤ 将绕线刀的刀口对准信息模块上的线槽和导线(刀口朝外)，垂直向下用力，听到"喀"的一声，模块外多余的线会被剪断。重复这一操作，将 8 条导线一一压入相应颜色的线槽中，如图 2-16 所示。

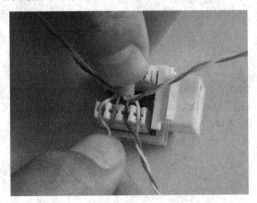

图 2-15　压入导线

图 2-16　打接模块

⑥ 将模块的塑料防尘片沿缺口插入模块，并固定于信息模块上，完成模块的端接。

(2) 安装信息插座。

将信息模块外预留的线缆盘于底座中，再将信息模块插入信息面板中相应的插槽内，如图 2-17 所示，再用螺丝钉将面板牢牢地固定在信息插座的底盒上，在面板上插入标识即可完成信息插座的安装。安装完成后的信息插座如图 2-18 所示。

图 2-17　安装信息插座

图 2-18　完成的信息插座

## 五、任务验收

(1) 外观验收：通过目测检查信息插座安装的规范性和美观性，手工检查信息模块与面板的稳定性，检查信息插座与地面、信息插座与电源插座间距是否符合规范要求。

(2) 测试仪验收：在信息面板上接入一根直通双绞线，将双绞线的另一端插到测试仪主设备，在信息插座的另一端(通常是配线架)也接入一根直通双绞线，将双绞线的另一端插到测试辅设备上(如果信息插座的另一端是双绞线，可直接插到测试辅设备上)。打开测试仪电源开关，检查每一芯线的通断情况。

## 六、任务总结

通过安装信息插座来了解信息插座的相关知识和标准，熟悉信息插座的安装规范和步骤。

## 任务三　数据与语音配线架的安装

## 一、任务描述

在某单位的综合布线系统工程的配线间的机柜里，需要安装数据配线架和语音配线架，对配线架进行线缆端接。数据配线架为 24 口信息配线架，语音配线架为 100 对 110 型配线架。

## 二、任务目标

**目标：**进行数据配线架和语音配线架的安装，对配线架进行线缆端接，掌握配线架的安装操作过程及操作规范。

**目的：**了解配线架的作用和功能，掌握配线架和线缆端接的操作过程，熟悉配线架的绕制方式，了解管理子系统施工中应注意的问题。

## 三、知识链接

配线架是电缆或光缆进行端接和连接的装置。在配线架上可进行互连或交接操作。配线架是综合布线管理子系统关键的配线接续设备，它通过水平子系统的双绞线来连接各个工作区信息点。配线架安装在配线间的机柜(机架)中，配线架在机柜中的安装位置要综合考虑机柜线缆的进线方式、有源交换设备散热、美观、便于管理等要素。考虑到配线架需要相关跳线，在安装配线架时与它对应安装一个理线架，以便于线缆整理。

配线架按安装位置分有建筑群配线架(CD)、建筑物配线架(BD)、楼层配线架(FD)。按功能划分有数据配线架和 110 型语音配线架。

### 1. 数据配线架

数据配线架有 24 口和 48 口两种规格，主要用于端接来自工作区信息模块水平布线的 4 对双绞线电缆。在管理间子系统的机柜中，如果是使用数据链路，则用 RJ-45 跳线连接到网络设备上；如果是使用语音链路，则用 RJ-45-110 跳线跳接到 110 型语音配线架(连接语音主干电缆)上。

数据配线架有固定端口配线架和模块化配线架两种结构。固定端口的配线架如图 2-19 和图 2-20 所示。

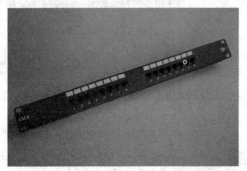

图 2-19　固定式数据配线架正面

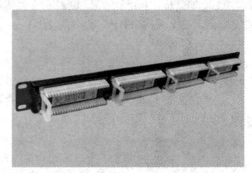

图 2-20　固定式数据配线架背面

数据配线架的安装要求主要有以下几点：

(1) 为了管理方便，配线间的数据配线架和网络交换设备一般都安装在同一个 19 英寸(1 英寸 = 2.54 厘米)的机柜中，以方便通过 RJ-45 跳线连接到网络设备上。一般一个 24 口数据配线架对应一个网络交换设备(交换机或集线器)。

(2) 根据楼层信息点标识编号，按顺序安放配线架，并画出机柜中配线架信息点分布图，便于安装和管理。

(3) 线缆一般从机柜的底部进入，所以通常配线架安装在机柜下部，交换机安装在机柜上部，也可根据进线方式作出调整。

(4) 为了美观和管理方便，机柜正面配线架之间和交换机之间要安装理线架，跳线从配线架面板的 RJ-45 端口接出后通过理线架从机柜两侧进入交换机间的理线架，然后再接入交换机端口。

(5) 对于要端接的线缆，先以配线架为单位，在机柜内部进行整理、用扎带绑扎、将容余的线缆盘放在机柜的底部后再进行端接，使机柜内整齐美观，便于管理和使用。

### 2. 语音配线架

110 型语音配线架是综合布线系统语音的核心部件，它将来自电话运营商的语音信号与干线系统、工作区进行连接，起着对传输的语音信号的灵活转接、灵活分配以及综合统一管理的作用。综合布线系统的最大特性就是利用同一接口和同一种传输介质传输各种不同信息，而这一特性的实现主要是通过连接不同信息的配线架之间的跳接来完成的。

传统的语音配线系统主要采用 110 型连接管理系统，其基本部件是 110 配线架、连接块、跳线和标签。110 配线架有 25 对、50 对、100 对、300 对等多种规格。110 配线架上装有若干齿形条，沿配线架正面从左到右均有色标，以区别各条输入线。输入线放入齿形条的槽缝里，再与连接端子接合，利用工具可将配线环的连线"冲压"到 110C 连接端子上。

110 语音配线架及连接端子如图 2-21 所示。

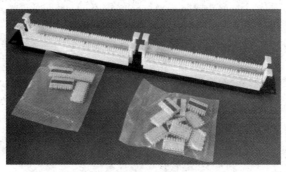

图 2-21　110 语音配线架及连接端子

目前语音通信方面部分布线厂商相继推出了 RJ-45 口的 IDC 语音配线架，其背面采用 IDC 方式端接语音多对数线缆，前面采用 RJ-45 口进行配线管理，相对 110 鱼骨配线架，它具有端接简便、可重复端接、安装维护成本低、RJ-45 口配线简单快速、配线架整体外观整洁的优势。

随着网络技术和数据传输速率的高速发展，千兆、万兆以太网技术的涌现，超五类(100 MHz)、六类(250 MHz)布线系统的推出，对配线系统的多元化、灵活性、可扩展等性能提出了更高要求，一些布线厂商推出了多媒体配线架，如图 2-22 所示。其主要特点如下：

(1) 多媒体配线架摒弃了以往配线架端口固定无法更改的弱点，它本身为标准 19 英寸的宽 1U(U：工业高度单位，1U = 4.45 cm)的空配线板，在其上可以任意配置超五类、六类、七类、语音、光纤和屏蔽/非屏蔽布线产品，充分体现了配线的多元化和灵活性，对升级和扩展带来了极大的方便。

(2) 由于其采用独立模块化配置，配线架上的每一个端口与桌面的信息端口一一对应，所以在配置配线架时无需按 24 或 36 的端口倍数来配置，从而也不会造成配线端口的空置和浪费。

(3) 此种配线架的安装、维护、管理都在正面操作，大大简化了操作程序。

(4) 可以同时在同一配线板上配置屏蔽和非屏蔽系统，这是它区别于老式配线架的另一大特色。

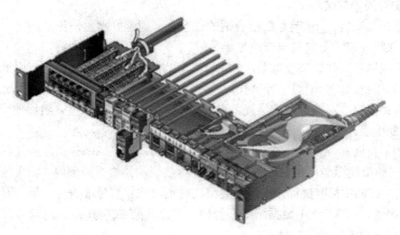

图 2-22　多媒体配线架

## 四、任务实施

### 1. 实施准备

◇ 实训设备

根据任务的需求，每个实训小组的实训设备和工具配置建议如表 2-5 所示。

**表 2-5　实训设备和工具配置清单**

| 类　型 | 型　号 | 数　量 |
| --- | --- | --- |
| 双绞线 | VCOM 非屏蔽超 5 类双绞线 | 若干 |
| 大对数电缆 | VCOM 25 对电缆 | 若干 |
| 数据配线架 | VCOM 24 口固定式数据配线架 | 1 |
| 语音配线架 | VCOM 100 对 110 语音配线架 | 1 |
| 理线架 | VCOM 理线架 | 1 |
| 剥线器 | VCOM 剥线器 | 1 |
| 压线钳 | VCOM RJ-45 压线钳 | 1 |
| 绕线刀 | VCOM 绕线刀 | 1 |
| 测试仪 | VCOM 通断测试仪 | 1 |

◇ 实训环境

本实训在综合布线实训装置、综合布线模拟仿真墙上均可进行。

### 2. 实施步骤

(1) 机柜布置要求。

为了管理方便，配线间的数据配线架和网络交换设备一般安装在同一个 19 英寸的机柜中。

根据楼层信息点标识编号，按顺序安放信息点编号标签，机柜设备安装好后，画出机柜中配线架信息点分布图，以便于安装和管理。

(2) 数据配线架安装。

① 将配线架安装在 19 英寸机柜合适的位置上，固定好螺丝，正面向前。如果需要理线架，可以在配线架下面安装一个理线架。

② 从机柜进线处开始整理电缆，电缆沿机柜两侧整理至理线环处，使用绑扎带固定好电缆，一般 6 根电缆作为一组进行绑扎，线缆放置位置应处于配线架后面面板凹槽中央。

③ 根据每根电缆连接接口的位置，测量端接电缆应预留的长度，然后使用压线钳、剪刀等工具剪断电缆。

④ 配线架背面有一安装标签，该标签标示 T568A 和 T568B 分别为两种标签的颜色顺序。根据选定的接线标准，将 T568A 或 T568B 标签压入模块组插槽内。如果信息模块在绕制双绞线时按 T568B 标准进行，在配线架绕线时也应按相同标准进行，每一对双绞线浅色靠左边进行绕线，以 VCOM 数据配线架为例，在配线架 T568B 绕线时其顺序为：白蓝→蓝→白橙→橙→白绿→绿→白棕→棕。

用手把双绞线 8 芯线逐一压入对应的信息点槽位，卡住信息点的铜片，然后用绕线刀用力按住线缆，注意刀要与线架垂直，刀口向外，一声清脆的咔嚓声后线缆就已压入配线架中，同时绕线刀会将伸出槽位外多余的导线截断。

⑤ 将每根线缆压入槽位内，然后整理并绑定线缆，用线缆扎带将线缆固定，固定时注意线缆应横平竖直，同时在配线架正面将标签插到配线模块中，以标示此区域。

至此数据配线架安装完毕。安装完成后的数据配线架如图 2-23 所示。

图 2-23　安装完成的数据配线架背面

(3) 110 型语音配线架安装。

综合布线系统中，安装过程中需要把大对数电缆安装在语音配线架上。大对数电缆有 25 对、50 对、100 对等各种类型，其一对线可以接一个语音设备(如电话机)。配线架的主要安装步骤如下：

① 将 110 型语音配线架固定在机柜合适的位置，一般靠在机柜底部的位置。

② 从机柜进线处开始整理电缆，电缆沿机柜两侧整理至配线架处，并留出大约 25 厘米的大对数电缆，用电工刀把大对数电缆外皮剥掉，并用绑扎带固定好电缆，将电缆穿过语音配线架后面的进线孔中，摆放至配线架前面处，如图 2-24 所示。

图 2-24　语音配线架 25 对双绞线的安装

大对数电缆最少的一组为 25 对，按色带来分组。每一组首先进行线序排列，按主色分配，再进行配色分配，标准配线的原则为：

线缆主色：白、红、黑、黄、紫；

线缆配色：蓝、橙、绿、棕、灰。

一组 25 对分别为：

白蓝、白橙、白绿、白棕、白灰

红蓝、红橙、红绿、红棕、红灰

黑蓝、黑橙、黑绿、黑棕、黑灰

黄蓝、黄橙、黄绿、黄棕、黄灰

紫蓝、紫橙、紫绿、紫棕、紫灰

25 对大对数电缆的排列顺序如图 2-25 所示。

| 01 | 02 | 03 | 04 | 05 | 06 | 07 | 08 | 09 | 10 | 11 | 12 | 13 | 14 | 15 | 16 | 17 | 18 | 19 | 20 | 21 | 22 | 23 | 24 | 25 |
|---|---|---|---|---|---|---|---|---|---|---|---|---|---|---|---|---|---|---|---|---|---|---|---|---|
| 白 | | | | | 红 | | | | | 黑 | | | | | 黄 | | | | | 紫 | | | | |
| 兰 | 橙 | 绿 | 棕 | 灰 | 兰 | 橙 | 绿 | 棕 | 灰 | 兰 | 橙 | 绿 | 棕 | 灰 | 兰 | 橙 | 绿 | 棕 | 灰 | 兰 | 橙 | 绿 | 棕 | 灰 |

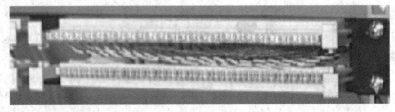

主色：白、红、黑、黄、紫；辅色：兰、橙、绿、棕、灰。

图 2-25　25 对双绞线排列顺序

每组线按色带来分顺序，如 100 对电缆有 4 组线：1～25 对线为第一小组，用白蓝相间的色带缠绕；26～50 对线为第二小组，用白橙相间的色带缠绕；51～75 对线为第三小组，用白绿相间的色带缠绕；76～100 对线为第四小组，用白棕相间的色带缠绕。此 100 对线为 1 大组，用白蓝相间的色带把 4 小组缠绕在一起。200 对、300 对、400 对等以此类推。

③ 将 25 对线缆进行线序排线，首先进行主色分配，再进行配色分配，按顺序排好后将对应颜色的线对从左到右逐一压入槽内，然后使用绕线工具固定线对连接，同时将伸出槽位外多余的导线截断，如图 2-26 所示。

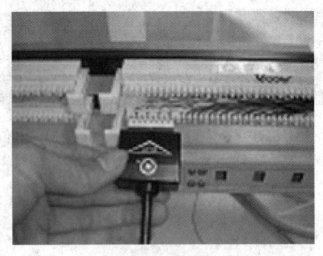

图 2-26　完成线对的压接

④ 当线对逐一压入槽内后，再用五对绕线刀将语音配线架的连接端子(5 个 4 对、1 个 5 对)压入槽内，并贴上编号标签，如图 2-27 所示。

图 2-27　安装连接端子

至此，完成了语音配线架的安装。在工作区使用语音链路时，使用 RJ-45-110 跳线将数据配线架跳接到 110 型语音配线架的连接端子上即可。

## 五、任务验收

(1) 外观验收：通过目测检查配线架前后的规范性和美观性，手工检查配线架线缆的稳定性。

(2) 测试仪验收：在配线架正面端口接入一根直通双绞线，将双绞线的另一端插到测试仪主设备，在信息插座的另一端(通常是信息模块)也接入一根直通双绞线，将双绞线的另一端插到测试辅设备上(如果配线的另一端是双绞线可直接插到测试辅设备上)。打开测试仪电源开关，检查每一芯线的通断情况。语音配线架可通过 110 跳线连接电话机进行语音信号的检查。

## 六、任务总结

通过数据与语音配线架的安装了解配线架的相关知识和标准，熟悉数据配线架和语音配线架的安装规范和步骤。

# 任务四　线槽、线管成型

## 一、任务描述

在综合布线系统工程中，水平子系统线管的敷设是工程的重点与难点任务。在某单位的综合布线系统改造项目中，办公室区域内需要明装布线，其中要求进行 PVC 线槽和线管成型，以利于双绞线的敷设。

## 二、任务目标

目标：进行 PVC 线槽、线管的二次加工成型，为综合布线水平子系统提供基础通道。

目的：了解线槽、线管的品种和规格，掌握 PVC 线槽、线管的成型过程。

## 三、知识链接

在水平子系统中，管道的敷设分为明装管道和暗装管道。对于新建建筑物，一般采用暗装管道；对于建筑物改建情况，多使用明装管道。这些管道都是采用各种规格的线槽、线管及桥架等基础性材料组成的。

### 1. 线槽、线管和桥架

1) 线槽

线槽按照材料的构成分为金属线槽和塑料线槽。线槽由槽底和槽盖组成，每根线槽一般的长度为 2 m。线槽的外形如图 2-28 所示。

金属槽的槽与槽连接时使用相应尺寸的铁板和螺丝固定。

在综合布线系统中一般使用的金属槽的规格有 50 mm × 100 mm、100 mm × 100 mm、100 mm × 200 mm、100 mm × 300 mm、200 mm × 400 mm 等多种类型。

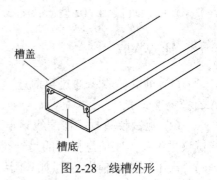

图 2-28　线槽外形

塑料槽的品种规格更多，从型号上分有 PVC–20 系列、PVC–25 系列、PVC–30 系列、PVC–40 系列、PVC–40Q 系列等；从规格上分有 20 mm × 12mm、25 mm × 12.5 mm、25 mm × 25 mm、30 mm × 15mm、40 mm × 20 mm 等。

与 PVC 槽配套的附件有阳角、阴角、直转角、左三通、右三通、平三通、连接头、终端头、接线盒(明盒、暗盒)等。

2) 线管

线管按照材料的构成分为金属线管和塑料线管，主要用于分支结构或暗埋的线路，每根线管的一般长度为 3 m。线管的外形如图 2-29 所示。

金属线管的规格有多种，以外径的 mm 数为单位。工程施工中常用的金属管有 D16、D20、D25、D32、D40、D50、D63、D110 等类型。

在金属管内穿线比线槽布线难度更大一些，在选择金属线管时要注意管径选择大一点，一般管内填充物占 30%左右，以便于穿线。

图 2-29　线管的外形

还有一种金属线管是软管(俗称蛇皮管)，供弯曲的地方使用。

塑料线管产品分为两大类，即 PE 阻燃导管和 PVC 阻燃导管。

PE 阻燃导管是一种塑料半硬导管，按外径分有 D16、D20、D25、D32 等 4 种规格。PE 阻燃导管外观为白色，具有强度高、耐腐蚀、挠性好、内壁光滑等优点，明、暗装穿线兼用，它还以盘为单位，每盘重 25 kg。

PVC 阻燃导管是以聚氯乙烯树脂为主要原料，加入适量的助剂，经加工设备挤压成型的刚性导管，小管径 PVC 阻燃导管可在常温下进行弯曲，便于用户使用。PVC 阻燃导管按外径分有 D16、D20、D25、D32、D40、D45、D63、D110 等规格。

与 PVC 管安装配套的附件有接头、螺圈、弯头、弯管弹簧、一通接线盒、二通接线盒、三通接线盒、四通接线盒、开口管卡、专用截管器、PVC 黏合剂等。

3) 桥架

桥架是一个支持和放电缆的支架，是建筑物内布线不可缺少的一个部分。桥架按结构分为槽式、托盘式、梯架式和网格式等。桥架的几种外形如图 2-30～图 2-32 所示。

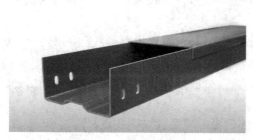

图 2-30　槽式桥架

图 2-31　梯架式桥架

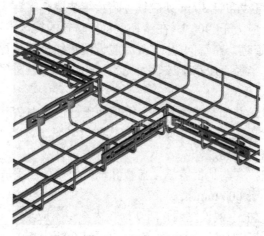

图 2-32　网格式桥架

在普通槽式桥架中，有以下主要配件供组合：梯架、弯通、三通、四通、多节二通、凸弯通、凹弯通、调高板、端向连接板、调宽板、垂直转角连接件、连接板、小平转角连接板、隔离板等。

**2．线槽、线管的敷设方法和缆线支撑保护的要求**

1）线槽、线管的敷设方法

线槽、线管的敷设主要有以下几种形式。

(1) 桥架和线槽结合的方式。采用该方式敷设时应注意以下几点：

① 电缆桥架宜高出地面 2.2 m 以上，桥架顶部距顶棚或其他障碍物不应小于 0.3 m，桥架宽度不宜小于 0.1 m，桥架内横断面的填充率不应超过 50%。在电缆桥架内缆线垂直敷设时，在缆线的上端应每间隔 1.5 m 左右在桥架的支架上固定一下缆线；水平敷设时，在缆线的首、尾、拐弯处每间隔 2～3 m 处进行固定。

② 电缆线槽宜高出地面 2.2 m。在吊顶内设置时，槽盖开启面应保持 80 mm 的垂直净空，线槽截面利用率不应超过 50%。水平布线时，布放在线槽内的缆线可以不绑扎，槽内缆线应顺直，尽量不交叉，缆线不应溢出线槽，在缆线进出线槽部位、拐弯处应绑扎固定。垂直线槽布放缆线应每间隔 1.5 m 在缆线支架上固定一下。

③ 在水平、垂直桥架和垂直线槽中敷设缆线时，应对缆线进行绑扎。绑扎间距不宜大于 1.5 m，扣间距应均匀，松紧适度。

(2) 预埋金属线槽保护方式。采用该方式敷设时应注意以下几点：

① 在建筑物中预埋线槽可视不同尺寸，按一层或两层设置，应至少预埋两根以上，线槽截面高度不宜超过 25 mm。

② 线槽直埋长度超过 6 m 或在线槽路由交叉、转弯时宜设置拉线盒，以便于布放缆线和维修。

③ 拉线盒盖应能开启，并与地面齐平，盒盖处应采取防水措施。线槽宜采用金属管引入分线盒内。

(3) 预埋暗管支撑保护方式。采用该方式敷设时应注意以下几点：

① 暗管宜采用金属管，预埋在墙体中间的暗管内径不宜超过 50 mm；楼板中的暗管内径宜为 15～25 mm。在直线布管 30 m 处应设置暗箱等装置。

② 暗管的转弯角度应大于 90°，在路径上每根暗管的转弯点不得多于两个，并不应有 S 弯出现。在弯曲布管时，在每间隔 15 m 处应设置暗线箱等装置。

③ 暗管转弯的曲率半径不应小于该管外径的 6 倍，如暗管外径大于 50 mm 时，曲率半径不应小于 50 mm 的 10 倍。

④ 暗管管口应光滑，并加有绝缘套管，管口伸出部位应为 25～50 mm。

(4) 线槽和沟槽结合的保护方式。采用该方式敷设时应注意以下几点：

① 沟槽和格形线槽必须勾通。

② 沟槽盖板可开启，并与地面齐平，盖板和插座出口处应采取防水措施。

③ 沟槽的宽度宜小于 600 mm。

另外，也可在活动地板下敷设缆线，活动地板内净空不应小于 150 mm，活动地板内如果作为通风系统的风道使用时，地板内净高不应小于 300 mm。

在工作区的信息点位置和缆线敷设方式未定的情况下，或在工作区采用地毯下布放缆线时，在工作区宜设置交接箱。

2) 缆线支撑保护的要求

采用公用立柱作为吊顶支撑时，可在立柱中布放缆线，立柱支撑点宜避开沟槽和线槽位置，支撑应牢固。

不同种类的缆线在金属槽内布线时，应同槽分隔(用金属板隔开)布放。金属线槽接地应符合设计要求。干线子系统缆线敷设支撑保护应符合下列要求：

(1) 缆线不得布放在电梯或管道竖井中。

(2) 干线通道间应沟通。

(3) 竖井中缆线穿过的每层楼板的孔洞宜为矩形或圆形，矩形孔洞尺寸不小于 300 mm × 100 mm。

(4) 圆形孔洞处应至少安装三根圆形钢管，管径不宜小于 100 mm。

### 3. 线槽、线管的安装要求

线槽、线管部分的安装主要涉及金属槽、PVC 线槽/线管等。线槽的安装应根据图纸要求，对各布线路由进行预定位，然后根据各段路由长度计算材料用量。计算材料用量时注意单段线槽标准长度，尽量使线槽长度接近实际安装长度，避免浪费。

PVC 管在工作区一般采用暗装方式敷设，操作时应注意以下两点：

(1) 管道转弯时，弯曲半径要大，以便于穿线。

(2) 管道内穿线不宜太多，要留有 50% 以上的空间。

　　墙壁线槽面线是一种短距离明敷方式。当已建成的建筑物中没有暗敷管槽时，只能采用明敷线槽或电缆直接敷设，线槽容纳线缆的容量一般需低于线槽横截面的 70%。安装线槽应在土建工程基本结束以后，与其他管道(如风管、给排水管)同步进行，也可比其他管道稍迟一段时间安装。但尽量避免在装饰工程结束以后进行安装，造成敷设线缆的困难。安装线槽应符合下列要求：

(1) 线槽安装位置应符合施工图规定，左右偏差视环境而定，最大不超过 50 mm。

(2) 线槽水平度每米偏差不应超过 2 mm。

(3) 垂直线槽应与地面保持垂直，并无倾斜现象，垂直度偏差不应超过 3 mm。

(4) 线槽节与节间用接头连接板拼接，螺丝应拧紧。两线槽拼接处水平偏差不应超过 2 mm。

(5) 当直线段桥架超过 30 m 或跨越建筑物时，应有伸缩缝，其连接宜采用伸缩连接板。

(6) 线槽转弯半径不应小于其槽内的线缆最小允许弯曲半径的最大者。

(7) 盖板应紧固，并且要错位盖槽板。

(8) 支吊架应保持垂直，整齐牢固，无歪斜现象。

## 四、任务实施

### 1. 实施准备

◇ 实训设备

根据任务的需求，每个实训小组的实训设备和工具配置建议如表 2-6 所示。

表 2-6　实训设备和工具配置清单

| 类　型 | 型　号 | 数　量 |
| --- | --- | --- |
| PVC 线槽 | 39×19 PVC 线槽 | 1 根 |
| PVC 线管 | $\phi$20 PVC 管 | 1 根 |
| PVC 配件 | 直角、阳角、阴角等 | 1 批 |
| 线槽剪刀 | 线槽剪刀 | 1 |
| 线管剪 | 线管剪 | 1 |
| 弯管器 | $\phi$20 弯管器 | 1 |
| 卷尺 | 3 m 卷尺 | 1 |
| 铅笔 | | 1 |

◇ 实训环境

本实训在综合布线工作台上进行。

### 2. 实施步骤

(1) PVC 线槽水平直角成型。

① 裁剪长为 1 m 的 PVC 线槽，在 PVC 线槽上测量 300 mm 画一条直线(直角成型)，测量线槽的宽度为 39 mm。以直线为中心向两边量取 39 mm 划线，确定直角的方向画一个直角三角形，如图 2-33 所示。

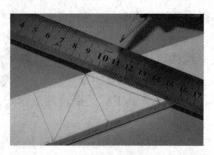

图 2-33　测量、画出等腰直角三角形

② 采用线槽剪刀裁剪画线三角形，形成线槽直角弯，如图 2-34 所示。

图 2-34　剪裁出画线的三角形

③ 将线槽弯曲成型即可完成直角的制作，外角制作方法类似，如图 2-35 和图 2-36 所示。

 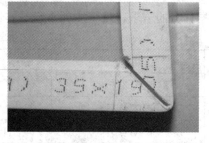

图 2-35　直角　　　　　　　　　　　　　　　　　图 2-36　内角

(2) PVC 线管成型。

① 裁剪长为 1 m 的 PVC 线管，制作直角弯。

② 在 PVC 线管上测量 300 mm 画一条直线。

③ 用绳子将弯管器绑好，并确定好弯管的位置，如图 2-37 所示。

图 2-37　测量确定要弯曲的位置

④ 将弯管器插入 PVC 管内，用力将 PVC 管弯曲。注意控制弯曲的角度，力度要均匀。

⑤ 最终完成 PVC 线管的成型制作，如图 2-38 所示。

图 2-38　弯管成型

## 五、任务验收

检查线槽走向是否美观、平直，槽与槽、槽与槽盖是否接合良好。

检查线管走向是否美观、平直，线管与线管结合是否良好。

## 六、任务总结

通过 PVC 线槽、线管的二次加工成型了解线槽、线管的相关知识和标准，熟悉线槽、线管的制作规范和步骤。

# 任务五　行政楼综合布线工程图的绘制

## 一、任务描述

某学校的行政办公楼进行综合布线改造，行政办公楼共有 8 层，现需对综合布线系统结构进行设计，并绘制相关的综合布线工程图。

## 二、任务目标

**目标：**对综合布线系统结构进行设计，绘制综合布线工程图。

**目的：**了解综合布线系统组成，通过绘制图纸，初步掌握综合布线设计知识。

## 三、知识链接

### 1. 综合布线系统

综合布线系统是指按标准的、统一的和简单的结构化方式编制和布置各种建筑物(或建筑群)内各种系统的通信线路，包括网络系统、电话系统、监控系统、电源系统和照明系统等。因此，综合布线系统是一种标准通用的信息传输系统。综合布线系统的常用称谓有结构化布线系统(Structured Cabling System，SCS)、建筑与建筑群综合布线系统(Premises Distribution System，PDS)、综合布线系统(Generic Cabling System，GCS)等。

综合布线系统是建筑技术与信息技术相结合的产物，也是计算机网络工程的基础。通过综合布线系统可使语音设备、数据设备、交换设备及各种控制设备与信息管理系统连接起来，同时也使这些设备与外部通信网络相连。综合布线系统还包括建筑物外部网络或电信线路的连接点与应用系统设备之间的所有线缆及相关的连接部件。综合布线系统的硬件部分由不同系列和规格的部件组成，其中包括传输介质、相关连接硬件(如配线架、连接器、插座、插头、适配器)以及电气保护设备等。这些部件可用来构建各种子系统，它们都有各自的具体用途，不仅易于实施，而且能随需求的变化而平稳升级。

综合布线系统的发展与建筑物自动化系统密切相关。传统布线如电话、计算机局域网都是各自独立的，各系统分别由不同的厂商设计和安装。传统布线采用不同的线缆和不同的终端插座，而且连接这些不同布线的插头、插座及配线架均无法互相兼容。综合布线系统较好地解决了传统布线方法存在的许多问题，主要表现为具有兼容性、开放性、灵活性、可靠性、先进性和经济性，而且在设计、施工和维护方面也给人们带来了许多方便，提供了具有长远效益的先进、可靠的解决方案。随着现代信息技术的飞速发展，综合布线系统已经成为现代智能建筑不可缺少的基础设施。

### 2. 综合布线系统标准

综合布线系统基本上都采用国际标准化委员会(ISO)、国际电工委员会(IEC)、美国通信工业协会(TIA)等组织制定的标准，我国也制定了相关的国家标准。

#### 1) TIA/EIA-568 系列标准

TIA/EIA-568 标准确定了一个可以支持多品种、多厂家的商业建筑的综合布线系统，同时也提供了为商业服务的电信产品的设计方向。

1985 年初，计算机工业协会(CCIA)提出对大楼布线系统标准化的倡议，美国电子工业协会(EIA)和美国电信工业协会(TIA)开始标准化制定工作。1991 年 7 月，ANSI/EIA/TIA 568 即《商业大楼电信布线标准》问世。1995 年底，EIA/TIA 568 标准正式更新为 EIA/TIA 568A。2002 年 6 月正式通过的六类布线标准成为了 TIA/EIA-568B 标准的附录，它被正式命名为 TIA/EIA-568B.2-1。该标准已被国际标准化组织(ISO)批准，标准号为 ISO 11801-2002。新的六类标准在两个方面对五类标准进行了完善：

(1) TIA 指定六类系统组成的成分必须向下兼容(包括三类、五类、超五类布线产品)，并满足混合使用的要求。

(2) 六类布线标准对 100 Ω 平衡双绞线、连接硬件、跳线、信道和永久链路等进行了具体规范。

#### 2) ISO/IEC 11801 国际标准

国际标准化组织/国际电工委员会标准的 ISO/IEC 11801：2002 标准称为"信息技术——用户房屋综合布线"。目前该标准有 3 个版本：ISO/IEC 11801：1995、ISO/IEC 11801：2000 和 ISO/IEC 11801：2002。

ISO/IEC 11801：1995 标准定义到 100 MHz，定义了使用面积达 100 万平方米和 5 万个用户的建筑和建筑群的通信布线，包括平衡双绞电缆布线(屏蔽和非屏蔽)和光纤布线、布线部件和系统的分类计划，确立了评估指标"类(Categories)"，即 Cat3、Cat4、Cat5 等，并规定电缆或连接件等单一部件必须符合相应的类别。同时，为了定义由某一类别部件所组成的整个系统(链路、信道)的性能等级,国际标准化组织建立了"级(Classes)",即 Class A、Class B、Class C、Class D 等级的概念。

ISO/IEC 11801:2000 是对 ISO/IEC 11801:1995 的一次主要的更新,它增加了新的测量方法的条件。ISO/IEC 认为以往的链路定义应被永久链路和通道的定义所取代,该标准对永久链路和通道的等效远端串扰、综合近端串扰、传输延迟等进行了规定。

ISO/IEC 11801:2002 新标准定义了 6 类、7 类线缆的标准。

3) 国家标准

2016 年 8 月 26 日发布、2017 年 4 月 1 日开始执行的国家标准是《综合布线系统工程设计规范》(GB 50311—2016)和《综合布线系统工程验收规范》(GB 50312—2016)。在这两个标准实施后,综合布线系统要求按照这两个标准进行设计和施工验收。

**3. 综合布线系统术语与符号**

表 2-7 和表 2-8 是根据《综合布线系统工程设计规范》(GB 50311—2016)列出的综合布线系统工程常用的术语和常用的符号与缩略词,表 2-9 所示为 GB 50311—2016 与 ANSI TIA/EIA 568 主要术语对照表。

表 2-7  综合布线系统工程常用术语(摘录自《综合布线系统工程设计规范》)

| 术语 | 英文名 | 解释 |
|---|---|---|
| 布线 | Cabling | 能够支持信息电子设备相连的各种线缆、跳线、接插软线和连接器件组成的系统 |
| 建筑群子系统 | Campus Subsystem | 由配线设备、建筑物之间的干线缆线、设备线缆、跳线等组成的系统 |
| 电信间 | Telecommunications Room | 放置电信设备、缆线终接的配线设备并进行线缆交接的专用空间 |
| 工作区 | Work Area | 需要设置终端设备的独立区域 |
| 信道 | Channel | 连接两个应用设备的端到端的传输通道。信道包括设备电缆、设备光缆和工作区电缆、工作区光缆 |
| 链路 | Link | 一个 CP 链路或是一个永久链路 |
| 永久链路 | Permanent Link | 信息点与楼层配线设备之间的传输线路。它不包括工作区缆线和连接楼层配线设备的设备缆线、跳线,但可以包括一个 CP 链路 |
| 集合点(CP) | Consolidation Point | 楼层配线设备与工作区信息点之间水平缆线路由中的连接点 |
| CP 链路 | CP Link | 楼层配线设备与集合点(CP)之间,包括各端的连接器件在内的永久性的链路 |
| 建筑群配线设备 | Campus Distributor | 终接建筑群主干缆线的配线设备 |
| 建筑物配线设备 | Building Distributor | 为建筑物主干缆线或建筑群主干缆线终接的配线设备 |
| 楼层配线设备 | Floor Distributor | 终接水平缆线和其他布线子系统缆线的配线设备 |
| 连接器件 | Connecting Hardware | 用于连接电缆线对和光缆光纤的一个器件或一组器件 |
| 建筑群主干缆线 | Campus Backbone Cable | 用于在建筑群内连接建筑群配线设备与建筑物配线设备的缆线 |

| 术语 | 英文名 | 解释 |
|---|---|---|
| 建筑物主干缆线 | Building Backbone Cable | 入口设施至建筑物配线设备、建筑物配线设备至楼层配线设备及建筑物内楼层配线设备之间相连接的缆线 |
| 水平缆线 | Horizontal Cable | 楼层配线设备到信息点之间的连接缆线 |
| CP 缆线 | CP Cable | 连接集合点(CP)至工作区信息点的缆线 |
| 信息点(TO) | Telecommunications Outlet | 缆线终接的信息插座模块 |
| 跳线 | Jumper | 不带连接器件或带连接器件的电线缆对与带连接器件的光纤,用于配线设备之间进行连接 |
| 线对 | Pair | 由两个相互绝缘的导体对绞组成,通常是一个对绞线对 |
| 多用户信息插座 | Muiti-user Telecommunications Outlet | 工作区内若干信息插座模块的组合装置 |

表 2-8  常用符号与缩略词(摘录自《综合布线系统工程设计规范》)

| 英文缩写 | 英文名称 | 中文名称或解释 |
|---|---|---|
| ACR | Attenuation to Crosstalk Ratio | 衰减串音比 |
| BD | Building Distributor | 建筑物配线设备 |
| CD | Campus Distributor | 建筑群配线设备 |
| CP | Consolidation Point | 集合点 |
| ELFEXT | Equal Level Far end Crosstalk Attenuation(loss) | 等电平远端串音衰减 |
| FD | Floor Distributor | 楼层配线设备 |
| FEXT | Far End Crosstalk Attenuation(loss) | 远端串音 |
| IL | Insertion Loss | 插入损耗 |
| LCL | Longitudinal to Differential Conversion Loss | 纵向对差分转换损耗 |
| OF | Optical Fibre | 光纤 |
| PSNEXT | Power Sum NEXT Attenuation(loss) | 近端串音功率和 |
| PSACR | Power Sum ACR | ACR 功率和 |

表 2-9  GB 50311—2016 与 ANSI TIA/EIA 568 主要术语对照表

| GB 50311—2016 | | ANSI/TIA/EIA 568 | |
|---|---|---|---|
| 中文名称 | 术语 | 中文名称 | 术语 |
| 建筑群配线设备 | CD | | |
| 建筑物配线设备 | BD | 主配线架 | MDF |
| 楼层配线设备 | FD | 楼层配线架 | IDF |
| 信息点 | TO | 信息插座 | IO |
| 集合点 | CP | 过渡点 | TP |

第 2 章 综合布线技术 | 37

#### 4. 综合布线系统结构

依照2017年4月1日起实施的国家标准《综合布线系统工程设计规范》(GB 50311—2016)，综合布线系统工程宜按七个部分进行设计，如下所述：

(1) 工作区：由配线子系统的信息插座(TO)延伸到终端设备处的连接线缆及适配器组成。一个独立的需要设置终端设备的区域宜划分为一个工作区。

(2) 配线子系统：由工作区的信息插座、信息插座至楼层管理间配线设备的配线电缆和光缆、楼层管理间的配线设备及设备线缆和跳线等组成。配线子系统也称为水平子系统。

(3) 干线子系统：由设备间至楼层管理间的干线电缆和光缆、安装在设备间的建筑物配线设备(BD)及设备线缆和跳线等组成。干线子系统也被称为垂直子系统。

(4) 建筑群子系统：由连接多个建筑物之间的主干电缆和光缆、建筑群配线设备(CD)及设备线缆和跳线等组成。

(5) 设备间：设备间是在每幢建筑物的适当地点进行网络管理和信息交换的场地。设备间主要安装建筑物配线设备，电话交换机、计算机主机设备及入口设施也可与配线设备安装在一起。

(6) 进线间：建筑物外部通信和信息管线的入口部位，并可作为入口设施和建筑群配线设备的安装场地。

(7) 管理：对工作区、楼层管理间、设备间、进线间的配线设备、电缆、信息插座等设施按一定的模式进行标示和记录。

综合布线系统的七个组成部分如图2-39所示。

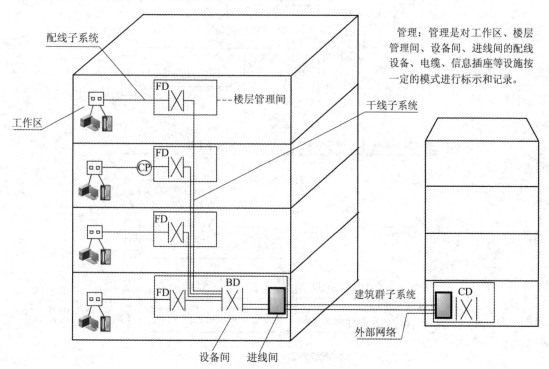

图 2-39 综合布线系统的组成部分示意

综合布线系统的基本构成如图 2-40 所示。

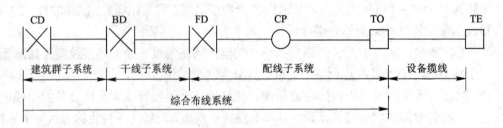

图 2-40　综合布线系统基本构成

⇨ **提示**：配线子系统信道的最大长度不应大于 100 m，其中水平缆线长度不大于 90 m，一端工作区设备连接跳线不大于 5 m，另一端设备间的跳线不大于 5 m。

综合布线子系统的构成应符合图 2-41 的要求。图中的虚线表示 BD 与 BD 之间、FD 与 FD 之间可以设置主干线缆。建筑物 FD 可以经过主干缆线直接连至 CD，TO 也可以经过水平缆线直接连至 BD。

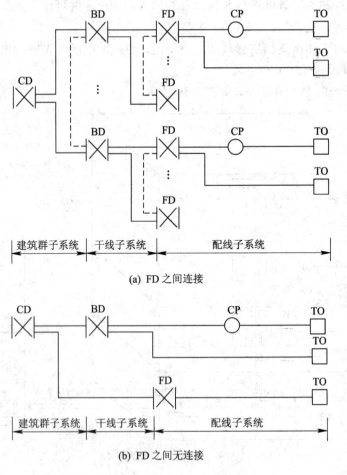

(a) FD 之间连接

(b) FD 之间无连接

图 2-41　综合布线子系统构成

### 5. 综合布线系统设计基础

综合布线系统设计工作的内容包括需求分析、设计原则、设计步骤、综合布线工程图以及产品选型。

#### 1) 需求分析

需求分析是综合布线系统设计的首项重要工作，对后续工作的顺利开展是非常重要的，更直接影响到工程预算造价。需求分析主要应掌握用户的当前用途和未来扩展需要。通过对用户方实施综合布线系统的相关建筑物进行实地考察，根据用户方提供的建筑工程图了解相关建筑结构，分析施工难易程度，并估算大致费用。需了解的其他数据包括中心机房的位置、信息点数、信息点与中心机房的最远距离、电力系统状况、建筑楼情况等。

#### 2) 设计原则

综合布线系统的设计应考虑到以下原则：

① 规划性。尽量将综合布线系统纳入到建筑物整体规划、设计和建设之中。在土建建筑、结构的工程设计中，对综合布线系统的信息插座、配线子系统、干线子系统、设备间、进线间都要有所规划。

② 可扩展性。尽可能将更多的信息系统纳入到综合布线系统。综合布线系统应与大楼通信自动化、楼宇自动化、办公自动化等系统统筹规划，按照各种信息系统的传输要求，做到合理使用，并符合相关的标准。

③ 长远规划思想，保持一定的先进性。工程设计时，应根据工程项目的性质、功能、环境条件和用户的近远期需求，进行综合布线系统设施和管线的设计。通信技术发展很快，综合布线水平子系统完成施工后一般是预埋在大楼管道里，很难进行更换。因此所用器材需要考虑适度超前。

④ 标准化。综合布线工程设计中必须选用符合国家或国际有关技术标准的定型产品，符合国家现行的相关强制性或推荐性标准规范。

⑤ 灵活的管理方式。综合布线系统中任一信息点能够很方便地与多种类型设备(如电话、计算机、检测器件以及传真等)进行连接。

#### 3) 设计步骤

设计一个合理的综合布线系统一般有 7 个步骤：

① 分析用户需求。

② 获取建筑物平面图。

③ 系统结构设计。

④ 布线路由设计。

⑤ 可行性论证。

⑥ 绘制综合布线施工图。

⑦ 编制综合布线用料清单。

设计步骤中涉及的一些具体环节如图 2-42 所示。

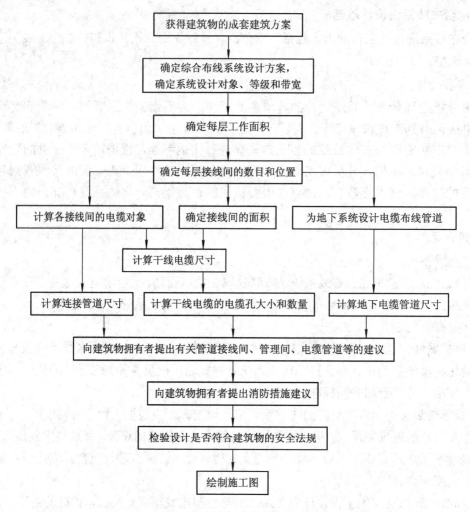

图 2-42 综合布线系统设计步骤

**4) 综合布线工程图**

综合布线工程图一般包括综合布线系统结构图、网络拓扑结构图、综合布线管线路由图、楼层信息点平面分布图、机柜配线架信息点布局图。综合布线工程中需要根据建筑物的网络通信情况绘制相应的综合布线工程图。

综合布线工程图在综合布线工程中起着关键作用，设计人员首先通过建筑图纸来了解和熟悉建筑物结构并设计综合布线工程图，施工人员根据设计图纸组织施工，验收阶段将相关技术图纸移交给建设方。图纸简单、清晰、直观地反映了网络和布线系统的结构、管线路由和信息点分布等情况。因此，识图、绘图能力是综合布线工程设计与施工组织人员必备的基本功。综合布线工程中主要采用两种制图软件：AutoCAD 和 Visio。也可以利用综合布线系统厂商提供的布线设计软件或其他绘图软件绘制。

微软公司的 Visio 绘图软件提供了一种直观的方式来进行图表绘制，不论是制作一幅简单的流程图还是制作一幅非常详细的技术图纸，都可以通过程序预定义的图形，轻易地组合出图表。在"任务窗格"视图中，用鼠标单击某个类型的某个模板，Visio 即会自动产生一个新的绘图文档，文档的左边"形状"栏显示出极可能用到的各种图表元素——SmartShapes 符号。在绘制图表时，只需要用鼠标选择相应的模板，单击不同的类别，选择需要的形状，拖动 SmartShapes 符号到绘图文档上，加上一定的连接线，进行空间组合与图形排列对齐，再加上引入的边框、背景和颜色方案即可，画图步骤简单、快捷。也可以对图形进行修改或者创建自己的图形，以适应不同的业务和不同的需求，这也是 SmartShapes 技术带来的便利，体现了 Visio 的灵活。

AutoCAD 是 Autodesk 公司的主导产品，是当今最流行的二维绘图软件，目前已被广泛地应用于机械设计、建筑设计、影视制作、视频游戏开发以及 Web 网的数据开发等重大领域。AutoCAD 具有强大的二维功能，如绘图、编辑、剖面线和图案绘制、尺寸标注以及二次开发等功能，同时具有部分三维功能。在综合布线工程设计中，当建设单位提供了建筑物的 CAD 建筑图纸的电子文档后，设计人员可以在 CAD 建筑图纸上进行布线系统的设计，起到事半功倍的效果。目前，AutoCAD 在综合布线工程设计中主要用于绘制综合布线系统结构图、管线设计图、楼层信息点分布图、布线施工图等。

5) 产品选型

综合布线系统是智能建筑内的基础设施之一。系统设备和器材的选型是工程设计的关键环节和重要内容。它与技术方案的优劣、工程造价的高低、业务功能的满足程度、日常维护管理和今后系统的扩展等都密切相关。因此，从整个工程来看，产品选型具有基础性的意义，应予以重视。产品选型的原则如下：

① 满足功能需求。产品选型应根据智能建筑的主体性质、所处地位、使用功能等特点，从用户信息需求、今后的发展及变化情况等考虑，选用合适等级的产品，例如五类、超五类、六类系统产品或光纤系统的配置，包括各种缆线和连接硬件。

② 结合环境实际。应考虑智能建筑和智能化小区所处的环境、气候条件和客观影响等特点，从工程实际和用户信息需求考虑，选用合适的产品。例如目前和今后有无电磁干扰源存在，是否有向智能小区发展的可能性等，这与是否选用屏蔽系统产品、设备配置以及网络结构的总体设计方案都有关系。

③ 选用主流产品。应采用市场上主流的、通用的产品系统，以便于将来的维护和更新。对于个别需要采用的特殊产品，也需要经过有关设计单位的同意。

④ 符合相关标准。选用的产品应符合我国国情和有关技术标准，包括国际标准、我国国家标准和行业标准。所用的国内外产品均应以我国国标或行业标准为依据进行检测和鉴定，未经鉴定合格的设备和器材不得在工程中使用。

⑤ 遵循性能价格比原则。目前我国已有符合国际标准的通信行业标准，对综合布线系统产品的技术性能应以系统指标来衡量。在产品选型时，所选设备和器材的技术性能指标一般要稍高于系统指标，这样在工程竣工后才能保证满足全系统技术性能指标。选用产品的技术性能指标也不宜贪高，否则将增加工程投资。

⑥ 售后服务保障。根据信息业务和网络结构的需要，系统要预留一定的发展余地。在具体实施中，不宜完全以布线产品厂商允诺保证的产品质量期来决定是否选用，还要考虑综合布线系统的产品尚在不断完善和提高，要求产品厂家能提供升级扩展能力。

此外，一些工作原则在产品选型中应综合考虑，例如，在价格相同的技术性能指标符合标准的前提下，若已有可用的国内产品，且能提供可靠的售后服务时，应优先选用国内产品，以降低工程总体运行成本，促进民族企业产品的改进、提高及发展。

## 四、任务实施

### 1. 实施准备

◇ 实训设备

根据任务的需求，每个实训小组需配备安装了 Visio 2003、AutoCAD 2007 及以上版本的计算机。

◇ 实训需求

行政办公楼共有 8 层，共有布线信息点 524 个，其中 268 个为语音点，采用的布线系统性能等级为 6 类非屏蔽(UTP)综合布线系统。各层的具体信息点分布如表 2-10 所示。根据需求进行综合布线系统设计,绘制系统结构图、水平了系统布线施工图和中心配线间(BD)的机柜安装示意图。

表 2-10　行政楼信息点分布

| 配线间设置 | 楼　层 | 数据信息点 | 语音信息点 |
|---|---|---|---|
| BD/FD (2 楼) | 1 层 | 20 | 22 |
|  | 2 层 | 40 | 48 |
|  | 3 层 | 22 | 24 |
| FD | 4 层 | 36 | 40 |
| FD(5 楼) | 5 层 | 40 | 24 |
|  | 6 层 | 18 | 18 |
| FD | 7 层 | 40 | 46 |
| FD | 8 层 | 40 | 46 |
| 总计 |  | 256 | 268 |

### 2. 实施步骤

(1) 系统结构设计。

根据行政楼的需求，具体的综合布线系统设计要求如下：

① 工作区：采用 8P8C 信息模块，双孔信息面板设计，采用六类 RJ-45 信息模块。

② 水平子系统：水平电缆为 6 类 UTP 双绞线。

③ 垂直干线：语音主干线缆为 5 类 25 对 UTP 双绞线，数据主干线缆为 6 芯室内多模光缆。

④ 配线架：水平配线架(含语音、数据)选择 6 类 24 口配线架，语音垂直干线配线架选择 100 对 110 型交叉连接配线架。

⑤ 数据网络接入电信 ADSL 网络，语音网接入电信市话网络。

使用 Visio 或 AutoCAD 绘制的行政楼综合布线系统结构如图 2-43 所示。

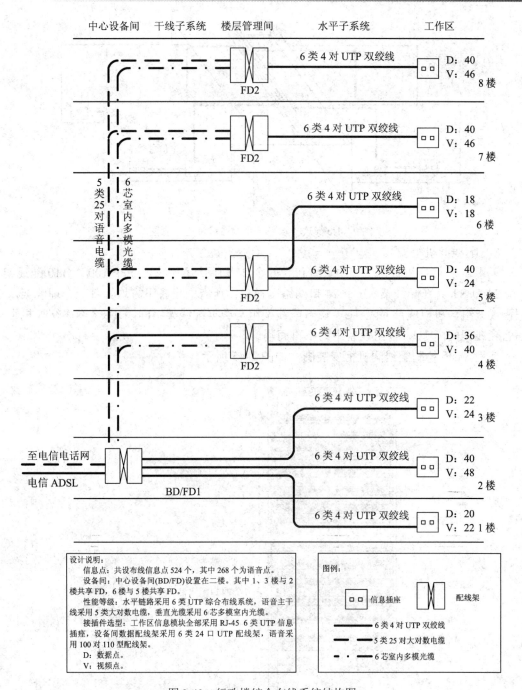

图 2-43 行政楼综合布线系统结构图

**(2) 水平子系统布线施工。**

根据行政楼的建筑结构,在每层楼的走廊吊顶上架空线槽布线,由楼层管理间引出来的线缆先走吊顶内的线槽,到各房间后,经分支线槽从槽梁式电缆管道分叉后将电缆穿过一段支管引向墙壁,沿墙而下到房内信息插座。

使用 Visio 或 AutoCAD 绘制水平子系统布线施工示意图,如图 2-44 所示。

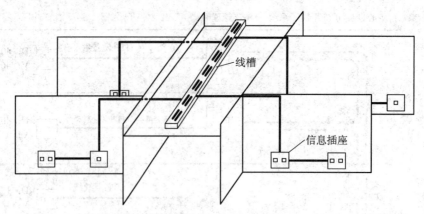

图 2-44　行政楼水平子系统布线施工示意图

(3) 配线间机柜安装。

采用一个 42U 机柜，机柜中设备包含 6 个 24 口网络配线架、1 个 100 对 110 配线架、1 个 24 口 ST 光纤配线架、6 个 24 口网络交换机；所有的设备下方均配备一个理线架，数据配线架组与机柜底部间隔 1U、语音配线架组与数据配线架组间隔 1U、网络交换机组与语音配线架间隔 1U，各组设备中间不再间隔。

使用 Visio 绘制配线间机柜安装图，如图 2-45 所示。

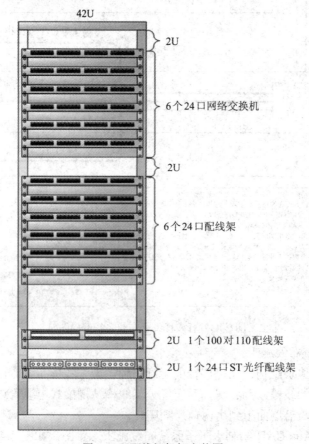

图 2-45　配线间机柜安装图

## 五、任务验收

根据实训需求和系统设计要求检查综合布线系统结构图的正确性和规范性，检查水平子系统布线施工图和配线间机柜安装图是否符合要求。

## 六、任务总结

通过对行政楼综合布线系统的基本设计和工程图的绘制，了解综合布线系统的相关知识和标准，了解综合系统的设计基础，熟悉综合布线系统工程图的应用与绘制。

# 任务六　行政楼布线工程测试与验收

## 一、任务描述

某学校的行政办公楼刚完成综合布线工程施工。办公楼的机房、配线间、信息点都完成了施工。为了使系统能够交付使用，现要求对整个系统进行测试和验收。

## 二、任务目标

目标：对综合布线系统工程进行测试和验收。

目的：了解综合布线的测试类型、测试模型、测试指标，掌握测试仪器的使用方法，了解工程验收的内容和要求。

## 三、知识链接

综合布线验收测试是指用电缆、光缆测试仪对综合布线工程进行的现场验收测试。被测的对象通常有水平链路、垂直链路和主干链路。

### 1. 测试类型

1) 验证测试

验证测试又称为随工测试，是边施工边测试，主要测试电缆的基本安装情况，检测线缆质量和安装工艺，及时发现并纠正所出现的问题。验证测试不需要使用复杂的测试仪，只需测试接线图和线缆长度的测试仪。

2) 认证测试

认证测试又称为验收测试，是指电缆除了正确的连接外，还要满足有关的标准，即安装好的电缆的电气参数(例如衰减、NEXT 等)是否达到有关规定所要求的指标。认证测试是所有测试工作中最重要的环节，是在工程验收时对布线系统的全面检验，是评价综合布线工程质量的科学手段。认证测试需要使用专用的测试仪，例如 Fluke 认证测试仪。

认证测试又分为自我认证测试和第三方认证测试。

自我认证测试由施工方自行组织，按照设计所要达到的标准对工程所有链路进行测试，确保每一条链路都符合标准要求。

第三方认证测试是委托第三方对系统进行验收测试，以确保布线施工的质量。这是对综合布线系统验收质量管理的规范化做法。

**2. 测试模型**

在综合布线中有永久链路模型和信道模型两个测试模型，用来测试水平链路的性能，也是通常工程验收中采用最多的两种测试方式。测试的标准一般选择 TIA568B、ISO11810和 GB 50312—2016 等标准。

**1) 永久链路模型**

永久链路是从用户面板信息插座到配线架插座截止的这段链路，永久链路测试是对这段链路进行物理性能测试。绝大多数的用户都要求检测永久链路并作为验收报告存档。永久链路测试模型如图 2-46 所示。

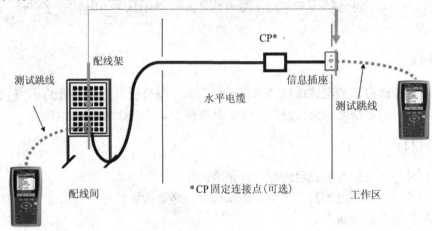

图 2-46　永久链路测试模型

**2) 信道模型**

通道(信道)是指从计算机网卡上的水晶头算起，到交换机端口的水晶头截止的这条链路。信道测试对这段链路进行物理性能测试，如图 2-47 所示。

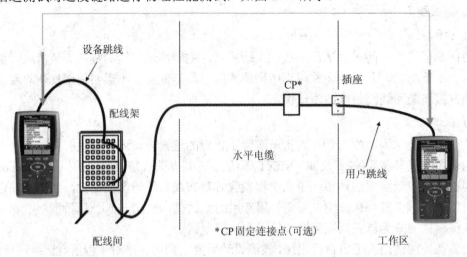

图 2-47　信道模型测试

**3. 综合布线系统主要指标**

作为工程系统，依据既定行业或国家标准进行有效的测试是必要的过程之一。测试不仅是检验合格率，更重要的是要检查出有问题的信息点或线路。在综合布线系统中需要测试的主要指标有以下几个方面。

**1) 接线图(Wire Map)**

接线图用于表示双绞线水平链路接线的方式，可显示出每条线缆的四对八根线芯与接线端口的实际连接状态。每一条电缆的接线图可表示每一端点的正确压线位置，是否与远端导通，两芯或多芯的短路、断路、交错线对、反向线对、分岔线对以及其他各种接线错误。图 2-48 所示为 Fluke 测试仪显示测试通过的双绞线 T568A 接线图。

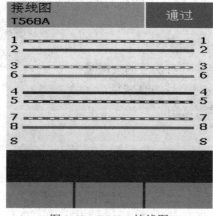

图 2-48　T568A 接线图

**2) 长度(Length)**

线缆的长度指连接电缆的物理长度。对线缆长度的测量方法有两种：基本链路模型 (Basic Link)和信道模型(Channel)。链路的长度可以用电子长度测量来估算，电子长度测量通常采用 TDR(时域反射分析)测试技术，TDR 技术是基于链路的传输延迟和电缆的 NVP(额定传播速率)值而实现的。NVP 表示电信号在电缆中传输速度与光在真空中传输速度之比值。图 2-49 所示为长度测试图。

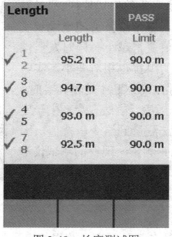

图 2-49　长度测试图

3) 衰减量(Attenuation)/插入损耗(Insertion Loss)

当信号在电缆中传输时，由于其所遇到的电阻而导致传输信号的减小，信号沿电缆传输损失的能量称为衰减量，以分贝(dB)表示。衰减量与线缆的长度有关，随着长度的增加信号衰减量也相应增加。由于衰减量随频率的变化而变化，因此，应测量在应用范围内的全部频率上的衰减量。

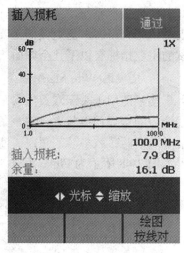

衰减量是一种插入损耗，当考虑一条通信链路的总插入损耗时，布线链路中所有的布线部件都对链路的总衰减值有贡献。一条链路的总插入损耗是电缆和布线部件的衰减量的总和。

归纳起来，衰减量由下述各部分构成：① 布线电缆对信号的衰减量；② 每个连接器对信号的衰减量；③ 通道链路模型再加上 10 m 跳线对信号的衰减量。

图 2-50　衰减量测试图

如图 2-50 所示为衰减量测试图。

4) 近端串扰(NEXT)

串扰是同一电缆的一个线对中的信号在传输时耦合进其他线对中的能量，用于测量来自其他线对泄漏过来的信号。串扰分近端串扰(NEXT)和远端串扰(FEXT)两种。NEXT 损耗用于测量一条 UTP 链路中从一对线到另一对线的信号耦合。

对于 UTP 链路，NEXT 是一个关键的性能指标，也是最难精确测量的一个指标，且随着信号频率的增加，其测量难度将加大。由于存在线路损耗，因此 FEXT 的量值的影响较小，测试仪主要测量 NEXT。近端串扰用近端串扰损耗值 dB 来度量，近端串扰的 dB 值越高越好。高的近端串扰值意味着耦合过来信号损耗高，只有很少的能量从发送信号线对耦合到同一电缆的其他线对中；低的近端串扰值即耦合过来信号损耗低，意味着较多的能量从发送信号线对耦合到同一电缆的其他线对中。

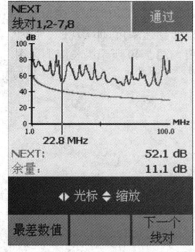

NEXT 并不表示在近端点所产生的串扰值，它只是表示在近端点所测量到的串扰值。这个量值会随电缆长度的不同而变化，电缆越长，其值变得越小。同时发送端的信号也会衰减，对其他线对的串扰也相对变小。实验证明，只有在 40 m 内测量得到的 NEXT 才是较真实的。如果另一端是远于 40 m 的信息插座，虽然它会产生一定程度的串扰，但测试仪可能无法测量到这个串扰值。因此最好在两个端点都进行 NEXT 测量。现在的测试仪都配有相应功能，可以在链路一端就能测量出线路两端的NEXT 值。如图 2-51 所示为近端串扰测试图。

图 2-51　近端串扰测试图

5) 衰减串扰比(ACR)

衰减串扰比也称信噪比，是在某一频率上测得的串扰与衰减的差。对于一个两对线的应用来说，ACR 是体现整个系统信号与串扰比 SNR 的唯一参数。6 类(ISO/IEC-11801 E 级)标准的草案中指出，在 200 MHz 时 ACR 不能少于 3.0 dB。

在某些频率范围内，串扰与衰减量的比例关系是反映电缆性能的另一个重要参数。ACR 有时也以信噪比(Signal-to-Noice Ratio，SNR)表示，由最差的衰减量与 NEXT 量值的差值计算。ACR 值较大，表示抗干扰的能力更强。一般系统要求至少大于 10 dB。如图 2-52 所示为衰减串扰比测试图。

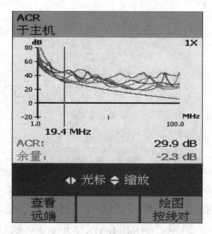

图 2-52　衰减串扰比测试图

6) 回波损耗(RL)。

回波损耗又称反射损耗，是电缆链路由于阻抗不匹配所产生的反射，是一对线自身的反射。不匹配主要发生在连接器的地方，但也可能发生在电缆中特性阻抗发生变化的地方，所以施工质量是提高回波损耗的关键。回波损耗将引入信号的波动，返回的信号将被双工的千兆网误认为是收到的信号而产生混乱。

回波损耗越大，则反射信号越小，意味着通道采用的电缆和相关连接硬件阻抗一致性越好，传输信号越完整，在通道上的噪声越小，因此回波损耗越大越好。图 2-53 所示为回波损耗测试图。

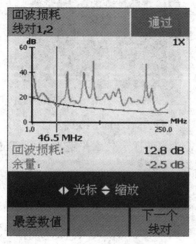

图 2-53　回波损耗测试图

综合布线工程中常用的测试指标还有等效远端串扰、特性阻抗、直流电阻、传播时延、链路脉冲噪声电平等。

## 四、任务实施

### 1. 实施准备

◇ 实训设备

每个实训小组配备 Fluke DTX1200 测试仪一台、计算机一台、打印机一台。

◇ 实训环境

本实训的环境为在实训操作台或模拟仿真墙上已完成了工作区子系统、水平链路、FD 的安装的环境。

### 2. 实施步骤

(1) 永久水平链路测试。

Fluke Networks 公司是一家著名的生产专业网络测试仪的公司，其 DSP 系列、DTX 系列局域网电缆分析仪是手持式的仪器，如图 2-54 所示，可用于对安装的双绞线电缆或同轴电缆进行认证、测试以及故障诊断。测试仪使用了新的测试技术，它将脉冲测试信号和数字信号处理结合起来，提供了快速、精确的测试结果，能测试并提供 NEXT、ELFEXT、PSNEXT、PTSELFEXT、衰减串扰比(ACR)、PSACR 和回波损耗(RL)的结果和曲线图，可显示直至 350 MHz 的各项指标结果。Fluke 测试仪配置了多种型号的永久链路适配器插头和通道适配器插头，以满足各种不同类型线缆的链路测试和通道测试。

图 2-54　Fluke 认证测试仪

使用 Fluke DTX1200 测试仪，进行永久水平链路，CAT6(六类双绞线)测试的主要步骤如下：

① 开启测试仪主机端的电源，将旋钮转至"SETUP"，按↓键选中第六条"Instrument setting"(仪器设置)后按 Enter 键进入参数设置，首先按→键进入第二个页面，按↓键选择最后一项 Language 后按 Enter 键进入；按↓键选择"Chinese"后按 Enter 键选择。将语言选择成中文后进行操作。

② 将旋转按钮转至"SPECIAL FUNCTIONS"挡位，取 Cat 6A/Class EA 永久链路适配器装在主机上，辅机装上 Cat 6A/Class EA 通道适配器，然后将永久链路适配器末端插在 Cat 6A/Class EA 通道适配器上；打开辅机电源，辅机自检后打开主机电源，自测后显示操作界面，选择第一项"设置基准"后按 Enter 键和"TEST"键开始自校准，当显示"设置基准已完成"说明自校准成功完成。

③ 主机端将旋钮转至"SETUP"挡位，按↓键选中第一条"双绞线"后按 Enter 键，如图 2-55 所示。选择测试极限值为"TIA Cat 6 Perm. Link"，如果要修改测试极限值，列表上有测试的标准则选择，否则选择"更多"。如图 2-56 所示。

图 2-55　选择双绞线

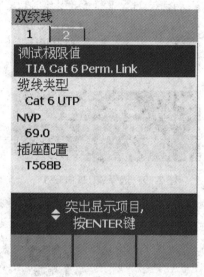

图 2-56　选择测试极限值

按↓键选择缆线类型为"CAT 6 UTP"，如果要修改缆线类型按 Enter 键进行选择，如图 2-57 和图 2-58 所示。

图 2-57　选择 UTP 缆线

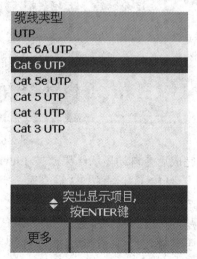

图 2-58　选择 CAT6 UTP

④ 将旋钮转至"AUTO TEST"或"SINGLE TEST"挡。"Auto TEST"是将所选测试标准的参数全部测试一遍后显示结果；"SINGLE TEST"是针对测试标准中的某个参数测

试。将旋钮转至 "SINGLE TEST"，按 ↑、↓ 键选择某个参数后按 Enter 键，再按 "TEST" 即进行单个参数测试。将所需测试的产品连接上对应的适配器，按 "TEST" 开始测试，经过一阵后显示测试结果 "PASS" 或 "FAIL"。如图 2-59～图 2-61 所示。

图 2-59 选择 AUTO TEST

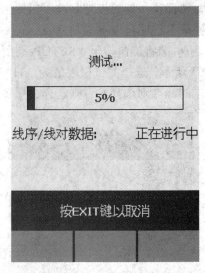

图 2-60 测试过程

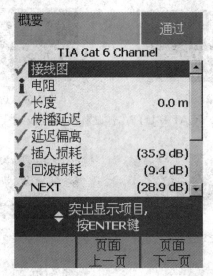

图 2-61 测试结果

测试完成后会自动显示结果。按 Enter 键看参数明细，用 F2 键查看 "上一页"，用 F3 键翻页，按 EXIT 后再按 F3 键查看内存数据存储情况。测试后，通过 "FAIL" 的情况，如需检查故障，选择 X 可查看具体情况。

⑤ 保存测试结果。在测试仪中为测试结果命名，测试结果名称可以通过 LinkWare 预先下载、手动输入、自动递增、自动序列，最后按 "SAVE" 键保存结果，如图 2-62 和图 2-63 所示。

用数据线把主机端连接计算机，使用 LinkWare 软件进行导出测试结果并打印输出，如图 2-64 和图 2-65 所示。

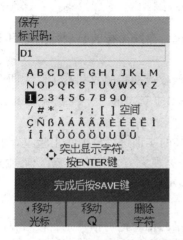

图 2-62　输入保存编号

图 2-63　查看结果

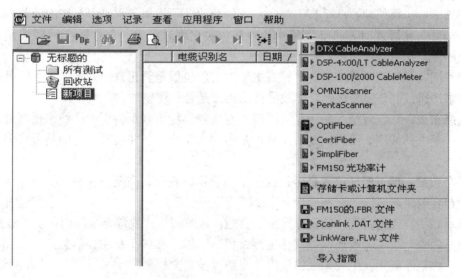

图 2-64　导出测试结果

图 2-65　测试结果记录

(2) 综合布线工程现场验收。

工程竣工验收项目的内容和方法，应按《综合布线工程验收规范(GB 50312—2016)》的规定执行。

现场验收按阶段来分有开工前检查、随工验收、初步验收和竣工验收四个部分。验收内容包括器材检验、设备安装检验、线缆敷设和保护方式检验、线缆端接和工程电气测试、环境检查。

以下针对工程在综合布线模拟墙上模拟安装的实训进行模拟竣工验收。

工作区子系统验收：线槽走向、布线是否美观大方，符合规范；信息插座是否按规范进行安装；信息插座是否做到一样高、平、牢固；信息面板是否都固定牢靠；标志是否齐全。

水平子系统验收：槽安装是否符合规范；槽与槽、槽与槽盖是否接合良好；托架，吊杆是否安装牢靠；水平干线与垂直干线、工作区交接处是否出现裸线；接地是否正确。

垂直干线子系统验收：垂直干线子系统的验收除了类似于水平子系统的验收内容外，要检查楼层与楼层之间的洞口是否封闭(以防火灾出现时成为一个隐患点)，线缆是否按间隔要求固定，拐弯线缆是否留有弧度。

管理间、设备间子系统验收：检查机柜安装的位置是否正确，规定、型号、外观是否符合要求；跳线制作是否规范，配线面板的接线是否美观整洁。

线缆布放：线缆规格、路由是否正确；对线缆的标识号是否正确；线缆拐弯处是否符合规范；竖井的线槽、线固定是否牢靠，是否存在裸线；竖井层楼层之间是否采取了防火措施。

架空布线：架设竖杆位置是否正确；吊线规格、垂度、高度是否符合要求；卡挂的间隔是否符合要求。

管道布线：使用管孔、管孔位置是否合适；线缆规格；线缆走向路由；防护设施。

除此之外，竣工验收还需提交认证测试报告、综合布线拓扑图、信息点分布图、管线路由图、机柜布局图及配线架上信息点分布图等技术文档。

## 五、任务验收

提交模拟综合布线工程的 UTP 电缆认证测试报告，使用 Fluke 测试仪进行抽测。根据现场验收要求检查模拟综合布线工程的施工情况。

## 六、任务总结

通过对行政楼综合布线系统的测试和验收，了解综合布线系统测试验收的相关指标和内容，掌握综合布线系统测试的步骤和工具，熟悉综合布线系统验收的标准。

⊠ **教学目标**

通过校园网、企业网等园区网络组建的案例，以各实训任务的内容和需求为背景，以完成企业园区网的各种交换技术为实训目标，通过任务方式由浅入深地模拟交换技术的典型应用和实施过程，以帮助学生理解网络交换技术，具备企业园区网的实施和组建能力。

⊠ **教学要求**

本章各环节的关联知识与对学生的能力要求见下表：

| 任 务 要 点 | 能 力 要 求 | 关 联 知 识 |
|---|---|---|
| 公司办公区网络组建 | (1) 掌握交换机基础配置；<br>(2) 掌握 VLAN 基础配置 | (1) 交换机基础及配置命令；<br>(2) VLAN 的划分与配置命令 |
| 公司办公区网络扩建 | (1) 掌握 VLAN Trunk 技术；<br>(2) 实现跨交换机 VLAN 通信 | (1) VLAN Trunk 的工作过程和标签；<br>(2) VLAN Trunk 的配置命令 |
| 公司三层交换网络组建 | (1) 掌握三层交换技术配置；<br>(2) 了解交换机 DHCP 配置 | (1) IP 子网与划分；<br>(2) 三层交换技术；<br>(3) DHCP 技术 |
| 图书馆无线网络组建 | 具备组建无线局域网的能力 | 无线局域网技术 |
| 校园网 IPv6 网络组建 | (1) 了解 IPv6 技术；<br>(2) 掌握 IPv6 的配置 | (1) IPv6 数据报与编址；<br>(2) IPv6 邻居发现协议；<br>(3) IPv6 配置命令 |

⊠ **重点难点**

➢ 交换机基础配置；

➢ 交换机 VLAN 技术；

➢ 交换机 VLAN Trunk 技术；

➢ 三层交换技术；

➢ 无线局域网技术；

➢ IPv6 技术。

# 任务一 公司办公区网络组建

## 一、任务描述

某公司计划搬入新的一层办公区，公司具有多个部门，网络区域需按部门进行划分，各部门的计算机之间可以通信，不同部门间无需通信，在综合布线工程完成后，需要组建公司的局域网。

## 二、任务目标

**目标**：针对某公司办公区局域网按部门进行区域划分，隔离各部门计算机的通信。

**目的**：通过本任务进行交换机基础配置、VLAN 基础配置的实训，以帮助读者掌握交换机基础配置、VLAN 划分与配置的方法，具备交换机与 VLAN 应用的能力。

## 三、需求分析

### 1. 任务需求

公司办公区共有 6 个部门，每个部门配置不同数量的计算机，各部门内部计算机能相互访问，部门间禁止访问，网络管理员在安装完交换机后要能远程对交换机进行管理和配置。公司办公区计算机分布如表 3-1 所示。

表 3-1　公司办公区计算机分布

| 部　门 | 计算机数量 | 部　门 | 计算机数量 |
|---|---|---|---|
| 总经理室 | 2 | 工程部 | 8 |
| 办公室 | 4 | 后勤部 | 6 |
| 财务部 | 4 | 网络部 | 4 |

### 2. 需求分析

需求 1：各部门内部计算机能相互访问，部门间禁止访问。

分析 1：交换机进行 VLAN 的创建和基于端口的 VLAN 划分，不同部门的端口属于不同的 VLAN。

需求 2：远程对交换机进行管理和配置。

分析 2：交换机配置 IP 地址，配置 Telnet 访问。

根据任务需求和需求分析，组建公司办公区的网络结构如图 3-1 所示，每部门以一台计算机表示。

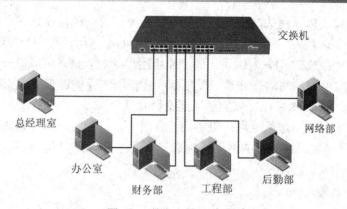

图 3-1　办公区的网络结构

## 四、知识链接

### 1. 交换技术

局域网交换技术是在传统的以太网技术的基础上发展而来的，随着局域网范围的扩大和网络通信技术的发展，目前在企业网络中以太网交换技术是网络发展中非常活跃的部分，交换技术在局域网中处于非常重要的地位。

局域网交换技术是 OSI 参考模型中的第二层——数据链路层(Data Link Layer)上的技术，所谓交换，实际上就是指转发数据帧(frame)。实现交换技术的网络设备就是以太网交换机(Switch)。

### 2. 虚拟局域网(VLAN)

虚拟局域网(Virtual Local Area Network，VLAN)是一种通过将局域网内的设备逻辑地而不是物理地划分成一个个网段，从而实现虚拟工作组的技术。网段内的机器有着共同的需求而与物理位置无关(如图 3-2 所示)。IEEE 于 1999 年颁布了用以标准化 VLAN 实现方案的 802.1Q 协议标准草案。

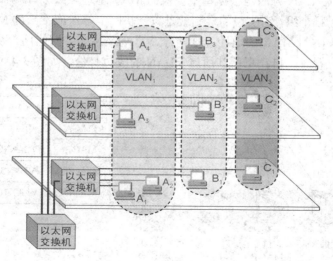

图 3-2　VLAN 结构示意图

VLAN 是为解决以太网的广播问题和安全性而提出的一种协议，它在以太网帧的基础上增加了 VLAN 头，用 VLAN ID 把用户划分为更小的工作组，每一个 VLAN 都有一个明确的标识符，即 VLAN ID 号，限制了不同工作组用户间的互访，可以说一个工作组就是一个虚拟局域网。虚拟局域网的好处是可以限制广播范围，并能够形成虚拟工作组，动态管理网络进一步结合 IP 技术后还可以实现三层交换功能。

VLAN 本质上只是局域网给用户提供的一种服务，对于用户而言是透明的，并不是一种新型的局域网。可以根据具体的网络结构选择合适的 VLAN 类型，不同类型 VLAN 在划分方法和功能上有所差别。

1）基于端口的 VLAN

基于端口的 VLAN 就是明确指定各端口属于哪个 VLAN 的设定方法。基于端口的 VLAN 的划分简单、有效，但其缺点是当用户从一个端口移动到另一个端口时，网络管理员必须对 VLAN 成员进行重新配置。基于端口的 VLAN 是最常应用的一种划分方法，目前绝大多数 VLAN 协议的交换机都提供这种基于端口的 VLAN，如图 3-3 所示。

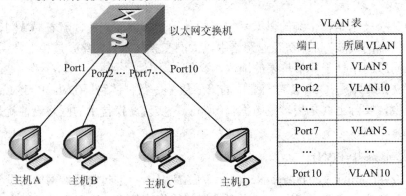

| 端口 | 所属 VLAN |
| --- | --- |
| Port 1 | VLAN 5 |
| Port 2 | VLAN 10 |
| … | … |
| Port 7 | VLAN 5 |
| … | … |
| Port 10 | VLAN 10 |

图 3-3 基于端口的 VLAN

2）基于 MAC 的 VLAN

基于 MAC 的 VLAN 方法是根据每个主机的 MAC 地址来划分，即对每个 MAC 地址的主机都配置它属于哪个组，它实现的机制就是每一块网卡都对应唯一的 MAC 地址，VLAN 交换机跟踪属于 VLAN MAC 的地址。这种方式的 VLAN 允许网络用户从一个物理位置移动到另一个物理位置时，自动保留其所属 VLAN 的成员身份，如图 3-4 所示。

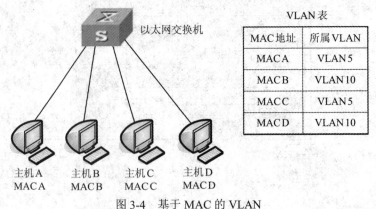

| MAC 地址 | 所属 VLAN |
| --- | --- |
| MAC A | VLAN 5 |
| MAC B | VLAN 10 |
| MAC C | VLAN 5 |
| MAC D | VLAN 10 |

图 3-4 基于 MAC 的 VLAN

3) 基于子网的 VLAN

基于子网的 VLAN 方法是根据主机所属的 IP 子网来划分 VLAN，即对每个 IP 子网的主机都配置属于哪个组，无论节点处于哪一个物理网段，都可以以它们的 IP 地址为基础或根据报文协议不同来划分子网，如图 3-5 所示，这使得网络管理和应用变得更加方便。

| VLAN 表 | |
| IP 网络 | 所属 VLAN |
| --- | --- |
| IP 1.1.1.0/24 | VLAN 5 |
| IP 1.1.2.0/24 | VLAN 10 |
| ... | ... |

图 3-5　基于子网的 VLAN

4) 基于协议的 VLAN

VLAN 按网络层协议来划分，可分为 IP、IPX、DECnet、AppleTalk、Banyan 等 VLAN 网络。这种按网络层协议组成的 VLAN，可使广播域跨越多个 VLAN 交换机。这种方法的优点是用户的物理位置改变后，也不需要重新配置所属的 VLAN，还有，这种方法不需要附加的帧标签来识别 VLAN，这样可以减少网络的通信量。有时可以根据协议类型来划分 VLAN 的能力，这对网络管理者来说是很重要的。这种方法的缺点是效率低，因为检查每一个数据包的网络层地址是需要消耗处理时间的。

**3. 交换机管理方式**

以太网交换机的管理配置方式有多种，其中最常用的配置方式有 Console 口配置、Telnet 远程管理、Web 配置和 SNMP 配置。

1) Console 口配置

可进行网络管理的交换机上一般都有一个 Console 端口，它是专门用于对交换机进行配置和管理的。通过 Console 端口连接并配置交换机，是配置和管理交换机必须经过的步骤。

通过交换机配备的 Console 控制线缆，将计算机的串行口与交换机的 Console 口进行连接，如图 3-6 所示，使用计算机 Windows 操作系统的"超级终端"组件程序或其他终端仿真软件(例如 NetTerm、SecurCTR 等)进行配置。

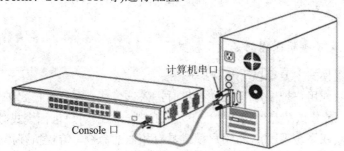

图 3-6　计算机与交换机 Console 口的连接

2) Telnet 远程管理

Telnet 协议是一种远程访问协议，可以用它登录到远程计算机、网络设备或网络。Windows、UNIX、Linux 等系统中都内置有 Telnet 客户端程序，或使用其他终端仿真软件(例如 NetTerm、SecurCTR 等)来实现与远程交换机的通信。

在使用 Telnet 连接至交换机前，应当确认已经做好以下准备工作：

(1) 在用于管理的计算机中安装有 TCP/IP 协议，并配置好了 IP 地址参数。

(2) 在被管理的交换机上已经配置好正确的 IP 地址参数，管理计算机要能通过 IP 地址与交换机通信。如果尚未配置 IP 地址信息，则必须通过 Console 端口进行设置。

(3) 在被管理的交换机上应开放和配置 Telnet 服务，远程计算机将通过 Telnet 协议进行管理。

(4) 在被管理的交换机上建立了具有管理权限的用户账户。如果没有账户，则需要在交换机上建立用户账户。

3) Web 配置

当为交换机设置好 IP 地址并启用 HTTP 服务后，即可通过支持 Java 的 Web 浏览器访问交换机，并可通过 Web 浏览器对交换机进行管理。通过 Web 界面，可以对交换机的许多重要参数进行修改和设置，并可实时查看交换机的运行状态。

4) SNMP 配置

SNMP 是基于 TCP/IP 的 Internet 网络管理标准是最广泛的一种网络管理协议，是一个从网络上的设备收集管理信息的公用通信协议。SNMP 被设计成一个应用层协议而成为 TCP/IP 协议族的一部分。目前，几乎所有的网络设备生产厂家都实现了对 SNMP 的支持。设备的管理者收集这些信息并记录在管理信息库(MIB)中。这些信息报告设备的特性、数据吞吐量、通信超载和错误等。MIB 有公共的格式，所以来自多个厂商的 SNMP 管理工具可以收集 MIB 信息，在管理控制台上呈现给系统管理员。通过将 SNMP 嵌入数据通信设备，如路由器、交换机或集线器中，就可以从一个中心站管理这些设备，并以图形方式查看和配置信息。

### 4. 交换机配置命令

1) 交换机配置模式

交换机的操作系统一般设计为模式化操作系统，此种操作系统具有多种工作模式或视图。每种模式用于完成特定任务，并具有可在该模式下使用的特定命令集。例如，要配置某个交换机接口，用户必须进入接口配置模式，在接口配置模式下输入的所有配置命令仅应用到该接口。

⇨ 提示：H3C 系列交换机采用的是视图模式。

交换机的配置模式主要有以下几种：

(1) 用户模式(或用户视图)。登录交换机时进入该模式，在这个模式下只能查看交换机的部分信息，但不能修改信息。默认情况下，从控制台访问用户执行模式时无需身份验证。

(2) 特权模式(或系统视图)。与用户模式具有相似的命令，特权执行模式具有更高的执行权限级别。管理员若要执行配置和管理命令，需要使用特权执行模式或处于其下级的特定模式。特权模式由采用与用户模式不同符号结尾的提示符标识。

(3) 全局配置模式。全局配置又称为主配置模式。在全局配置模式中进行的命令配置更改会影响设备的整体工作情况。还可将全局配置模式用作访问各种具体配置模式的中转模式。

(4) 具体配置模式(或具体视图)。从全局配置模式可进入多种不同的具体配置模式，例如接口配置模式、VLAN 配置模式、路由协议配置模式、线路配置模式等。其中的每种模式可以用于配置设备的特定部分或特定功能。在某个接口或进程中进行的配置更改只会影响该接口或进程。

按照从上到下的顺序排列可通过命令进行切换，某些命令可供所有用户使用，还有些命令仅在用户进入提供该命令的模式后才可执行。每种模式都具有独特的提示符，且只有适用于相应模式的命令才能执行。默认情况下，每个提示符都以设备名称开头。

以锐捷、Cisco 系列交换机和 H3C 系列交换机为例，默认的各种模式界面及模式之间的切换命令如图 3-7 和图 3-8 所示。

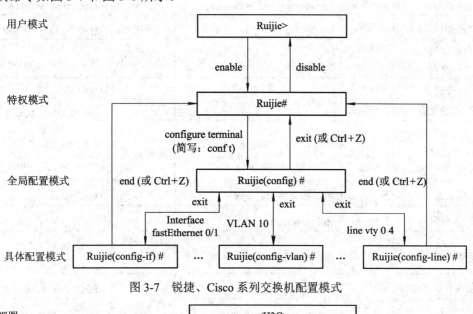

图 3-7　锐捷、Cisco 系列交换机配置模式

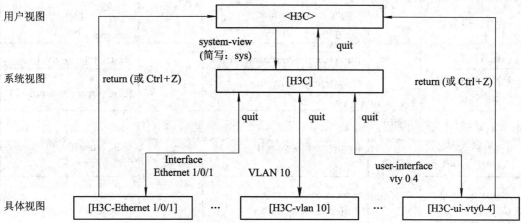

图 3-8　H3C 系列交换机配置视图

⇨ **提示**：II3C 系列交换机无全局配置模式，系统视图作为用户视图和具体视图的中转。

2) 基本配置命令

交换机的各种模式下的命令都具有特定的格式或语法，并在相应的提示符下执行。常规命令语法为命令后接相应的关键字和参数。某些命令包含一个关键字和参数子集，子集可提供额外功能。命令是在命令行中输入的初始字词，不区分大小写。命令后接一个或多个关键字和参数。输入包括关键字和参数在内的完整命令后，按 Enter 键将该命令提交给命令解释程序。表 3-2 列出了锐捷、Cisco 系列交换机、H3C 系列交换机的一些基本的以及与本任务相关的命令和格式。

表 3-2　交换机基本命令和格式

| 功　能 | 锐捷、Cisco 系列交换机 | | H3C 系列交换机 | |
|---|---|---|---|---|
| | 配置模式 | 基本命令 | 配置视图 | 基本命令 |
| ping 主机 | 用户模式 | Ruijie>ping 192.168.1.1 | 任意视图 | <H3C>ping 192.168.1.1 |
| Telnet 主机 | | Ruijie>telnet 192.168.1.1 | 用户视图 | <H3C>telnet 192.168.1.1 |
| 查看交换机版本信息 | | Ruijie>show version | 任意视图 | <H3C>display version |
| 查看当前生效的配置 | 特权模式 | Ruijie#show running-config | 任意视图 | <H3C>display current-configuration |
| 保存当前配置为下次启动时使用的配置 | | Ruijie#copy running-config startup-config | 用户视图 | <H3C>startup saved-configuration |
| 保存配置信息 | | Ruijie#write memory | 任意视图 | <H3C>save |
| 重启动 | | Ruijie#reload | 用户视图 | <H3C>reboot |
| 删除配置文件 | | Ruijie#del config.text | | <H3C>reset saved-configuration |
| 查看 VLAN 信息 | | Ruijie#show vlan | 任意视图 | <H3C>display vlan |
| 查看接口信息 | | Ruijie#show interface fastEthernet 0/1 | | <H3C>display interface Ethernet 1/0/1 |
| 配置主机名 | 全局配置模式 | Ruijie(config)#hostname SW1 | 系统视图 | [H3C]sysname SW1 |
| 配置特权(或高级别用户)密码 | | Ruijie(config)#enable password 123 | | [H3C]super password 123 |
| 进入或创建 VLAN(如果指定的 VLAN 不存在) | | Ruijie(config)#vlan 10 | | [H3C]vlan 10 |
| 删除指定 VLAN (默认的 VLAN1 无法删除) | | Ruijie(config)#no vlan 10 | | [H3C]undo vlan 10 |

续表

| 功　能 | 锐捷、Cisco 系列交换机 | | H3C 系列交换机 | |
|---|---|---|---|---|
| | 配置模式 | 基本命令 | 配置视图 | 基本命令 |
| 指定一个以太网接口，并进入该接口的配置模式 | 全局配置模式 | Ruijie(config)#interface fastEthernet 0/1 | 系统视图 | [H3C]#interface  Ethernet 1/0/1 |
| 指定一组以太网接口，并进入该组接口的配置模式 | | Ruijie(config)#interface range fastEthernet 0/1 - 8 | | [H3C]#interface  range fastEthernet 0/1 to fastEthernet 0/8 |
| 进入串口线路配置模式 | | Ruijie(config)#line con 0 | | [H3C]user-interface |
| 进入使用 VTY 线路登录的配置模式 | | Ruijie(config)#line vty 0 4 | | [H3C]user-interface vty 0 4 |
| 接口注释描述 | 具体配置模式 | Ruijie(config-if)#description PC1 | 配置视图 | [H3C-Ethernet1/0/1]description PC1 |
| 关闭接口 | | Ruijie(config-if)#shutdown | | [H3C-Ethernet1/0/1]shutdown |
| 开启接口 | | Ruijie(config-if)#no shutdown | | [H3C-Ethernet1/0/1]undo shutdown |
| 配置接口(VLAN)的 IP 地址和子网掩码 | | Ruijie(config-if-VLAN 1)#ip address 192.168.1.1 255.255.255.0 | | [H3C-Vlan-interface1]ip address 192.168.1.1 255.255.255.0 |
| 设置 VLAN 名称 | | Ruijie(config-vlan)#name vlan10 | | [H3C-vlan10]name vlan10 |
| 将一个 Access 接口指派给一个 VLAN | | Ruijie(config-if-FastEthernet 0/1)#switchport access vlan 10 | | [H3C-Ethernet1/0/1]port access vlan 10 |
| 启用 Telnet 登录验证 | | Ruijie(config-line)#login | | [H3C-ui-vty0-4]authentication-mode password |
| 设置 vty 线路 Telnet 登录的密码 | | Ruijie(config-line)#password  0 ruijie | | [H3C-ui-vty0-4]set authentication password simple 123 |
| 列出命令的下一个关联的关键字或变量 | 配置帮助 | ? 或命令字符串  ? | 配置帮助 | ? 或命令字符串  ? |
| 获得相同开头字母的命令关键字字符串 | | 命令字符串 + ? | | 命令字符串+? |
| 补全命令的关键字 | | 命令字符串 + Tab | | 命令字符串 + Tab |

## 五、任务实施

### 1. 实施规划

◇ 实训拓扑结构

根据任务的需求与分析，实训的拓扑结构如图 3-9 所示，以 PC1、PC2 模拟公司办公室的计算机，PC3 模拟网络部的计算机。

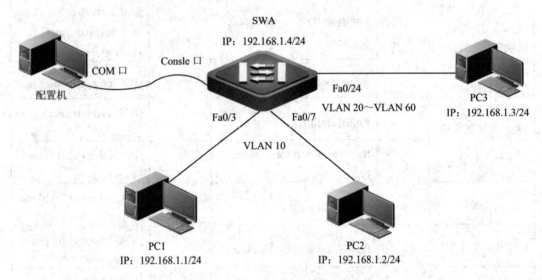

图 3-9 实训拓扑结构

◇ 实训设备

根据任务的需求和实训拓扑结构图，每个实训小组的实训设备配置建议如表 3-3 所示。

表 3-3 实训设备配置清单

| 类 型 | 型 号 | 数 量 |
|-------|-------|-------|
| 交换机 | 锐捷 RG-S2328G | 1 |
| 计算机 | PC，Windows 2003 | 4 |
| 双绞线 | RJ-45 | 3 |

◇ VLAN 规划与端口分配

根据任务的需求和内容，交换机新划分 6 个 VLAN，每个 VLAN 对应一个部门。各部门的 VLAN 与交换机端口的规划如表 3-4 所示。

表 3-4 VLAN 与交换机端口的规划

| 部 门 | VLAN | 交换机端口 | 部 门 | VLAN | 交换机端口 |
|-------|------|-----------|-------|------|-----------|
| 办公室 | VLAN 10 | Fa0/1～Fa0/2 | 工程部 | VLAN 40 | Fa0/11～Fa0/16 |
| 总经理 | VLAN 20 | Fa0/3～Fa0/6 | 后勤部 | VLAN 50 | Fa0/17～Fa0/20 |
| 财务部 | VLAN 30 | Fa0/7～Fa0/10 | 网络部 | VLAN 60 | Fa0/21～Fa0/24 |

◇　IP 地址规划

IP 地址规划应充分考虑可实施性，便于记忆和管理，并考虑未来可扩展性，根据任务的需求分析和 VLAN 的规划，本实训任务中各部门的 IP 地址参数规划为 192.168.1.0/24，其中交换机的管理 IP 地址为 192.168.1.4/24，管理 VLAN 为 VLAN 60。

**2. 实施步骤**

(1) 根据实训拓扑结构图进行交换机、计算机的线缆连接，配置 PC1、PC2、PC3 的 IP 地址。

(2) 使用计算机 Windows 操作系统的"超级终端"组件程序，通过串口连接到交换机的配置界面，其中超级终端串口的属性设置还原为默认值(每秒位数为"9600"，数据位为"8"，奇偶校验为"无"，数据流控制为"无")。

(3) 超级终端登录到 SWA 交换机，进入用户模式界面，练习各种模式的切换和主要命令。

(4) SWA 基本配置与 VLAN 配置，主要配置清单如下：

```
Ruijie>                                          //用户模式
Ruijie>enable                                    //进入特权模式
Ruijie#configure terminal                        //进入全局配置模式
Ruijie(config)#hostname SWA                      //设置交换机名称
SWA (config)#vlan 10                             //创建 VLAN 10
SWA (config-vlan)#name vlan10                    //设置 VLAN 名称
SWA (config-vlan)#exit
SWA (config)#vlan 20                             //创建 VLAN 20
SWA (config-vlan)#name vlan20
SWA (config-vlan)#exit
SWA (config)#vlan 30                             //创建 VLAN 30
SWA (config-vlan)#name vlan30
SWA (config-vlan)#exit
SWA (config)#vlan 40                             //创建 VLAN 40
SWA (config-vlan)#name vlan40
SWA (config-vlan)#exit
SWA (config)#vlan 50                             //创建 VLAN 50
SWA (config-vlan)#name vlan50
SWA (config-vlan)#exit
SWA (config)#vlan 60                             //创建 VLAN 60
SWA (config-vlan)#name vlan60
SWA (config-vlan)#exit
SWA(config)#interface range fastEthernet 0/1 - 2   //进入 Fa0/1～Fa0/2 组端口
SWA(config-if-range)#switchport access vlan 10     //将该组端口加入 VLAN 10
SWA (config-if-range)#exit
```

| | |
|---|---|
| SWA (config)#interface range fastEthernet 0/3 - 6 | //进入 Fa0/3～Fa0/6 组端口 |
| SWA (config-if-range)#switchport access vlan 20 | //将该组端口加入VLAN 20 |
| SWA (config-if-range)#exit | |
| SWA (config)#interface range fastEthernet 0/7 - 10 | //进入 Fa0/7～Fa0/10 组端口 |
| SWA (config-if-range)#switchport access vlan 30 | //将该组端口加入 VLAN 30 |
| SWA (config-if-range)#exit | |
| SWA (config)#interface range fastEthernet 0/11 - 16 | //进入 Fa0/11～Fa0/16 组端口 |
| SWA (config-if-range)#switchport access vlan 40 | //将该组端口加入 VLAN 40 |
| SWA (config-if-range)#exit | |
| SWA (config)#interface range fastEthernet 0/17 - 20 | //进入 Fa0/17～Fa0/20 组端口 |
| SWA (config-if-range)#switchport access vlan 50 | //将该组端口加入 VLAN 50 |
| SWA (config-if-range)#exit | |
| SWA (config)#interface range fastEthernet 0/21 - 24 | //进入 Fa0/21～Fa0/24 组端口 |
| SWA (config-if-range)#switchport access vlan 60 | //将该组端口加入 VLAN 60 |
| SWA (config-if-range)#end | //切换到全局模式 |
| SWA#write | //保存配置 |

(5) SWA 配置 Telnet 远程登录，主要配置清单如下：

| | |
|---|---|
| SWA #configure terminal | |
| SWA (config)# interface vlan 60 | //进入 VLAN 60 虚拟接口 |
| SWA (config-if-VLAN60)#ip address 192.168.1.46 255.255.255.248 | //配置 VLAN 60 的 IP 地址 |
| SWA (config-if-VLAN 60)#no shutdown | //启用 VLAN 60 虚拟接口 |
| SWA (config-if-VLAN 60)#exit | |
| SWA (config)#enable password 0    123456 | //配置 enable 的密码 |
| SWA (config)#line vty 0 4 | //进入线程配置模式 |
| SWA (config-line)#password 0 123456 | //配置 Telnet 密码 |
| SWA (config-line)#login | //启用 Telnet 的用户名密码验证 |
| SWA (config- line)#end | //切换到全局模式 |
| SWA#write | //保存配置 |

# 六、任务验收

## 1. 设备验收

根据实训拓扑结构图检查验收交换机、计算机的线缆连接，检查 PC1、PC2、PC3 的 IP 地址。

## 2. 配置验收

(1) 查看 VLAN 信息。主要 VLAN 信息如下：

| |
|---|
| SWA#show vlan |

```
VLAN   Name                    Status     Ports
------  ----------------------  ---------  -----------------------------------
    1   VLAN0001                STATIC     Gi0/25, Gi0/26
   10   vlan10                  STATIC     Fa0/1, Fa0/2
   20   vlan20                  STATIC     Fa0/3, Fa0/4, Fa0/5, Fa0/6
   30   vlan30                  STATIC     Fa0/7, Fa0/8, Fa0/9, Fa0/10
   40   vlan40                  STATIC     Fa0/11, Fa0/12, Fa0/13, Fa0/14, Fa0/15, Fa0/16
   50   vlan50                  STATIC     Fa0/17, Fa0/18, Fa0/19, Fa0/20
   60   vlan60                  STATIC     Fa0/21, Fa0/22, Fa0/23, Fa0/24
```

(2) 查看配置信息。

在特权模式下运行 show running-config，查看交换机当前配置信息。

### 3. 功能验收

(1) VLAN 功能。

在 PC1 上运行 ping 命令检查与 PC2、PC3 的连通情况，根据实训拓扑结构图和配置，PC1 与 PC2 能够 ping 通，与 PC3 之间不能 ping 通。

在 PC2 上运行 ping 命令检查与 PC1、PC3 的连通情况，根据实训拓扑结构图和配置，PC2 与 PC1 能够 ping 通，与 PC3 之间不能 ping 通。

在 PC3 上运行 ping 命令检查与交换机的连通情况，根据实训拓扑结构图和配置，PC3 能 ping 通交换机的 IP 地址。

将 PC2 的双绞线换至交换机 SWA 的 Fa0/4 口，在 PC1 上运行 ping 命令检查与 PC2 的连通情况，根据 VLAN 配置，PC1 不能与 PC2 ping 通。

(2) 远程管理交换机。

在 PC3 上运行 Telnet 命令，能使用密码远程登录交换机。主要信息如下：

```
C:\ >telnet 192.168.1.46
User Access Verification
Password:                          //输入密码 123456
SWA>                               //用户模式
SWA>enable                         //进入特权模式
Password:                          //输入密码 123456
SWA#                               //进入全局模式
SWA#exit                           //退出 Telnet
```

## 七、任务总结

针对某公司办公区内部网络的建设任务进行实训的规划和实施，进行了交换机基础配置、VLAN 基础配置等方面的实训。

# 任务二 公司办公区网络扩建

## 一、任务描述

某公司由于经营规模扩大，原来分布于一层楼的办公区已不能满足需要，需再扩建一层楼用于办公。有的部门位于新楼层分布在不同交换机上，仍然要求同一部门计算机之间能相互通信，不同部门之间无需通信，请规划并实施。

## 二、任务目标

**目标**：针对某公司办公区网络扩建需求，要求同一部门在不同交换机之间能相互通信，不同部门不能通信。

**目的**：通过本任务进行跨交换机 VLAN 通信的实训。在上个任务的基础上，帮助读者掌握利用 VLAN Trunk 技术实现跨交换机 VLAN 通信，掌握 VLAN Trunk 的配置方法，具备相应的应用能力。

## 三、需求分析

### 1. 任务需求

公司办公区共有 6 个部门。由于规模的扩大，原来一层楼的办公区扩建为两层楼。其中工程部、财务部、后勤部同时分布于两层楼中。现在需要在每层楼安放一台接入式交换机，以满足组网需要。处于不同楼层的同一个部门内部能相互通信。公司各部门具体的计算机数和楼层分布如表 3-5 所示。

表 3-5 部门楼层分布和计算机数量对应表

| 部门 | 信息点数 | 分布楼层 | 部门 | 信息点数 | 分布楼层 |
| --- | --- | --- | --- | --- | --- |
| 总经理室 | 2 | 1 | 工程部 | 12 | 1、2 |
| 办公室 | 4 | 1 | 后勤部 | 10 | 1、2 |
| 财务部 | 8 | 1、2 | 网络部 | 4 | 1 |

### 2. 需求分析

需求 1：各部门内部计算机能相互访问，部门间禁止访问。

分析 1：交换机进行基于端口的 VLAN 划分，不同部门计算机所连接的端口属于不同的 VLAN。

需求 2：分布于两层楼的同一部门内部能相互访问。

分析 2：实现跨交换机的 VLAN 内部通信，即利用 VLAN TRUNK 技术，在两个交换机上分别进行 VLAN TRUNK 配置，实现跨交换机相同 VLAN 内部通信。

根据任务需求和需求分析，扩建后的公司办公区的网络结构如图 3-10 所示，每部门以一台计算机表示。

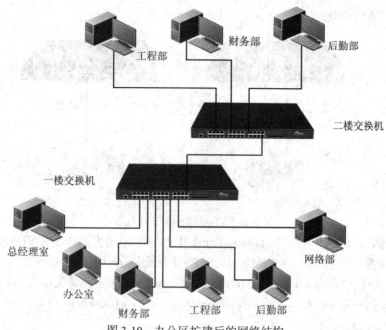

图 3-10　办公区扩建后的网络结构

## 四、知识链接

### 1. VLAN Trunk 技术

VLAN Trunk 即虚拟局域网中继技术，其作用是让连接在不同交换机上的相同 VLAN 中的主机能相互通信。在交换网络中链路的类型有接入链路(Access Link)、中继链路(Trunk Link)和混合链路(Hybrid Link)。VLAN Trunk 就属于中继链路的一种应用。

接入链路(Access Link)：属于一个并且只属于一个 VLAN 的端口。这个端口不能从另外一个 VLAN 接收或发送信息，该信息经过三层路由的情况除外。

中继链路(Trunk Link)：可承载多个 VLAN，在交换机上应用 Trunk，其作用是让连接在不同交换机上的相同 VLAN 中的主机能相互通信。

混合链路(Hybrid Link)：混合链路可以同时传送打标签的和不打标签的帧。但是对于一个特定的 VLAN，混合链路传送的所有帧必须是同一种类型的。

1) VLAN Trunk 工作过程

VLAN Trunk 通过一条线路使不同交换机上的相同 VLAN 的数据进行传送。下面以图 3-11 为例简述 VLAN Trunk 的工作过程。

(1) 当连接在交换机 SWA 上的 VLAN 100 中的主机 PC1 发送数据帧给交换机 SWB 上的 VLAN 100 中的主机 PC2 时，主机 PC1 发送的数据只是普通的以太网数据帧。

(2) 交换机 SWA 接收到这一系列数据帧，根据接收数据帧的端口的信息得知这个数据帧来自 VLAN 100，并且查看 MAC 地址表后知道需要通过 Trunk 口转发给 SWB。于是，SWA 就会在这个数据帧中打上一个 VLAN 标记，也就是在数据帧中插一个字段，将 VLAN ID 信息写入这个字段，转发到 Trunk 口。

(3) SWB 通过 Trunk 口接收到这些有 VLAN ID 标示的数据帧后，根据目标 MAC 地址，将去掉标签后的数据帧转发给 VLAN 100 中的主机 PC2。

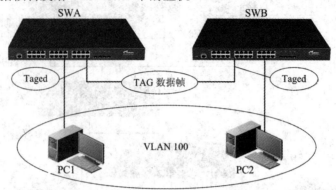

图 3-11　VLAN Trunk 工作过程

由以上可见，VLAN 的标签(tag)在 Trunk 中起到了相当大的作用。VLAN 标签其实就是数据帧的标签，标签给在中继链路上传输的每个帧分配一个用户唯一定义的 VLAN ID 号。如果帧在传输中还有发送到另外的中继链路，VLAN 标签仍将保留在该帧头中；否则，如果该帧发送到一条接入链路，交换机就会把帧头里的 VLAN 标签删除。

2) VLAN 标签(tag)

VLAN 标签用来指示 VLAN 的成员，它封装在能够穿越交换机的帧里，数据包进入 VLAN 的某一交换机端口时被加上标签，在从 VLAN 的另外一个端口出去的时标签被删除。根据 VLAN 的端口类型决定是给帧加上还是删除标签。

每一个 VLAN 标记帧包含指明自身所属 VLAN 的字段。标签有两种主要的格式：IEEE 802.1Q 和思科公司的 ISL 协议。

(1) IEEE 802.1Q。

802.1Q 虚拟局域网标准支持多厂商的 VLAN，是一种内部标记方式，支持通过一条中继链路承载一个以上 VLAN 数据流的能力。802.1Q 定义了 VLAN 的架构、VLAN 中所提供的服务、提供这些服务所涉及的协议和算法等内容。如图 3-12 所示，采用 802.1Q 封装的帧是在标准以太网帧上添加了 4 个字节，其中 2 字节为标记协议标示符 TPID，包含一个 0x8100 的固定值；2 字节标记控制信息 TCI。

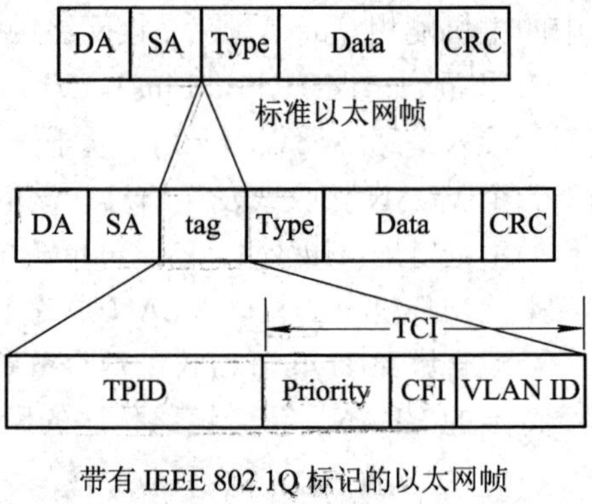

图 3-12　802.1Q 帧格式

当数据链路层检测到 MAC 帧的源地址字段后面的长度/类型字段的值是 0x8100 时，就知道当前的帧插入了 4 字节的 VLAN 标记，于是就接着检查后两个字节的内容。在后面的两个字节中，前 4 个比特位是用户优先级字段和规范格式指示符(Canonical Format Indicator，CFI)，接下来的 13 个比特位就是该虚拟局域网的 VLAN 标示符(VLAN ID，VID)，它唯一地标志了此以太网帧是属于哪一个 VLAN。用于 VLAN tag 的以太网帧的首部增加了 4 个字节，因此以太网的最大长度由原来的 1518 字节(1500 字节的数据加上 18 字节的首部)变为了 1522 字节。

(2) ISL 协议。

ISL 协议是 Cisco 公司的专有协议。ISL 帧增加了一个 26 字节的帧头和一个 4 字节的帧尾。帧尾包含了一个循环冗余校验码(CRC)，共 30 个字节。ISL 帧在帧外围增加封装，而在中继链路上多路复用 VLAN，连接多个交换机。当数据流在中继链路上的交换机间传输时，维护 VLAN 信息。如图 3-13 所示为 ISL 帧头格式。

| 40 位 | 4 位 | 4 位 | 48 位 | 16 位 | 24 位 | 24 位 |
|---|---|---|---|---|---|---|
| DA | Type | User | SA | LEN | SNAP/LLC | HSA |

| 15 位 | 1 位 | 16 位 | 16 位 | 可变长度 | 32 位 |
|---|---|---|---|---|---|
| VLAN ID | BPDU | INDEX | 保留 | 被封装的帧 | CRC |

图 3-13　ISL 帧头格式

802.1Q 和 ISL 标签的主要区别有：

(1) 802.1Q 是公有的 VLAN Trunk 标签，而 ISL 是 Cisco 私有的标签方式。

(2) 802.1Q 将标签添加到以太网帧的中间，而 ISL 将标签添加到以太网帧的首尾。

(3) ISL 标签比 802.1Q 标签长 26 个字节，802.1Q 标签仅 4 字节长，ISL 共 30 个字节长。

## 2. 配置命令

交换机关于 VLAN Trunk 配置的相关命令与对应关系如表 3-6 所示。

表 3-6　交换机 VLAN Trunk 配置命令

| 功　能 | 锐捷、Cisco 系列交换机 | | H3C 系列交换机 | |
|---|---|---|---|---|
| | 配置模式 | 基本命令 | 配置视图 | 基本命令 |
| 定义 Trunk 模式 | 具体配置模式 | Ruijie(config-if-FastEthernet 0/24)#switchport mode trunk | 配置视图 | [H3C-Ethernet1/0/24]port link-type trunk |
| Trunk 口缺省 VLAN 指定 | | Ruijie(config-if-FastEthernet 0/24)#switchport trunk native vlan 100 | | |
| 定义 Trunk 端口许可的 VLAN 列表 | | Ruijie(config-if-FastEthernet 0/24)#switchport trunk allowed vlan{all\|add\|remove\|except} | | [H3C-Ethernet1/0/24]port trunk permit vlan {INTEGER<1-4094>\|all} |
| 删除 Trunk 端口缺省 VLAN | | Ruijie(config-if-FastEthernet 0/24)#no switchport trunk native vlan | | |
| 删除 Trunk 端口许可的 VLAN 列表 | | Ruijie(config-if-FastEthernet 0/24) #no switchport trunk native vlan | | [H3C-Ethernet1/0/24]undo port trunk permit vlan {INTEGER<1-4094>\|all} |
| 显示接口 Trunk 设置 | 任意模式 | Ruijie(config)#show interfaces fastEthernet 0/24 trunk | 任意视图 | [H3C-Ethernet1/0/24] display port trunk |
| 显示接口配置信息 | | Ruijie(config)#show running-config interface fastEthernet *interface-id* | 用户视图 | [H3C]display interface Ethernet |

## 五、任务实施

### 1. 实施规划

◇ 实训拓扑结构

根据任务的需求与分析，实训的拓扑结构如图 3-14 所示，以 PC1、PC3 和 PC2、PC4 分别模拟公司分布于两层楼的各部门主机。

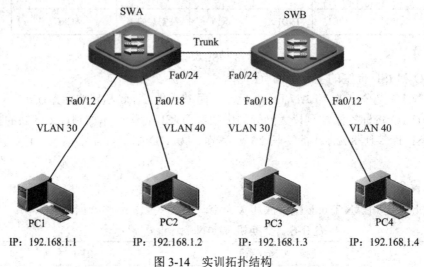

图 3-14    实训拓扑结构

◇ 实训设备

根据任务的需求和实训拓扑结构图，每个实训小组的实训设备配置建议如表 3-7 所示。

表 3-7    实训设备配置清单

| 类　型 | 型　号 | 数　量 |
|---|---|---|
| 交换机 | 锐捷 RG-S2328G | 2 |
| 计算机 | PC，Windows XP | 4 |
| 双绞线 | RJ-45 | 若干 |

◇ 网络参数规划

根据任务的需求和内容，每个交换机划分 6 个 VLAN：VLAN 10、VLAN 20、VLAN30、VLAN 40、VLAN 50、VLAN 60，用于模拟公司的不同办公室。交换机 SWA、SWB 的 24 号端口作为 Trunk 口。具体各部门 VLAN 与交换机端口的规划如表 3-8 所示。

表 3-8    VLAN 与交换机端口的规划

| 部　门 | VLAN | 交换机 | 交换机端口 | 部　门 | VLAN | 交换机 | 交换机端口 |
|---|---|---|---|---|---|---|---|
| 总经理 | VLAN 10 | SWA | Fa0/1～Fa0/2 | 工程部 | VLAN 40 | SWA SWB | Fa0/11～Fa0/16 |
| 办公室 | VLAN 20 | SWA | Fa0/3～Fa0/6 | 后勤部 | VLAN 50 | SWA SWB | Fa0/17～Fa0/20 |
| 财务部 | VLAN 30 | SWA SWB | Fa0/7～Fa0/10 | 网络部 | VLAN 60 | SWB | Fa0/21～Fa0/23 |

◇ IP 地址规划

IP 地址规划应充分考虑可实施性，便于记忆和管理，根据任务的需求分析和 VLAN 的规划，本实训任务中各部门的 IP 地址参数规划为 192.168.1.0/24。本实训任务中各计算机的 IP 地址规划如表 3-9 所示。

表 3-9　IP 地址规划

| 设备类型 | IP地址 | 设备类型 | IP地址 |
| --- | --- | --- | --- |
| PC1 | 192.168.1.1/24 | PC3 | 192.168.1.3/24 |
| PC2 | 192.168.1.2/24 | PC4 | 192.168.1.4/24 |

**2. 实施步骤**

(1) 根据实训拓扑结构图进行交换机、计算机的线缆连接，使用任意一台 PC 通过终端线连接交换机，配置 PC1、PC2、PC3、PC4 的 IP 地址。

(2) 使用配置计算机的 Windows 操作系统的"超级终端"组件程序，通过串口连接到交换机的配置界面，其中超级终端串口的属性设置还原为默认值(每秒位数为"9600"，数据位为"8"，奇偶校验为"无"，数据流控制为"无")。

(3) 超级终端分别登录到交换机 SWA、SWB，进行相关功能配置。

(4) SWA 基本配置清单如下：

```
//初始化配置：
Ruijie>enable
Ruijie#configure terminal
Ruijie(config)#hostname SWA
//VLAN 配置：
SWA(config)#vlan 10
SWA(config-vlan)#vlan 20
SWA(config-vlan)#vlan 30
SWA(config-vlan)#vlan 40
SWA(config-vlan)#vlan 50
SWA(config-vlan)#vlan 60
SWA(config-vlan)#exit
SWA(config)#interface range fastEthernet 0/1-2
SWA(config-if-range)#switchport mode access
SWA(config-if-range)#switchport access vlan 10
SWA(config-if-range)#exit
SWA(config)#interface range fastEthernet 0/3-6
SWA(config-if-range)#switchport mode access
SWA(config-if-range)#switchport access vlan 20
SWA(config-if-range)#exit
SWA(config)#interface range fastEthernet 0/7-10
```

```
SWA(config-if-range)#switchport mode access
SWA(config-if-range)#switchport access vlan 30
SWA(config-if-range)#exit
SWA(config)#interface range fastEthernet 0/11-16
SWA(config-if-range)#switchport mode access
SWA(config-if-range)#switchport access vlan 40
SWA(config-if-range)#exit
SWA(config)#interface range fastEthernet 0/17-20
SWA(config-if-range)#switchport mode access
SWA(config-if-range)#switchport access vlan 50
SWA(config-if-range)#exit
SWA(config)#interface range fastEthernet 0/21-23
SWA(config-if-range)#switchport mode access
SWA(config-if-range)#switchport access vlan 60
```
**//VLAN Trunk 配置：**
```
SWA(config-if-range)#exit
SWA(config)#interface fastEthernet 0/24                    //进入 Fa0/24 端口接口模式
SWA(config-if-FastEthernet 0/24)#switchport mode trunk    //将 Fa0/24 端口设置成 Trunk 模式
SWA(config-if-FastEthernet 0/24)#switchport trunk allowed vlan all    //定义 trunk 口允许通过的 VLAN
SWA(config-if-FastEthernet 0/24)#end
SWA#write                                                 //保存配置
```

(5) SWB 基本配置清单如下：

**//初始化配置：**
```
Ruijie>enable
Ruijie#configure terminal
Ruijie(config)#hostname SWB
```
**//VLAN 配置：**
```
SWB(config)#vlan 10
SWB(config-vlan)#vlan 20
SWB(config-vlan)#vlan 30
SWB(config-vlan)#vlan 40
SWB(config-vlan)#vlan 50
SWB(config-vlan)#vlan 60
SWB(config-vlan)#exit
SWB(config)#interface range fastEthernet 0/1-2
SWB(config-if-range)#switchport mode access
SWB(config-if-range)#switchport access vlan 10
SWB(config-if-range)#exit
```

```
SWB(config)#interface range fastEthernet 0/3-6
SWB(config-if-range)#switchport mode access
SWB(config-if-range)#switchport access vlan 20
SWB(config-if-range)#exit
SWB(config)#interface range fastEthernet 0/7-10
SWB(config-if-range)#switchport mode access
SWB(config-if-range)#switchport access vlan 30
SWB(config-if-range)#exit
SWB(config)#interface range fastEthernet 0/11-16
SWB(config-if-range)#switchport mode access
SWB(config-if-range)#switchport access vlan 40
SWB(config-if-range)#exit
SWB(config)#interface range fastEthernet 0/17-20
SWB(config-if-range)#switchport mode access
SWB(config-if-range)#switchport access vlan 50
SWB(config-if-range)#exit
SWB(config)#interface range fastEthernet 0/21-23
SWB(config-if-range)#switchport mode access
SWB(config-if-range)#switchport access vlan 60
//VLAN Trunk 配置：
SWB(config-if-range)#exit
SWB(config)#interface fastEthernet 0/24                    //进入 Fa0/24 端口接口模式
SWB(config-if-FastEthernet 0/24)#switchport mode trunk     //将 Fa0/24 端口设置成 Trunk 模式
SWB(config-if-FastEthernet 0/24)#switchport trunk allowed vlan all     //定义 Trunk 口允许通过的 VLAN
SWB(config-if-FastEthernet 0/24)#end
SWB#write                                                  //保存配置
```

## 六、任务验收

### 1．设备验收

根据实训拓扑结构图检查交换机、计算机的线缆连接，检查 PC1、PC2、PC3、PC4 的 IP 地址。

### 2．配置验收

(1) 在交换机 SWA 上查看 VLAN 信息。主要信息如下：

```
SWA(config)#show vlan

VLAN Name                         Status    Ports
--------  ------------------------------  --------  --------------------------------------------
  1     VLAN0001                       STATIC    Fa0/24, Gi0/25, Gi0/26
```

| | | | |
|---|---|---|---|
| 10 VLAN0010 | STATIC | Fa0/1, Fa0/2, Fa0/24 | |
| 20 VLAN0020 | STATIC | Fa0/3, Fa0/4, Fa0/5, Fa0/6,Fa0/24 | |
| 30 VLAN0030 | STATIC | Fa0/7, Fa0/8, Fa0/9, Fa0/10, Fa0/24 | |
| 40 VLAN0040 | STATIC | Fa0/11, Fa0/12, Fa0/13, Fa0/14, Fa0/15, Fa0/16, Fa0/24 | |
| 50 VLAN0050 | STATIC | Fa0/17, Fa0/18, Fa0/19, Fa0/20, Fa0/24 | |
| 60 VLAN0060 | STATIC | Fa0/21, Fa0/22, Fa0/23, Fa0/24 | |

(2) 在交换机 SWB 上查看 VLAN 信息。主要信息如下：

```
SWB(config)#show vlan

VLAN Name                        Status    Ports
-------  ----------------------- --------- ------------------------------------
  1 VLAN0001                     STATIC    Fa0/24, Gi0/25, Gi0/26
 10 VLAN0010                     STATIC    Fa0/1, Fa0/2, Fa0/24
 20 VLAN0020                     STATIC    Fa0/3, Fa0/4, Fa0/5, Fa0/6, Fa0/24
 30 VLAN0030                     STATIC    Fa0/7, Fa0/8, Fa0/9, Fa0/10, Fa0/24
 40 VLAN0040                     STATIC    Fa0/11, Fa0/12, Fa0/13, Fa0/14, Fa0/15, Fa0/16, Fa0/24
 50 VLAN0050                     STATIC    Fa0/17, Fa0/18, Fa0/19, Fa0/20, Fa0/24
 60 VLAN0060                     STATIC    Fa0/21, Fa0/22, Fa0/23, Fa0/24
```

(3) 在交换机 SWA 上查看 Trunk 口信息。主要信息如下：

```
SWA#show interfaces fastEthernet 0/24 switchport

Interface         Switchport   Mode      Access   Native   Protected   VLAN lists
----------------- ------------ --------- -------- -------- ----------- --------------------------------
FastEthernet 0/24  enabled     TRUNK     1         1       Disabled    ALL
```

(4) 在交换机 SWB 上查看 Trunk 口信息。主要信息如下：

```
SWB#show interfaces fastEthernet 0/24 switchport

Interface         Switchport   Mode      Access Native   Protected   VLAN lists
----------------- ------------ --------- ------- -------- ----------- --------------------------------- -----
FastEthernet 0/24  enabled     TRUNK     1        1       Disabled    ALL
```

### 3. 功能验收

(1) VLAN 验证。

在 PC1 上运行 ping 命令检查与 PC2、PC4 的连通情况，根据实训拓扑结构图和配置，PC1 与 PC2、PC4 之间均不能 ping 通。

在 PC2 上运行 ping 命令检查与 PC1、PC3 的连通情况，根据实训拓扑结构图和配置，PC2 与 PC1、PC3 之间均不能 ping 通。

(2) VLAN TRUNK 验证。

在 PC1 上运行 ping 命令检查与 PC3 的连通情况，根据实训拓扑结构图和配置，PC1、PC3 之间均能 ping 通。

在 PC2 上运行 ping 命令检查与 PC4 的连通情况，根据实训拓扑结构图和配置，PC2、PC4 之间均能 ping 通。

## 七、任务总结

针对某公司办公区网络扩建任务进行了实训的规划和实施，通过本任务进行了交换机 VLAN Trunk 配置的实训。

## 任务三 公司三层交换网络组建

## 一、任务描述

某公司办公区分布于两层楼中，随着公司规模的扩大和业务的需要，各部门的计算机数量也在增加，现要在任务二的基础上进一步建设内部办公网络，同部门之间、部门与部门之间均可以相互访问和资源共享。公司还要求建成后的网络易于使用和管理，并考虑未来的扩展，用户计算机接入网络即可使用公司网络。请规划并实施。

## 二、任务目标

**目标：** 针对公司的办公网络需求进行网络扩建，易于使用和管理。

**目的：** 通过本任务进行三层交换技术配置、DHCP 配置的实训，以帮助读者掌握三层交换技术配置，了解 DHCP 配置的方法和应用，具备组建三层网络的能力。

## 三、需求分析

### 1. 任务需求

公司办公区分布于两层楼中共有 6 个部门，每个部门配置不同数量的计算机。要求同一部门内、部门与部门之间能相互访问，所有计算机接入网络即可使用。网络建成后，应易于管理和使用。公司办公区计算机分布如表 3-10 所示。

表 3-10　公司办公区计算机分布

| 部门 | 信息点数 | 分布楼层 | 部门 | 信息点数 | 分布楼层 |
|------|---------|---------|------|---------|---------|
| 总经理室 | 2 | 1 | 工程部 | 14 | 2 |
| 办公室 | 8 | 1 | 后勤部 | 8 | 1、2 |
| 财务部 | 10 | 1、2 | 网络部 | 6 | 2 |

### 2. 需求分析

需求 1：同一部门内、部门与部门之间能相互通信，并考虑未来的扩展。

分析 1：增加一台三层交换机与原有二层交换机连接，采用三层技术实现不同网段之间、不同 VLAN 之间成员的相互通信。用户数量增加后只需增加二层交换机，兼顾以后的扩展性。

需求 2：用户计算机接入网络即可使用公司网络，网络易于管理和使用方便。

分析 2：三层交换机上配置作为 DHCP 服务器，使客户机自动获取 IP 地址。

根据上述任务需求和需求分析，扩建后的公司的网络结构如图 3-15 所示，每部门以一台计算机表示。

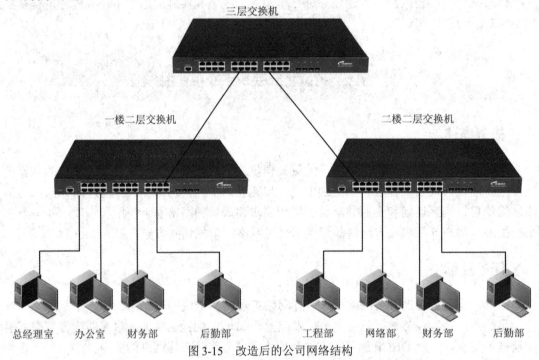

图 3-15　改造后的公司网络结构

## 四、知识链接

### 1. IP 子网与划分

#### 1) IP 地址

IP(Internet Protocol)是 TCP/IP 协议族中最为核心的协议。所有的 TCP、UDP、ICMP 及 IGMP 数据都以 IP 数据报格式传输。为了使连入 Internet 的众多主机在通信时能够相互识别，Internet 上的每一台主机和路由器都分配有一个唯一的 32 位地址，即 IP 地址。IP 地址一般采用国际上通行的点分十进制表示。

IP 网络是虚拟的，在 IP 网络上传送的是 IP 数据报(IP 分组)。实际上在网络链路上传送的是帧，使用的是帧的硬件地址(MAC 地址)。地址解析协议 ARP 用来把 IP 地址(虚拟地址)转换为硬件地址(物理地址)。互联网和企业网中路由器根据分组首部中的目的 IP 地址查找出下一跳路由器的地址。

IP 地址现在由 ICANN(因特网名字与号码指派公司)进行分配。国内的个人或企业用户可向某个 ISP(本地因特网服务提供者)注册申请，需要使用大量 IP 地址的企业可向中国互联网络信息中心 CNNIC 注册申请，学校和科研机构可向中国教育网 CERNET 注册申请，并按月交付费用。

目前使用的 IPv4 地址不久会用尽，因此现在已考虑对 IP 协议进行版本升级，即从现在的 IPv4 升级到新的版本 IPv6。

2) IP 子网与划分

IP 地址的编址方法经过了三个阶段：

(1) 分类的 IP 地址方法。

分类的 IP 地址方法是最基本的编址方法，在 1981 年就通过了相应的标准协议。

分类的 IP 地址将 IP 地址划分为若干个固定类(例如 A 类、B 类、C 类)，每一类地址都由两个固定长度的字段组成，其中一个字段是网络号 net-id，它标志主机(或路由器)所连接到的网络，而另一个字段则是主机号 host-id，它标志该主机(或路由器)。

两级分类的 IP 地址可以记为：

      IP 地址 = { <网络号>, <主机号>}

图 3-16 表示了各种 IP 地址的网络号字段和主机号字段，A、B、C 类地址的网络号字段分别为 1 B、2 B 和 3 B 长，在网络号字段的最前面有 1～3 bit 的固定数值(0，10，110)来表示类别。

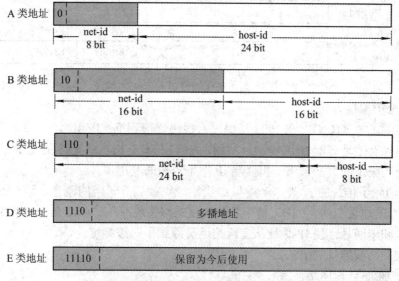

图 3-16 IP 地址中的网络号字段和主机号字段

由于近年来在单位和企业网中广泛使用子网划分方法，互联网已经广泛使用无分类 IP 地址进行路由选择，A 类、B 类、C 类地址的区分已成为历史，在实际应用中已很少使用，但理解分类的编址方法对于子网划分方法和无分类编址方法具有积极的作用。

(2) 子网的划分方法。

子网的划分方法是对最基本的分类编址方法的改进，从 1985 年起在 IP 地址中又增加了一个"子网号字段"，使两级的 IP 地址变成为三级，这种做法叫作划分子网(subnetting)。划分子网已成为因特网的正式标准协议。

一个拥有多个物理网络的单位，可将所属的物理网络划分为若干个子网(subnet)，但这个单位对外仍然表现为一个没有划分子网的网络。划分子网的方法是从主机号借用若干个比特作为子网号 subnet-id，而主机号 host-id 也就相应减少了若干个比特。划分子网的 IP

地址组成为：

　　　IP 地址 = {<网络号>, <子网号>, <主机号>}

　　当没有划分子网时，IP 地址是两级结构，地址的网络号字段是 IP 地址的"因特网部分"，而主机号字段是 IP 地址的"本地部分"。划分子网后 IP 地址就变成了三级结构，划分子网只是将 IP 地址的本地部分进行再划分，而不改变 IP 地址的因特网部分。

　　子网的划分通过子网掩码来实现，图 3-17 表示了通过子网掩码划分三级 IP 地址的方法。子网掩码是一个网络或子网的重要属性，不管网络是否划分子网，不管网络字段的长度是 1 字节、2 字节或 3 字节，只要将子网掩码和 IP 地址进行逐位(比特)的"与"运算，就立即得出网络地址来，以此区分出网络中的主机是否属于同一子网，也便于路由器处理分组。

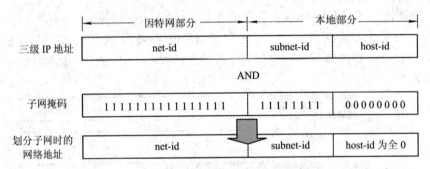

图 3-17　通过子网掩码划分三级 IP 地址

　　(3) 无分类编址方法。

　　无分类编址方法(CIDR)在 1993 年提出后很快就得到推广应用。

　　为了更加有效地分配 IPv4 的地址空间，在 VLSM(变长子网掩码)的基础上，IETF 研究出采用无分类编址的方法来进一步提高 IP 地址资源的利用率。

　　CIDR 消除了传统的 A 类、B 类和 C 类地址以及划分子网的概念，因而可以更加有效地分配 IPv4 的地址空间。CIDR 使用各种长度的网络前缀(Network-Prefix)来代替分类地址中的网络号和子网号，使 IP 地址从三级编址又回到了两级编址。

　　无分类的两级编址的记法是：

　　　IP 地址 = {<网络前缀>, <主机号>}

　　CIDR 还使用斜线记法(slash notation)，又称为 CIDR 记法，即在 IP 地址后面加上一个斜线"/"，然后写上网络前缀所占的比特数(这个数值对应于三级编址中子网掩码中比特 1 的个数)。例如：121.48.32.0/20 表示的地址块共有 $2^{12}$ 个地址(因为斜线后面的 20 是网络前缀的比特数，所以主机号的比特数是 12)。

　　CIDR 将网络前缀都相同的连续的 IP 地址组成"CIDR 地址块"，一个 CIDR 地址块可以表示很多地址，这种地址的聚合常称为路由聚合，它使得路由表中的一个项目可以表示很多个(例如上千个)原来传统分类地址的路由。路由聚合也称为构成超网(supernetting)。CIDR 虽然不使用子网了，但仍然使用"掩码"这一名词(但不叫子网掩码)。前缀长度不超过 23 bit 的 CIDR 地址块都包含了多个 C 类地址。这些 C 类地址合起来就构成了超网。例如，某大学的 IP 地址范围就是由 16 个 C 类地址聚集而成，其描述如下：

　　IP 地址范围：121.48.32.1 至 121.48.47.254;

掩码：255.255.240.0/20；

广播地址：121.48.47.255。

在这样的网络中，原本不在一个 C 类网络中的地址 121.48.32.4 和 121.48.36.80 就是在同一网络(超网)中了，如图 3-18 所示。

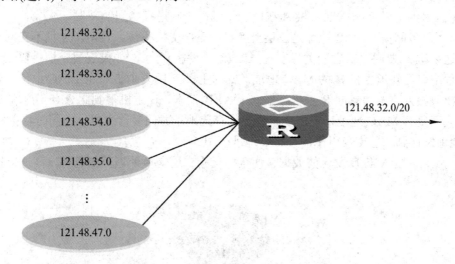

图 3-18　使用 CIDR 地址划分构成超网

### 2. 三层交换技术

三层交换技术也称多层交换技术或 IP 交换技术，是相对于传统交换概念而提出的。随着 Internet 的发展，局域网和广域网技术得到了广泛的推广和应用。数据交换技术从简单的电路交换发展到二层交换，从二层交换又逐渐发展到目前较成熟的三层交换。

传统的交换技术是在 OSI 网络标准模型中的第二层——数据链路层进行操作的，而三层交换技术是在网络模型中的第三层实现了数据包(分组)的高速转发。简言之，三层交换技术就是：二层交换技术＋三层转发技术。工作在 OSI 网络模型下三层的网络设备如图 3-19 所示，其中路由器/三层交换机工作在网络层，交换机/网桥工作在数据链路层，集线器/中继器则工作在物理层。

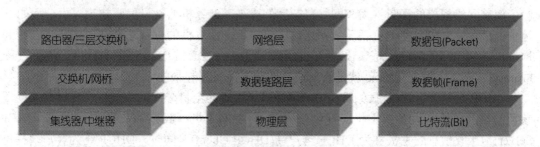

图 3-19　工作在 OSI 网络模型下三层的网络设备

三层交换技术解决了局域网中网段划分后子网必须依赖路由器进行管理的局面，解决了传统路由器低速、复杂所造成的网络瓶颈问题。一个具有三层交换功能的设备是一个带有第三层路由功能的第二层交换机，但它是二者的有机结合，并不是简单地把路由器设备的硬件及软件叠加在局域网交换机上。如图 3-20 所示是一个典型三层交换环境下的数据传输过程，具体的传输过程如下：

(1) 假设两个使用 IP 协议的主机 A、B 通过一台三层交换机进行通信。

(2) 发送主机 A 在开始发送时，把自己的 IP 地址与 B 主机的 IP 地址比较，判断 B 站是否与自己在同一子网内。

(3) 若目的主机 B 与发送主机 A 在同一子网内，则进行二层的转发。

(4) "缺省网关"的 IP 地址是三层交换机的三层交换模块。若两个主机不在同一子网内，发送主机 A 要向"缺省网关"发出 ARP(地址解析)封包，如果三层交换模块在以前的通信过程中已经知道主机 B 的 MAC 地址，则向主机 A 回复主机 B 的 MAC 地址；否则三层交换模块根据路由信息向 B 主机广播一个 ARP 请求，B 主机得到此 ARP 请求后向三层交换模块回复其 MAC 地址，三层交换模块保存此地址并回复给主机 A，同时将主机 B 的 MAC 地址发送到二层交换引擎的 MAC 地址表中。

(5) 从此，当 A 向 B 发送的数据包便全部交给二层交换处理，信息得以高速交换。

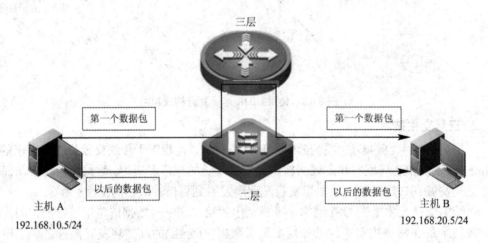

图 3-20　典型三层交换环境下的数据传输过程

### 3. DHCP 技术

#### 1) DHCP 工作原理

随着网络规模的不断扩大和网络复杂度的提高，计算机的数量经常超过可供分配的 IP 地址数量。同时随着便携机及无线网络的广泛使用，计算机的位置也经常变化，相应的 IP 地址也必须经常更新，从而导致网络配置越来越复杂。DHCP(Dynamic Host Configuration Protocol，动态主机配置协议)就是为解决这些问题而发展起来的。

DHCP 是基于客户机/服务器模式的，由一台指定的主机分配网络地址、传送网络配置参数给需要的网络设备或主机。提供 DHCP 服务的主机一般称为 DHCP 服务器(DHCP Server)，接收信息的主机称为 DHCP 客户端(DHCP Client)。同时，DHCP 还为客户端提供了一种可从与客户机位于不同子网的服务器中获取信息的机制，称为 DHCP 中继代理(DHCP Relay)功能。

➪ 提示：服务器操作系统、三层交换机、路由器都可作为 DHCP 服务器提供 DHCP 服务。

为了获取并使用一个合法的动态 IP 地址，在不同的阶段，DHCP 客户端需要与服务器之间交互不同的信息。在 DHCP 的工作过程中，客户端与服务器之间通过 DHCP 报文的交互进行地址或其他配置信息的请求和确认，如图 3-21 所示。

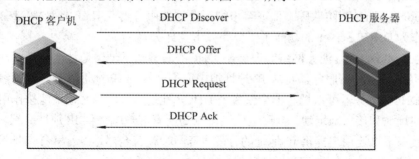

图 3-21　DHCP 工作过程

以客户端第一次登录网络，通过 DHCP 获取 IP 地址为例，客户端与服务器的交互包括下面四个阶段：

(1) 发现阶段(DHCP Discover)，DHCP 客户机寻找 DHCP 服务器的阶段。当客户机第一次启动时，没有 IP 地址，也不知道 DHCP 服务器的地址，此时发送以 0.0.0.0 作为源地址，255.255.255.255 为目标地址的 DHCP Discover 信息。DHCP Discover 信息中包含了客户机的网卡地址和计算机名称，以便让 DHCP 服务器清楚是哪个客户机在发送。

(2) 提供阶段(DHCP Offer)，DHCP 服务器提供 IP 地址的阶段。收到 DHCP Discover 信息的 DHCP 服务器随即发送 DHCP Offer 信息，表示可以提供 IP 租赁。此时的客户机没有 IP 地址，因此，这条消息也是以广播形式发布。DHCP Offer 中包含了客户机的网卡地址、提供的 IP 地址、子网掩码和 DHCP 服务器的标识等信息。

(3) 选择阶段(DHCP Request)，DHCP 客户机选择某台 DHCP 服务器提供的 IP 地址的阶段。客户机从收到的第一条 DHCP Offer 中选择 IP 地址，然后向所有 DHCP 服务器广播 DHCP Request 信息，表明接受此 DHCP Offer 信息。其他的 DHCP 服务器则撤销提供，并释放保留的 IP 地址，以便使其可以提供给下一个地址租用。

(4) 确认阶段(DHCP Ack)，DHCP 服务器确认所提供的 IP 地址的阶段。当 DHCP 服务器收到 DHCP 客户机回答的 DHCP- Request 信息之后，它便向 DHCP 客户机发送一个包含它所提供的 IP 地址和其他设置的 DHCP-Ack 信息，告诉 DHCP 客户机可以使用它所提供的 IP 地址，然后 DHCP 客户机便将获取到的 IP 地址与网卡绑定。另外，除 DHCP 客户机选中的服务器外，其他的 DHCP 服务器都将收回曾提供的 IP 地址。

采用动态地址分配策略时，DHCP 服务器分配给客户端的 IP 地址有一定的租借期限，当租借期满后服务器会收回该 IP 地址。如果 DHCP 客户端希望延长使用该地址的期限，需要更新 IP 地址租约。

在 DHCP 客户端的 IP 地址租约期限达到一半时间时，DHCP 客户端会向为它分配 IP 地址的 DHCP 服务器单播发送 DHCP-Request 报文，以进行 IP 租约的更新。如果客户端可以继续使用此 IP 地址，则 DHCP 服务器回应 DHCP-Ack 报文，通知 DHCP 客户端已经获得新 IP 租约；如果此 IP 地址不可以再分配给该客户端，则 DHCP 服务器回应 DHCP-Nak 报文，通知 DHCP 客户端不能获得新的租约。如果在租约的一半时间进行的续约操作失败，DHCP 客户端会在租约期限达到 7/8 时，广播发送 DHCP-Request 报文进行续约。

2) 三层交换机 DHCP 功能

三层以太网交换机的 DHCP 基本功能包括 DHCP Client、DHCP Server、DHCP Relay、DHCP Snooping(DHCP 防欺骗,保证客户端从合法的服务器获取 IP 地址)等部分。其中三层交换机作为 DHCP Server 的功能主要分为以下几部分。

(1) 建立和维护地址池。网络管理员在 DHCP 服务器上创建地址池。当客户端向服务器提出 DHCP 请求时,服务器将从 IP 地址池中取得空闲的 IP 地址以及其他的参数给客户端。一个 DHCP 服务器可以拥有一个或多个 DHCP 地址池。DHCP 地址池按作用范围可以分为全局地址池和接口地址池。全局地址池可以为所有客户端提供 IP 地址分配,接口地址池只为本接口下直连用户提供 IP 地址的分配。若同时存在全局地址池和接口地址池,对于直连用户,接口地址池优先于全局地址池。

(2) 给客户端分配一个可用的 IP 地址。DHCP 服务器按照一定的优先级为客户端分配 IP 地址:

① DHCP 服务器中与客户端 MAC 地址(或客户端 ID)静态绑定的 IP 地址;

② 客户端以前曾经使用过的地址,即 DHCP 服务器记录的曾经分配的租约中的 IP 地址;

③ 从地址池中顺序查找可用的 IP 地址,将最先找到的并且没有冲突的 IP 地址分配给客户端等;

④ 从已经过期的 IP 地址中选择合适的 IP 分配给客户端等。

(3) 提供扩展的网络配置信息。DHCP 服务器除必须配置地址池外,还可以配置域名后缀、DNS 服务器地址、WINS 服务器地址、NETBIOS 节点类型等参数,用于为客户端分配这些扩展的网络配置信息。当客户端发送的 DHCP 请求报文中包含域名后缀、DNS 服务器地址等内容时,DHCP 服务器可以根据地址池中这些参数的配置情况对客户端进行回复。

(4) 处理客户端发送来的 DHCP 报文。DHCP 服务器可以接收五种 DHCP 报文:DHCP-DISCOVER、DHCP-REQUEST、DHCP-DECLINE、DHCP-RELEASE 和 DHCP-INFORM 报文。其中 DHCP-DECLINE 报文为如果客户端通过地址冲突检测发现服务器分配的 IP 地址冲突或由于其他原因导致不能使用,则发送 DHCP-DECLINE 报文。DHCP-INFORM 报文为客户端向服务器发送用于请求更多的网络配置信息,包括 DNS、缺省网关等详细配置信息。

(5) 为客户端处理延长租期的请求。DHCP 客户端在分配租约使用一半时间后,会主动向 DHCP 服务器申请继续使用该 IP 地址,服务器对客户端的续约请求进行处理,若发现请求的 IP 地址可用,则回应 DHCP-ACK 报文给客户端,告知可以继续使用该 IP 地址,并更新相应的租约和定时器信息。

(6) 设定或释放保留地址。保留地址是 DHCP 协议的 IP 地址池中不分配的地址段。一旦设定为保留地址后,这个区间内的 IP 地址就不再参加整个 IP 地址池的分配而保留起来,将保留地址的起始地址和结束地址记录到该 IP 地址池的参数中。

4. 配置命令

交换机关于三层交换技术、DHCP 相关配置命令与对应关系如表 3-11 所示。

表 3-11　交换机三层交换技术、DHCP 相关配置命令

| 功　能 | 锐捷、Cisco 系列交换机 | | H3C 系列交换机 | |
|---|---|---|---|---|
| | 配置模式 | 基本命令 | 配置视图 | 基本命令 |
| 进入 VLAN 的 SVI 接口配置模式 | 全局配置模式 | Ruijie(config)#interface vlan 100 | 系统视图 | [H3C]interface vlan 100 |
| VLAN 的 SVI 接口配置地址 | 具体配置模式 | Ruijie(config-if-VLAN 100)#ip address 192.168.1.1 255.255.255.0 | 具体配置视图 | [H3C-Vlan-interface100]ip address 192.168.100.1 255.255.255.0 |
| 开启 VLAN 三层接口 | | Ruijie(config-if-VLAN 100)#no shutdown | | |
| 删除 VLAN 的 SVI 接口地址 | | Ruijie(config-if-VLAN 100)#no ip address | | [H3C-Vlan-interface100] undo ip address 192.168.100.1 255.255.255.0 |
| 开启端口三层模式 | | Ruijie(config-if)#no switchport | 具体配置视图 | [H3C]port link-mode route |
| 查看路由表 | 任意模式 | Ruijie(config)#show ip route | 任意视图 | [H3C]display ip routing-table |
| 开启 DHCP 功能 | 全局配置模式 | Ruijie(config)#service dhcp | 系统视图 | [H3C]dhcp enable |
| 关闭 DHCP 功能 | | Ruijie(config)#no service dhcp | | [H3C]undo dhcp enable |
| 建立 DHCP 地址池 | | Ruijie(config)#ip dhcp pool A (A 为地址池名称) | | [H3C]dhcp server ip-pool A |
| 删除 DHCP 地址池 | | Ruijie(config)#no ip dhcp pool A | | [H3C]undo dhcp server ip-pool A |
| 定义地址池范围 | 具体配置模式 | Ruijie(dhcp-config)#network 192.168.100.1 255.255.255.0 | 配置视图 | [H3C-dhcp-pool-a]network 192.168.100.0 |
| 删除地址池范围 | | Ruijie(dhcp-config)#no network | | [H3C-dhcp-pool-a]undo network |
| 定义地址池租期 | | Ruijie(dhcp-config)#lease{ <0-365>\| infinite} | | [H3C-dhcp-pool-a]expired {day\|unlimited} |
| 删除地址池租期 | | Ruijie(dhcp-config)#no lease | | [H3C-dhcp-pool-a]undo expired |
| 定义 DNS 服务器地址 | | Ruijie(dhcp-config)#dns-server 192.168.100.1 | | [H3C-dhcp-pool-a]dns-list 192.168.100.1 |
| 删除 DNS 服务器 | | Ruijie(dhcp-config)#no dns-server | | [H3C-dhcp-pool-a]undo dns-list{IP address\|all} |
| 定义客户机网关 | | Ruijie(dhcp-config)#default-router 192.168.100.1 | | [H3C-dhcp-pool-a]gateway -list 192.168.100.1 |

续表

| 功　能 | 锐捷、Cisco 系列交换机 | | H3C 系列交换机 | |
|---|---|---|---|---|
| | 配置模式 | 基本命令 | 配置视图 | 基本命令 |
| 删除客户机网关 | | Ruijie(dhcp-config)#no default-router | | [H3C-dhcp-pool-a]undo gateway-list{IP address\|all} |
| 设定排除地址池中不用于分配的 IP 地址 | 全局配置模式 | Ruijie(config)#ip dhcp excluded-address 192.168.100.100　192.168.100.200 | 系统视图 | [H3C]dhcp server forbidden-ip 192.168.100.100 192.168.100.200 |
| 静态路由指定 | | Ruijie(config)#ip route 192.168.200.0　255.255.255.0 192.168.1.1 | | [H3C]ip route-static 192.168.200.0 24 192.168.1.1 |
| 删除静态路由 | | Ruijie(config)#no ip route 192.168.200.0　255.255.255.0 192.168.1.1 | | [H3C]undo ip route-static 192.168.200.0 24 192.168.1.1 |

# 五、任务实施

## 1. 实施规划

◇ 实训拓扑结构

根据任务的需求与分析，实训的拓扑结构如图 3-22 所示，以交换机 SWA 模拟公司三层交换机，以交换机 SWB、SWC 分别模拟该公司的 1 楼与 2 楼接入层交换机。以 PC1、PC3 模拟公司财务部计算机，PC2、PC4 模拟公司后勤部计算机。

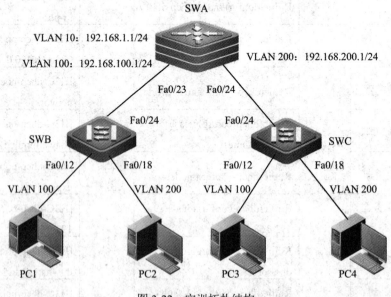

图 3-22　实训拓扑结构

交换机 SWA 上划分三个 VLAN：VLAN 10、VLAN 100、VLAN 200，其中 VLAN10

用于管理。交换机 SWB、SWC 上分别划分两个 VLAN：VLAN 100、VLAN 200，SWB、SWC 配置 VLAN Trunk 与 SWA 连接，在 SWA 上配置各个 VLAN 的 IP 地址，这些 IP 地址也是 DHCP 分配给用户计算机的网关地址。

◇ 实训设备

根据任务的需求和实训拓扑结构图，每小组的实训设备配置建议如表 3-12 所示。

表 3-12　实训设备配置清单

| 类　型 | 型　号 | 数　量 |
|---|---|---|
| 三层交换机 | 锐捷 RG-S3760 | 1 |
| 二层交换机 | 锐捷 RG-S2328G | 2 |
| 计算机 | PC，Windows XP | 4 |
| 双绞线 | RJ-45 | 若干 |

◇　VLAN 与 IP 地址规划

根据任务需求和拓扑结构图，VLAN 及 IP 地址的规划如表 3-13 所示。

表 3-13　VLAN 与 IP 地址规划

| 设备 | VLAN | IP 地址 | 网关 |
|---|---|---|---|
| SWA | VLAN 10 | 192.168.1.1/24 | |
| SWA | VLAN 100 | 192.168.100.1/24 | |
| SWA | VLAN 200 | 192.168.200.1/24 | |
| SWB | VLAN 100 | | |
| SWB | VLAN 200 | | |
| SWC | VLAN 100 | | |
| SWC | VLAN 200 | | |
| PC1 | | 自动获取 192.168.100.0/24 段地址 | 192.168.100.1 |
| PC2 | | 自动获取 192.168.200.0/24 段地址 | 192.168.200.1 |
| PC3 | | 自动获取 192.168.100.0/24 段地址 | 192.168.100.1 |
| PC4 | | 自动获取 192.168.200.0/24 段地址 | 192.168.200.1 |

**2. 实施步骤**

(1) 根据实训拓扑结构图进行交换机、计算机的线缆连接，使用三台 PC 通过终端线分别连接三台交换机，配置 PC1、PC2、PC3、PC4 的 IP 地址为"自动获取 IP 地址"。

(2) 使用计算机 Windows 操作系统的"超级终端"分别登录到交换机 SWB、SWC、SWA，进行相关功能配置。

(3) 交换机 SWB、SWC 进行 VLAN 及 VLAN Trunk 功能配置，具体配置步骤和命令参看任务二。

(4) 交换机 SWA 主要进行 VLAN、VLAN Trunk 以及三层功能、DHCP 等功能的配置，主要配置步骤和清单如下：

```
//初始化配置：
Ruijie>enable
Ruijie#configure terminal
Ruijie(config)#hostname SWA
//VLAN 配置：
SWA(config)#vlan 10
SWA(config-vlan)#vlan 100
SWA(config-vlan)#vlan 200
SWA(config-vlan)#exit
SWA(config)#interface fastEthernet 0/23
SWA(config-if-FastEthernet 0/23)#switchport mode trunk          //将 Fa0/23 端口设置成 Trunk 模式
SWA(config-if-FastEthernet 0/23)# switchport trunk allowed vlan 100,200     //定义允许通过的 VLAN
SWA(config-if-FastEthernet 0/23)#exit
SWA(config)#interface fastEthernet 0/24
SWA(config-if-FastEthernet 0/24)#switchport mode trunk          //将 Fa0/24 端口设置成 Trunk 模式
SWA(config-if-FastEthernet 0/24)# switchport trunk allowed vlan 100, 200    //定义允许通过的 VLAN
SWA(config-if-FastEthernet 0/24)#exit
SWA(config-if-range)#exit
SWA(config)#interface vlan 10                                   //定义 VLAN 10 三层接口
SWA(config-if-VLAN 10)#ip address 192.168.1.1 255.255.255.0     //定义 VLAN 10 IP 参数
SWA(config-if-VLAN 10)#no shutdown                              //启用 VLAN 10 三层接口
SWA(config-if-VLAN 10)#exit
SWA(config)#interface vlan 100                                  //定义 VLAN 100 三层接口
SWA(config-if-VLAN 100)#ip address 192.168.100.1 255.255.255.0  //定义 VLAN 100 IP 参数
SWA(config-if-VLAN 100)#no shutdown                             //启用 VLAN 100 三层接口
SWA(config-if-VLAN 100)#exit
SWA(config)#interface vlan 200                                  //定义 VLAN 200 三层接口
SWA(config-if-VLAN 200)#ip address 192.168.200.1 255.255.255.0  //定义 VLAN 200 IP 参数
SWA(config-if-VLAN 200)#no shutdown                             //启用 VLAN 200 三层接口
SWA(config-if-VLAN 200)#exit
//DHCP 服务器配置：
SWA(config)#service dhcp                                        //开启 DHCP 服务功能
SWA(config)#ip dhcp pool A                                      //建立地址池 A
SWA(dhcp-config)#network 192.168.100.0 255.255.255.0           //指定地址池 A 地址范围
SWA(dhcp-config)#lease infinite                                //将地址租期设置成永久
SWA(dhcp-config)#default-router 192.168.100.1                  //设置客户机获取的网关
SWA(config)#ip dhcp excluded-address 192.168.100.101 192.168.100.254    //设定排除地址池
```

```
SWA(config)#ip dhcp pool B                                    //建立地址池 B
SWA(dhcp-config)#network 192.168.200.0 255.255.255.0          //指定地址池 B 地址范围
SWA(dhcp-config)#lease infinite                               //将地址租期设置成永久
SWA(dhcp-config)#default-router 192.168.200.1                 //设置客户机获取的网关
SWA(config)#ip dhcp excluded-address 192.168.200.101 192.168.200.254  //设定排除地址池
SWA(config)#end
SWA#write
```

# 六、任务验收

## 1. 设备验收

根据实训拓扑结构图检查交换机、计算机的线缆连接。

## 2. 配置验收

(1) 在三层交换机 SWA 上查看路由表。主要信息如下：

```
SWA(config)#show ip route

Codes:   C - connected, S - static, R - RIP, B - BGP
         O - OSPF, IA - OSPF inter area
         N1 - OSPF NSSA external type 1, N2 - OSPF NSSA external type 2
         E1 - OSPF external type 1, E2 - OSPF external type 2
         i - IS-IS, su - IS-IS summary, L1 - IS-IS level-1, L2 - IS-IS level-2
         ia - IS-IS inter area, * - candidate default

Gateway of last resort is no set
C        192.168.1.0/24 is directly connected, VLAN 10
C        192.168.1.1/32 is local host.
C        192.168.100.0/24 is directly connected, VLAN 100
C        192.168.100.1/32 is local host.
C        192.168.200.0/24 is directly connected, VLAN 200
C        192.168.200.1/32 is local host.
```

(2) 在三层交换机上查看 DHCP 状态信息。主要信息如下：

```
SWA # show ip dhcp server statistics          //显示 DHCP 服务器统计信息
SWA # show dhcp lease                          //显示 DHCP 租约信息
```

## 3. 功能验收

(1) DHCP 验证。

分别将四台计算机的"TCP/IP"属性设置成"自动获取 IP 地址"和"自动获取 DNS 服务器"。运行"cmd"打开命令提示符，输入"ipconfig /all"命令查看验证机获取的 IP 地址信息，如图 3-23 所示为 PC2 获取到的 IP 地址等信息。

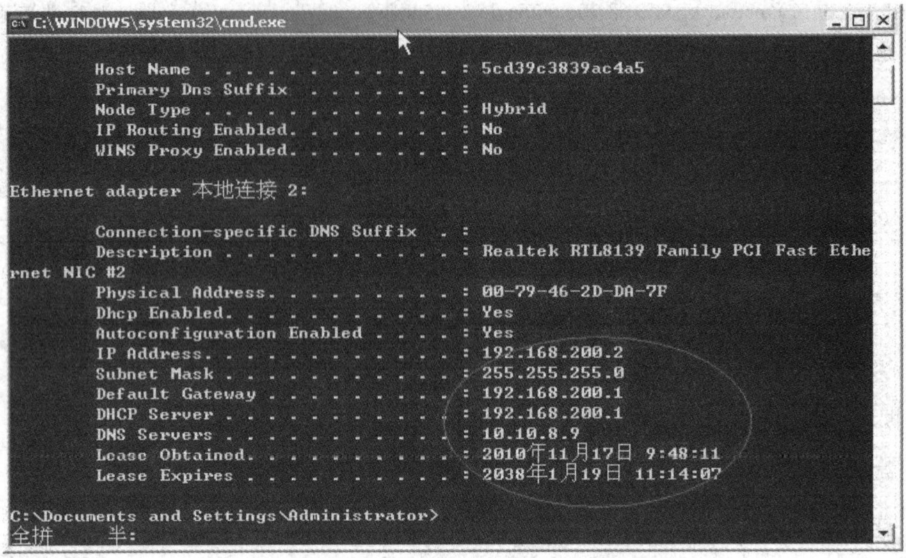

图 3-23　PC2 获取到的 IP 地址信息

(2) 三层路由验证。

在任何一台 PC 上运行 ping 命令，均能 ping 通其他 PC 的 IP 地址和两个 VLAN 的 IP 地址。

## 七、任务总结

针对某公司办公区三层网络组建的建设任务进行了三层交换机技术、利用三层交换机搭建 DHCP 服务器、三层交换机上配置静态路由等方面的实训。

# 任务四　图书馆无线网络组建

## 一、任务描述

某学院图书馆已建立了有线的网络信息点，但各阅览室信息点较少。由于面积较大，在阅览室学生携带的笔记本电脑较多，为了使带笔记本的学生在阅览室能够方便地上网查阅相关图书资料和访问校园网，需要在保持现有网络不变动的情况下，采用简单快速、方便管理的方法增加网络接入数量。

## 二、任务目标

**目标**：针对该学院图书馆阅览室上网的需求，采用简单快速、方便管理的方法增加网络接入数量。

**目的**：通过本任务进行无线局域网的组建实训，以帮助读者了解无线局域网的基本知识，掌握组建无线局域网的方法，具备组建无线局域网的应用能力。

## 三、需求分析

### 1. 任务需求

据了解，该学院图书馆共有 4 个阅览室：阅览室 1、阅览室 2、阅览室 3、阅览室 4。由于电子阅览室原有信息节点已不能满足日益增长的学生浏览电子图书的需求，要求在保持现有网络不变的情况下，采用一种简单快速、方便管理的方法增加网络接入数量和扩充容量，以满足学生上网需求。四个阅览室的面积和可接入的计算机数量如表 3-14 所示。

**表 3-14　电子阅览室容量对应表**

| 阅览室房间 | 面积/m$^2$ | 接入计算机数量 |
| --- | --- | --- |
| 阅览室 1 | 100 | 60 |
| 阅览室 2 | 120 | 80 |
| 阅览室 3 | 120 | 80 |
| 阅览室 4 | 100 | 60 |

### 2. 需求分析

需求 1：保持现有网络不变的基础上，经济、快速地扩充阅览室的网络接入数量和容量。

分析 1：为各阅览室组建无线网络，根据各阅览室的面积和接入计算机数量，规划阅览室 1 部署 2 台 AP，阅览室 2 部署 3 台 AP，阅览室 3 部署 3 台 AP，阅览室 4 部署 2 台 AP。

需求 2：便于进行网络管理。

分析 2：采用无线控制器(AC)和 FIT AP 的方式组建无线网络。

根据任务需求和需求分析，该学院阅览室网络建设的网络结构图如图 3-24 所示。

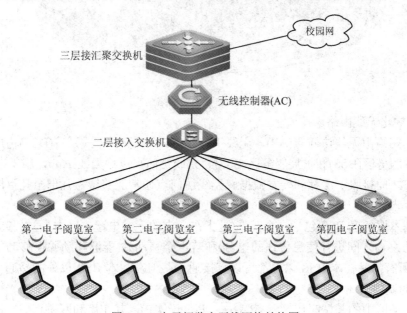

图 3-24　电子阅览室无线网络结构图

## 四、知识链接

### 1. 无线局域网

随着网络的飞速发展，人们对移动办公的要求越来越高。传统的有线局域网要受到布线的限制，网络中各节点的搬迁和移动也非常麻烦，因此高效快捷、组网灵活的无线局域网应运而生。

无线局域网(Wireless LAN，WLAN)是 20 世纪 90 年代计算机网络与无线通信技术相结合的产物，它提供了使用无线多址信道的一种有效方法来支持计算机之间的通信，并为通信的移动化、个人化和多媒体应用提供了潜在的手段。

#### 1) 无线局域网的拓扑结构

目前无线局域网采用的拓扑结构分两种拓扑结构：对等网络和结构化网络。

#### (1) 对等网络。

对等网络也称 Ad-hoc 网络，是一种多跳的、无中心的、自组织无线网络，它覆盖的服务区称独立基本服务区。整个网络没有固定的基础设施，每个节点都是移动的，并且都能以任意方式动态地保持与其他节点的联系。在这种网络中，由于终端无线覆盖区域的范围有限，两个无法直接进行通信的用户终端只能借助其他节点进行分组转发。对等网络的结构如图 3-25 所示。

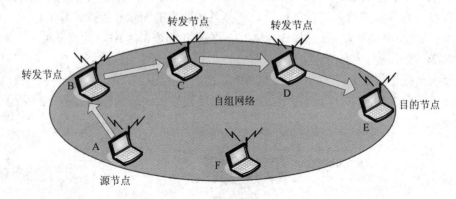

图 3-25　对等无线网络结构

#### (2) 结构化无线网络。

结构化网络由无线访问点(AP)、无线工作站(STA)以及分布式系统(DSS)构成，覆盖的区域分基本服务区(BSS)和扩展服务区(ESS)。无线访问点也称无线 Hub，用于在无线 STA 和有线网络之间接收、缓存和转发数据。无线访问点通常能够覆盖几十至几百用户，覆盖半径达上百米。

一个基本服务区 BSS 包括一个基站(是指在一定的无线电覆盖区中，通过移动通信交换中心与移动终端之间进行信息传递的电台)和若干个移动站(能够移动并在移动的过程中进行通信)，所有的站在本 BSS 以内都可以直接通信，但在和本 BSS 以外的站通信时都要通过本 BSS 的基站。

基本服务区中的基站叫作接入点(Access Point，AP)，其作用和网桥相似。ESS 组网模式如图 3-26 所示。

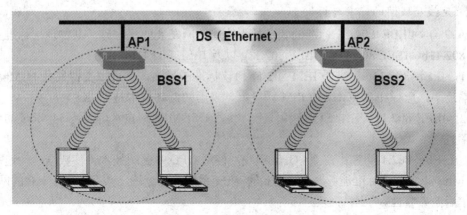

图 3-26　结构化无线网络

2) 无线局域网的组成

(1) 无线网卡(Wireless LAN Card)。计算机通过安装无线网卡连接无线局域网,大多为 PCMCIA、PCI 和 USB 三种类型,目前笔记本电脑普遍使用的 Intel 迅驰技术就是由芯片组、移动 CPU 和无线局域网芯片组成的移动计算技术,把无线通信和安全功能集成在本机芯片中。

(2) 无线 AP(Access Point)。无线 AP 一般称为无线接入点,其作用类似有线局域网中的 Hub。

(3) 无线路由器。无线路由器是带有无线覆盖功能的路由器,它主要用于用户上网和无线覆盖。

(4) 天线。常见的天线有两种,一种是室内天线,一种是室外天线。

在企业网中无线局域网常作为有线局域网的补充,典型的企业无线局域网组成如图 3-27 所示。

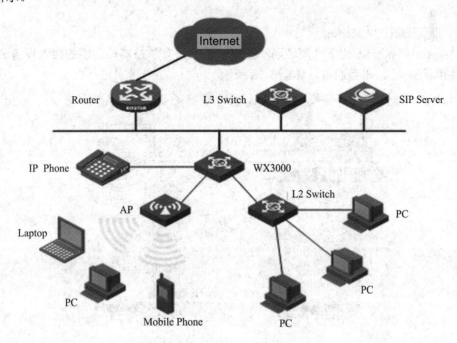

图 3-27　典型的企业无线局域网组成

3) 无线局域网的标准与协议

1997 年，IEEE 802.11 标准的制定是无线局域网发展的里程碑，其物理层标准主要有 IEEE 802.11b、IEEE 802.11a、IEEE 802.11g 以及 IEEE 802.11n。

(1) IEEE 802.11b 标准是 IEEE802.11 协议标准的扩展，它可以支持最高 11 Mb/s 的数据传输速率，运行在 2.4 GHz 的 ISM 频段上，采用的调制技术是 CCK。

(2) IEEE 802.11a 工作 5 GHz 频段上，使用 OFDM 调制技术可支持 54 Mb/s 的数据传输速率。

(3) IEEE 802.11g 工作在 2.4 GHz 频段，使用 OFDM 调制技术，使数据传输速率提高到 20 Mb/s 以上。该标准能够与 802.11b 的 WiFi 系统互相连通，共存在同一 AP 的网络里，保障了后向兼容性。

(4) IEEE 802.11n 标准将 WLAN 的数据传输速率从 802.11a 和 802.11g 的 54 Mb/s 增加至 108 Mb/s 以上，最高速率可达 320 Mb/s。802.11n 协议为双频工作模式(包含 2.4 GHz 和 5 GHz 两个工作频段)，保障了与以往的 802.11a、802.11b、802.11g 标准兼容。IEEE 802.11n 标准全面改进了 802.11 标准，不仅涉及物理层标准，同时也采用新的高性能无线传输技术提升 MAC 层的性能，优化数据帧结构，提高网络的吞吐量性能。

⇨ 提示：WiFi 是由一个名为"无线以太网相容联盟"的组织所发布的业界术语。它是一种短程无线传输技术，能够在数百英尺范围内支持互联网接入的无线电信号。随着技术的发展，以及 IEEE 802.11a 及 IEEE 802.11g 等标准的出现，现在 IEEE 802.11 的各个标准都被统称作 WiFi，俗称无线宽带。

4) 无线局域网组网方式

根据无线局域网的体系结构和不同的应用场合，目前无线局域网的组建方式主要有以下几种：

(1) 对等方式(P2P Mode)。

对等(peer to peer)方式下的局域网不需要单独的具有总控接转功能的接入设备 AP，所有的基站都能对等地相互通信，如图 3-28 所示。

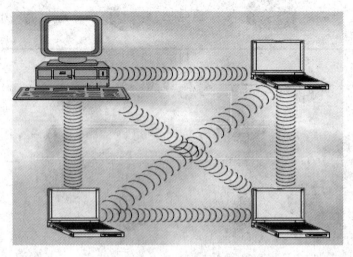

图 3-28  对等无线网

(2) 接入点方式(AP Mode)。

接入点(AP)方式以星型拓扑为基础，以接入点 AP 为中心，所有的基站通信要通过 AP 接转，相当于以无线链路作为原有的基干网或其一部分，相应地在 MAC 帧中，同时有源地址、目的地址和接入点地址，AP 方式是无线局域网最主要的组网方式。AP 组网方式经过十几年的发展，已经历了三代技术及产品的发展。

第一代无线局域网主要是采用 FAT AP，如图 3-29 所示。AP 本身储存了大量的网络和安全的配置，包括加密的钥匙、认证报文终结等，每台 AP 都要单独进行配置，费时、费力、费成本。

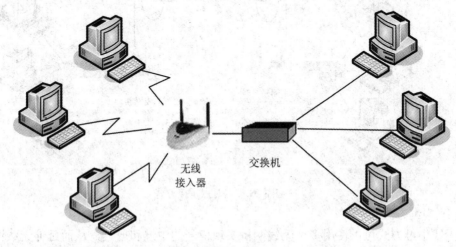

图 3-29　FAT AP 组网方式

第二代无线局域网采用无线控制器(AC)和 FIT AP 的架构，将密集型的无线网络和安全处理功能转移到集中的无线控制器中实现，AP 只作为无线数据的收/发设备，大大简化了 AP 的管理和配置功能，甚至可以做到"零"配置。FIT AP 典型组网方式如图 3-30 所示。

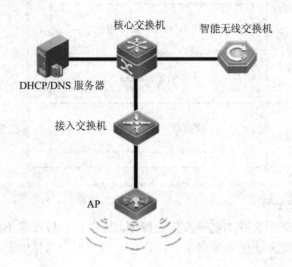

图 3-30　FIT AP 组网方式

第三代无线局域网依然采用无线控制器(AC)和 FIT AP 的架构，但它基于有线、无线一体化组网的理念，增加了统一的 QoS 策略部署，分布式加密，丰富的转发类型，有线、无线统一网管等功能。

(3) 点对点桥接方式。

桥接是建立在接入原理之上的，是以两个无线网桥点对点(Point to Point)链接，由于独享信道，较适合两个或多个局域网的远距离互连(架设高增益定向天线后，传输距离可达到 50 公里)，其组网方式如图 3-31 所示。

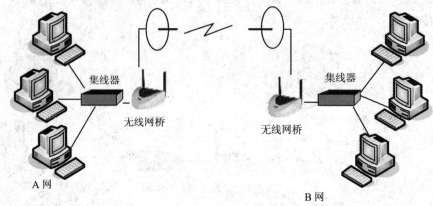

图 3-31　点对点桥接方式

(4) 中继方式。

无线中继方式可以使用多个无线网桥实现信号的中继和放大，从而延伸无线网络的覆盖范围，如图 3-32 所示。

图 3-32　中继连接方式

5) 无线局域网安全性

由于无线局域网采用公共的电磁波作为载体，因此与有线线缆不同，任何人都有条件窃听或干扰信息，因此在无线局域网中，网络安全很重要。常见的无线网络安全措施有以下几种：

(1) 服务区标示符(SSID)。无线工作站必需出示正确的 SSID 才能访问 AP，因此可以认为 SSID 是一个简单的口令，从而提供一定的安全。

(2) 物理地址(MAC)过滤。每个无线工作站网卡都由唯一的物理地址标示，因此可以在 AP 中手工维护一组允许访问的 MAC 地址列表，实现物理地址过滤。

(3) 连线对等保密(WEP)。在链路层采用 RC4 对称加密技术，密钥长 40 位，从而防止非授权用户的监听以及非法用户的访问。用户的加密钥匙必须与 AP 的钥匙相同，并且一个服务区内的所有用户都共享同一个密钥。WEP2 采用 128 位加密密钥，从而提供更高的安全。

(4) 端口访问控制技术(802.1x)。该技术是用于无线局域网的一种增强性网络安全解决方案。当无线工作站与无线访问点 AP 关联后，是否可以使用 AP 的服务要取决于 802.1x 的认证结果。如果认证通过，则 AP 为无线工作站打开这个逻辑端口，否则不允许用户上网。802.1x 除提供端口访问控制能力之外，还提供基于用户的认证系统及计费，特别适合于公共无线接入解决方案。

**2. 配置命令**

无线局域网的配置方法根据组网方式和设备种类具有各种不同的配置方式，例如对等方式使用无线网卡和操作系统的无线网络设置软件进行配置，FAT AP 方式采用 Web 方式进行配置，FIT AP 方式采用 Web 方式、无线管理软件和命令配置方式等。目前，家庭和小型网络普遍采用的 FAT AP 方式基本都采用 Web 方式进行无线配置。Web 界面配置 AP 比较简单，根据向导设置 AP 的 SSID、信道、模式以及安全设置即可。图 3-33 为典型的无线 AP 配置 Web 界面。

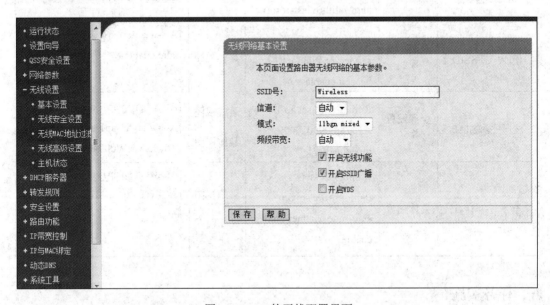

图 3-33　AP 的无线配置界面

FIT AP 方式由于采用无线控制器(AC)或无线交换机统一管理，简化了 AP 的管理和配置功能，AP 可以做到"零"配置，只需在 AC 或无线交换机上进行配置后下发到 AP。无线交换机无线服务配置的主要命令与对应关系如表 3-15 所示。

表 3-15 无线交换机无线服务配置的主要命令和格式

| 功 能 | 锐捷(或Cisco)系列无线设备 | | H3C系列无线设备 | |
| --- | --- | --- | --- | --- |
| | 配置模式 | 基本命令 | 系统视图 | 基本命令 |
| 设置管理地址 | 全局配置模式 | Ruijie-MX# set system ip-address 192.168.20.1 | 系统视图 具体视图 | [AC]int vlan 70 [AC-Vlan-interface70]ip address 192.168.20.1/24 |
| 设置国家代码 | 全局配置模式 | Ruijie-MX#set system countrycode CN | 系统视图 | [AC]wlan country-code cn |
| 配置服务模板 | 全局配置模式 | Ruijie-MX# set service-profile top ssid-name top01 | 系统视图 具体视图 | [AC]int WLAN-ESS 2 [AC-WLAN-ESS2]quit [AC]wlan service-template 2 clear |
| 创建SSID | 全局配置模式 | Ruijie-MX#set service-profile top ssid-name top01 | 系统视图 具体视图 | [AC-wlan-st-2]ssid top01 [AC-wlan-st-2]bind wlan-ess 2 |
| 设置加密类型为开放式类型 | 全局配置模式 | Ruijie-MX # set service-profile top auth-fallthru last-resort | 具体视图 | [AC-wlan-st-2]authentication-method open-system |
| 使能广播SSID | 全局配置模式 | Ruijie-MX# set service-profile top01 beacon enable | 具体视图 | [AC-wlan-ap-ap110-radio-1] radio enable |
| 注册并添加AP | 全局配置模式 | Ruijie-MX# set ap 1 serial-id 0990200597 model MP-71 | 系统视图 具体视图 | [AC]wlan ap ap1 model WA2100 [AC-wlan-ap-ap1]serial-id 210235A22W0074000123 |
| 自动信道开启 | 具体配置 | Ruijie-MX#set radio-profile shixun auto-tune channel-config enable | 系统视图 具体视图 | [AC]wlan ap ap110 [AC-wlan-ap-ap110]serial-id auto |

# 五、任务实施

## 1. 实施规划

◇ 实训拓扑结构

根据任务的需求与分析，实训的拓扑结构如图 3-34 所示，以带无线网卡的 PC1、PC2、

PC3、PC4 分别模拟该学院不同的阅览室计算机。

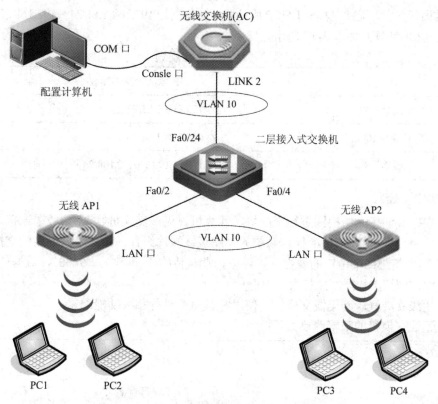

图 3-34 实训拓扑结构

如图 3-34 所示，配置计算机的 COM 通过配置线与无线交换机 Consle 口相连。无线交换机 LINK2 口与二层交换机 Fa0/24 端口相连。AP1、AP2 分别通过 POE 适配器使用双绞线与二层交换机的 Fa0/2、Fa0/4 端口相连，通过 POE 适配器可利用双绞线为 AP 提供电源。

◇ 实训设备

根据任务的需求和实训拓扑结构图，每个实训小组的实训设备配置建议如表 3-16 所示。

表 3-16 实训设备配置清单

| 类 型 | 型 号 | 数 量 |
|---|---|---|
| 无线交换机 | 锐捷 MXR-2 | 1 |
| 无线AP | 锐捷 MP-71 | 2 |
| 笔记本 | 带无线网卡 | 4 |
| PC | Windows 2003 | 1 |
| 网线 | RJ-45 | 若干 |
| 二层接入交换机 | RG-S2328G | 1 |
| POE适配器 | 锐捷 POE 适配器 | 2 |

◇ IP 地址规划

本实训任务中，无线交换机 DHCP 服务器地址范围为 192.168.10.1/24～192.168.10.100/24，其他设备 IP 地址规划如表 3-17 所示。

表 3-17　IP 地址规划

| 设备类型 | IP 地址 |
|---|---|
| 无线交换机 | 192.168.20.1/24 |
| VLAN 100 | 192.168.10.1/24 |
| 无线笔记本 | 自动获得 192.168.10.1/24～192.168.10.100/24 范围内地址 |

2．实施步骤

(1) 根据实训拓扑结构图进行交换机、计算机、无线交换机、AP 的线缆连接。

(2) 使用计算机 Windows 操作系统的"超级终端"组件，通过串口连接到交换机的配置界面，其中超级终端串口的属性设置还原为默认值(每秒位数为"9600"，数据位为"8"，奇偶校验为"无"，数据流控制为"无")。

(3) 超级终端登录到无线交换机，使用配置命令进行相关功能配置。

(4) 无线交换机的配置清单如下：

```
清除配置：

MXR-2> enable

MXR-2# quickstart                                          //清除配置

This will erase any existing config. Continue? [n]: y      //输入 y 表示确定

System Name [MXR-2]: ^C                                    //按 Ctrl + C 清除配置

初始化配置：

*MXR-2# set system countrycode CN                         //设置国家代码

This will cause all APs to reboot. Are you sure? (y/n) [n]y   //输入 y 表示确定

*MXR-2# set timezone CNT 8                                //设置时区

*MXR-2# set timedate date November 23 2010 time 09:08:30  //设置时间

*MXR-2# set enablepass                                    //设置 enable 密码

Enter old password:                                       //输入旧密码，默认为空

Enter new password:                                       //输入新密码

Retype new password:                                      //重复输入新密码

*MXR-2# set system ip-address 192.168.20.1                //设置系统管理地址

This will cause all APs to reboot. Are you sure? (y/n) [n]y   //输入 y 表示确认

VLAN 与接口信息配置：

*MXR-2# set vlan 10 name user                             //创建 VLAN 10，命名为"user"

*MXR-2# set vlan 10 port 1 tag 10                         //配置端口 1 为 trunk 模式，tag 为 10

*MXR-2# set vlan 20 name manager                          //创建 VLAN 20，命名为"manager"

*MXR-2# set vlan 20 port 1 tag 20
```

```
*MXR-2# set interface 10 ip 192.168.10.1 255.255.255.0        //配置 VLAN 10 接口地址
*MXR-2# set interface 20 ip 192.168.20.1 255.255.255.0        //配置 MX 的接口地址
```

**无线网络的建立：**

```
*MXR-2# set service-profile wlan ssid-name wifi               //创建名 wlan 的 SP，SSID 名为 wifi
*MXR-2# set service-profile wlan ssid-type crypto             //加密类型为 crypto，即加密
*MXR-2# set service-profile wlan wep key-index 1 key   1111111111    //设置 wep 密钥
*MXR-2# set service-profile wlan auth-fallthru last-resort    //设置认证类型为 last-resort，即开放式认证
*MXR-2# set service-profile wlan attr vlan-name user          //设置该 SP 关联的用户 vlan 为 user，即 VLAN 100
```

**其他参数配置：**

```
*MXR-2# set service-profile wlan beacon enable                //配置广播 SSID 名
*MXR-2# set interface 10 ip dhcp-server start 192.168.10.1 stop 192.168.1 0.254    //配置 DHCP 服务器
```

**R-P 建立：**

```
*MXR-2# set radio-profile wlan service-profile wlan           //创建名为 wlan 的 R-P，并与名为 wlan 的 S-P 绑定
*MXR-2# set radio-profile wlan auto-tune channel-config enable    //配置 wlan 的自动信道调整为开启
*MXR-2# set radio-profile wlan auto-tune power-config enable  //配置 wlan 的自动功率调整开启(默认关闭)
*MXR-2# set radio-profile wlan countermeasures rogue          //配置 wlan 的信号反制功能开启(默认关闭)
```

**AP 添加：**

```
*MXR-2# set ap 1 serial-id 0990200597 model MP-71    //注册 AP 1 的型号和序列号。AP 的序列号
                                                       在 AP 背面，此处为"0990200597"
*MXR-2# set ap auto mode enable                      //开启自动发现模式
*MXR-2# set ap 1 radio 1 radio-profile wlan mode enable    //将 R-P "wlan"应用到 AP 的 radio 1 上
*MXR-2# set ap 2 serial-id 0893600445 model MP-71    //注册 AP 的型号和序列号。AP 的序列号
                                                       在 AP 背面，此处为"0893600445"
*MXR-2# set ap auto mode enable                      //开启自动发现模式
*MXR-2# set ap 2 radio 1 radio-profile wlan mode enable    //将 R-P "wlan"应用到 AP 2 的 radio 1 上
*MXR-2# save configuration                           //保存配置
```

## 六、任务验收

**1. 设备验收**

根据实训拓扑结构图查看交换机、无线交换机、无线 AP 等设备的连接情况。

**2. 功能验收**

打开无线笔记本 PC1、PC2、PC3、PC4，通过无线网卡搜索无线网络。发现 SSID 为"wifi"的无线网络，输入正确的口令后接入无线网络，此时无线笔记本获得的地址段为 192.168.10.1/24～192.168.10.100 之间的地址。PC1、PC2、PC3、PC4 能相互通信。

## 七、任务总结

针对该学院图书馆无线网络的规划，进行了无线网络的组建、无线交换机、无线 AP

的配置等方面的实训。

# 任务五　校园网 IPv6 网络组建

## 一、任务描述

某学院已经建立了校园网，校园园区网为三层交换网络，采用 IPv4 地址。因 IPv4 地址紧缺，根据学院的发展和需要，需在校园网基础上进行 IPv6 的建设。

## 二、任务目标

**目标**：针对该学院 IPv6 网络的组建需求进行规划并实施。

**目的**：通过本任务的 IPv6 基本配置、邻居发现配置、无状态地址自动配置、静态路由配置等实训内容，以帮助读者理解 IPv6 协议，并掌握 IPv6 的配置方法和应用能力。

## 三、需求分析

### 1. 任务需求

该学院在计算机系和电子通信系中各选择了两个专业教研室进行 IPv6 网络的组建，要求按照不同的教研室来划分网络，不同教研室的计算机能自动获取 IPv6 地址，并能使用 IPv6 地址相互访问。具体的计算机数量分布情况如表 3-18 所示。

表 3-18　计算机数量分布情况

| 专业教研室 | 计算机数量 | 系　别 |
|---|---|---|
| 网络工程教研室 | 12 | 计算机系 |
| 软件工程教研室 | 10 | 计算机系 |
| 电子信息工程教研室 | 11 | 电子通信系 |
| 通信工程教研室 | 10 | 电子通信系 |

### 2. 需求分析

根据上述需求，该学院计算机系和电子通信系组建后的 IPv6 网络结构图 3-35 所示，每专业教研室以一台计算机表示，具体的需求和分析如下。

需求 1：组建 IPv6 网络，计算机能自动获取 IPv6 地址。

分析 1：进行 IPv6 的基本配置和无状态地址自动配置。

需求 2：各个系和教研室之间能使用 IPv6 地址相互访问。

分析 2：配置 IPv6 静态路由，使网络内所有计算机能相互通信。

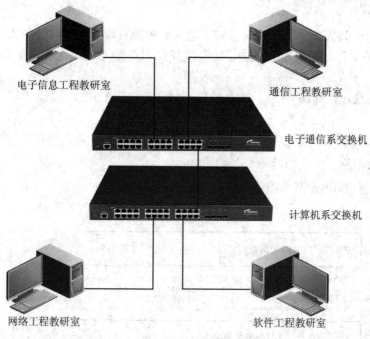

图 3-35 办公区的网络结构

## 四、知识链接

### 1. IPv6 简介

IPv6(Internet Protocol Version 6)是 IETF(Internet Engineering Task Force)设计用于替代现行版本 IP 协议(IPv4)的下一代 IP 协议。

目前使用的第二代互联网 IPv4 技术的核心技术属于美国。IPv4 的最大问题是网络地址资源有限，从理论上讲，编址 1600 万个网络、40 亿台主机，但采用 A、B、C 三类编址方式后，可用的网络地址和主机地址的数目大打折扣，以至目前的 IP 地址即将分配完毕。IP 地址的不足严重地制约了我国及其他国家互联网的应用和发展。

IPv6 使用了 128 位的地址，比 IPv4(32 位)大得多。新增的地址空间支持 $2^{128}$(约 $3.4 \times 10^{38}$) 个地址，这一扩展提供了灵活的地址分配以及路由转发，并消除了对网络地址转换(NAT) 的依赖。NAT 是目前减缓 IPv4 地址耗尽最有效的方式，因此获得了广泛的部署。

IPv6 所引进的主要变化有：

(1) 更大的地址空间。IPv4 中规定 IP 地址长度为 32，最大地址个数为 $2^{32}$；而 IPv6 地址的长度为 128，即最大地址个数为 $2^{128}$。这样大的地址空间在可预见的将来是不会用完的。

(2) 提高了数据报文处理效率。IPv6 使用了新的协议头格式，字段减少，报头固定，新的格式极大地提高了报文的处理效率。

(3) 支持即插即用(即自动配置)。IPv6 加入了对自动配置(Auto Configuration)的支持。这是对 DHCP 协议的改进和扩展，使得网络(尤其是局域网)的管理更加方便和快捷。

(4) IPv6 具有更高的安全性。在 IPv6 网络中，用户可以对网络层的数据进行加密并对 IP 报文进行校验，在 IPv6 中的加密与鉴别选项提供了分组的保密性与完整性，极大地增强了网络的安全性。

(5) 灵活的首部格式。IPv6 定义了许多可选的扩展首部，不仅可提供比 IPv4 更多的功能，而且由于路由器对扩展首部不进行处理和 IPv6 使用更小的路由表，还可提高路由器的效率。

(6) 改进的选项。IPv6 允许数据报的首部包含有选项的控制信息，因而可以包含一些新的选项。

(7) 允许协议继续扩充。当新的技术或应用需要时，IPv6 允许协议进行扩充。

**2. IPv6 数据报**

IPv6 数据报由 IPv6 基本报头、扩展报头和上层协议数据单元三部分组成，如图 3-36 所示。

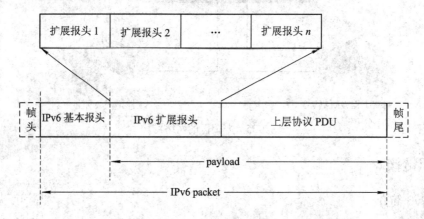

图 3-36  IPv6 数据报组成

IPv6 将基本报头变为固定的 40 字节，去掉了 IPv4 中一切可选项，只包括 8 个必要的字段，因此尽管 IPv6 地址长度为 IPv4 的 4 倍，IPv6 包头长度仅为 IPv4 包头长度的 2 倍。

图 3-37 是 IPv6 数据报的报头格式，在基本报头后面是有效负荷，它包括传输层的数据和可能用到的扩展报头。

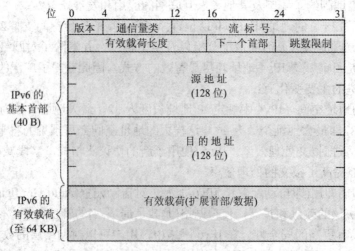

图 3-37  IPv6 数据报报头格式

IPv6 报头设计中对原 IPv4 报头所做的一项重要改进就是将所有可选字段移出 IPv6 报头，置于扩展头中。由于除 Hop-by-Hop 选项扩展头外，其他扩展头不受中转路由器检查或处理，这样就能提高路由器处理包含选项的 IPv6 分组的性能。

通常，一个典型的 IPv6 报没有扩展头，仅当需要路由器或目的节点做某些特殊处理时，才由发送方添加一个或多个扩展头。与 IPv4 不同，IPv6 扩展头长度任意，不受 40 字节限制，以便于日后扩充新增选项，这一特征加上选项的处理方式使得 IPv6 选项能得以真正利用。但是为了提高处理选项头和传输层协议的性能，扩展头总是 8 字节长度的整数倍。

在 RFC 2460 中定义了 6 种扩展首部：逐跳选项、路由选择、分片、鉴别、封装安全有效载荷、目的站选项。

### 3. IPv6 编址

从 IPv4 到 IPv6 最显著的变化就是网络地址的长度。RFC 2373 和 RFC 2374 定义的 IPv6 地址有 128 bit，IPv6 地址的表达形式一般采用 32 个十六进制数。在很多场合，IPv6 地址由两个逻辑部分组成：一个 64 bit 的网络前缀和一个 64 bit 的主机地址，主机地址通常根据物理地址自动生成，叫作 EUI-64(或者 64 bit 扩展唯一标识)。

1) IPv6 地址的表示法

IPv6 最基本的表示方法是冒分十六进制表示法，即每个 16 bit 的值用十六进制值表示，各值之间用冒号分隔，例如：98E4:8C64:FFFF:FFFF:0:1280:970A:FFFF。为了表示得更简练，规定一个或多个连续的全 0 段可用 "::" 代替，例如：FF39:0:0:0:0:0:0:B8 可以写成 FF39::B8。

IPv6 另外一种表示方式用于 IPv4 和 IPv6 节点混合的网络环境，其表示方法是冒分十六进制和点分十进制的结合形式，即 x:x:x:x:x:x:d.d.d.d，其中 x 是 6 个 16 位高地址段的十六进制值，d 是 4 个 8 位低地址段的十进制值(标准的 IPv4 地址表示)。例如：0:0:0:0:0:FFFF:196.111.40.9 可缩写为 ::FFFF:196.111.40.9。

2) IPv6 地址类型

IPv6 数据报的目的地址可以是以下三种基本类型之一：

(1) 单播(unicast)，是传统的点对点通信。单播地址标示一个网络接口，协议会把送往地址的分组投送给其接口。IPv6 的单播地址可以有一个代表特殊地址名字的范畴，如 link-local 地址和唯一区域地址(Unique Local Address，ULA)。单播地址包括可聚类的全球单播地址、本地链路地址、本地站点地址等。

① 可聚类的全球单播地址，顾名思义是可以在全球范围内进行路由转发的，是全球唯一的地址，由 IANA 分配。这类地址的格式前缀为 "001"，即前缀为 2000::/3，相当于 IPv4 公共地址。全球地址的设计有助于构架一个基于层次的路由基础设施。与目前 IPv4 所采用的平面与层次混合型路由机制不同，IPv6 支持更高效的层次寻址和路由机制。

② 本地链路地址，用在链路上的各节点之间，用于自动地址配置、邻居发现或未提供路由器的情况。本地链路地址主要用于启动时以及系统尚未获取较大范围的地址之时，当在一个节点启用 IPv6，启动时节点的每个接口自动生成一个链路本地地址。本地链路地址使用的前缀为 FE80::/10。

③ 本地站点地址，是单播中一种受限制的地址，只在一个站点内使用，不会默认启用。

这个地址不能在公网上路由，只能在一个指定的范围内路由，需要手工配置，类似 IPv4 中私有地址。本地站点地址使用的前缀为 FEC0::/10。

(2) 多播(multicast)，是一点对多点的通信。多播地址也称组播地址，也被指定到一群不同的接口，送到多播地址的分组会被传送到所有的地址。多播地址由皆为 1 的字节起始，即它们的前置为 FF00::/8；其第二个字节的最后 4 bit 用以标明范畴。

(3) 任播(anycast)，是 IPv6 增加的一种类型。任播地址也称泛播地址，用于指定给一群接口，通常这些接口属于不同的节点。若分组被送到一个任播地址时，则会被转送到成员中的其中之一，通常会根据路由协定，选择"最近"的成员。任播地址通常无法轻易分别，它们拥有和正常单播地址一样的结构，只是会在路由协定中将多个节点加入网络中。任播地址从单播地址中分配。

IPv6 地址各类的编址如图 3-38 所示。

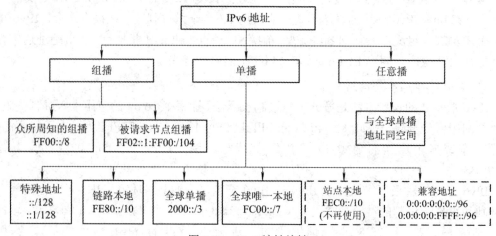

图 3-38　IPv6 地址编址

⇨ 提示：IPv6 中没有广播地址，广播地址的功能通过组播地址来实现。

### 4. IPv6 邻居发现

1) 邻居发现协议

邻居发现协议是 IPv6 协议的一个基本组成部分，它实现了在 IPv4 中的地址解析协议(ARP)、控制报文协议(ICMP)中的路由器发现部分、重定向协议的所有功能，并具有邻居不可达检测机制。邻居发现协议实现了路由器和前缀发现、地址解析、下一跳地址确定、重定向、邻居不可达检测、重复地址检测等功能，可选实现链路层地址变化、输入负载均衡、泛播地址和代理通告等功能。

邻居发现协议采用 5 种类型的 IPv6 控制信息报文(ICMPv6)来实现各种功能。这 5 种类型消息如下：

(1) 路由器请求(Router Solicitation)：当接口工作时，主机发送路由器请求消息，要求路由器立即产生通告消息，而不必等待下一个预定时间。

(2) 路由器通告(Router Advertisement)：路由器周期性地通告它的存在以及配置的链路和网络参数，或者对路由器请求消息作出响应。路由器通告消息包含在连接(on-link)确定、地址配置的前缀和跳数限制值等。

(3) 邻居请求(Neighbor Solicitation)：节点发送邻居请求消息来请求邻居的链路层地址，以验证它先前所获得并保存在缓存中的邻居链路层地址的可达性，或者验证它自己的地址在本地链路上是否是唯一的。

(4) 邻居通告(Neighbor Advertisement)：邻居请求消息的响应。节点也可以发送非请求邻居通告来指示链路层地址的变化。

(5) 重定向(Redirect)：路由器通过重定向消息通知主机。对于特定的目的地址，如果不是最佳的路由，则通知主机到达目的地的最佳下一跳。

2) IPv6 无状态配置协议

IPv6 地址配置可以分为手动地址配置和自动地址配置两种方式。自动地址配置方式又可以分为无状态地址自动配置和有状态地址自动配置两种。在无状态地址自动配置方式下，网络接口接收路由器宣告的全局地址前缀，再结合接口 ID 得到一个可聚类的全局单播地址。在有状态地址自动配置的方式下，主要采用动态主机配置协议(DHCP)，需要配备专门的 DHCP 服务器，网络接口通过客户机/服务器模式从 DHCP 服务器处得到地址配置信息。

**5. 配置命令**

表 3-19 列出了锐捷系列交换机与 H3C 系列交换机关于 IPv6 基本配置、IPv6 邻居发现、IPv6 静态路由等的相关配置命令与对应关系。

**表 3-19　交换机 IPv6 相关配置命令**

| 功　能 | 锐捷(或 Cisco)系列交换机 | | H3C 系列交换机 | |
|---|---|---|---|---|
| | 配置模式 | 基本命令 | 配置视图 | 基本命令 |
| IPv6 功能开启 | 具体配置模式 | Ruijie(config-if-VLAN 100)#ipv6 enable | 系统视图 | [H3C] ipv6 |
| IPv6 功能关闭 | 具体配置模式 | Ruijie(config-if-VLAN 100)#no ipv6 enable | 系统视图 | [H3C] undo ipv6 |
| IPv6 地址设置 | 具体配置模式 | Ruijie(config-if-VLAN 100)#ipv6 address 2000::1/64 | 接口视图 | [H3C-Vlan-interface100]ipv6 address 2000::1/64 |
| IPv6 地址删除 | 具体配置模式 | Ruijie(config-if-VLAN 100)#no ipv6 address 2000::1/64 | 接口视图 | [H3C-Vlan-interface100]undo ipv6 address 2000::1/64 |
| 允许在接口上发送路由器公告报文(开启邻居发现功能) | 具体配置模式 | Ruijie(config-if-VLAN 100)#no ipv6 nd suppress-ra | 系统视图 | [H3C]undo ipv6 nd ra halt |
| 禁止在接口上发送路由器公告报文(关闭邻居发现功能) | 具体配置模式 | Ruijie(config-if-VLAN 100)#ipv6 nd suppress-ra | 系统视图 | [H3C]ipv6 nd ra halt |

续表

| 功 能 | 锐捷(或 Cisco)系列交换机 | | H3C 系列交换机 | |
|---|---|---|---|---|
| | 配置模式 | 基本命令 | 配置视图 | 基本命令 |
| 设置路由器公告报文中所要公告的地址前缀 | 具体配置模式 | Ruijie(config-if-VLAN 100)#ipv6 nd prefix 2000::/64 | 接口视图 | [H3C-Vlan-interface100]ipv6 nd ra prefix 2000::/64 |
| 删除路由器公告报文中所要公告的地址前缀 | 具体配置模式 | Ruijie(config-if-VLAN 100)#no ipv6 nd prefix 2000::/64 | 接口视图 | [H3C-Vlan-interface100]undo ipv6 nd ra prefix 2000::/64 |
| 静态路由的添加 | 全局配置模式 | Ruijie(config)#ipv6 route 2000::3/64 2002::2 | 系统视图 | [H3C]ipv6 route-static 2000:: 64 2002::2 |
| 删除静态路由 | 全局配置模式 | Ruijie(config)#no ipv6 route 2000::3/64 2002::2 | 系统视图 | [H3C]undo ipv6 route-static 2000:: 64 |
| IPv6 路由表查看 | 任意配置模式 | Ruijie#show ipv6 route | 任意视图 | [H3C]display ipv6 routing-table |

# 五、任务实施

## 1. 实施规划

◇ 实训拓扑结构

根据任务的需求与分析,实训的拓扑结构如图 3-39 所示,以 PC1、PC2 分别模拟计算机系的网络工程、软件开发两个专业教研室;以 PC2、PC3 分别模拟电子通信系的电子信息工程、通信工程两个专业教研室。

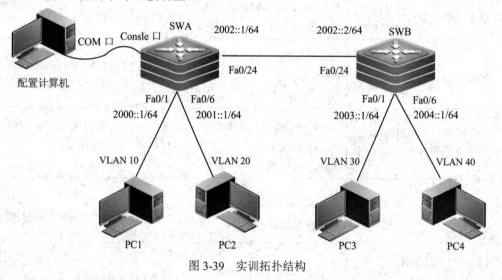

图 3-39 实训拓扑结构

◇ 实训设备

根据任务的需求和实训拓扑结构图,每个实训小组的实训设备配置建议如表 3-20 所示。

表 3-20　实训设备配置清单

| 类　型 | 型　号 | 数　量 |
|---|---|---|
| 交换机 | 锐捷 RG-S3760(含配置线) | 2 |
| 计算机 | PC，Windows 2003 | 5 |
| 双绞线 | RJ-45 | 若干 |

◇ VLAN 规划与端口分配

根据任务的需求和内容，交换机 SWA 新划分 2 个 VLAN：VLAN 10、VLAN 20。交换机 SWB 新划分 2 个 VLAN：VLAN 30、VLAN 40。计算机系的网络工程教研室、软件开发教研室分别位于 VLAN 10、VLAN 20。电子通信系的电子信息工程教研室、通信工程教研室分别位于 VLAN 30、VLAN 40。本实训任务各教研室 VLAN 规划与端口配置如表 3-21 所示。

表 3-21　各教研室 VLAN 规划与交换机端口配置

| 系别 | 教研室 | VLAN | 交换机端口 | 所属交换机 |
|---|---|---|---|---|
| 计算机系 | 网络工程 | VLAN 10 | Fa0/1～Fa0/11 | SWA |
| 计算机系 | 软件工程 | VLAN 20 | Fa0/12～Fa0/22 | SWA |
| 电子通信系 | 电子信息工程 | VLAN 30 | Fa0/1～Fa0/11 | SWB |
| 电子通信系 | 通信工程 | VLAN 40 | Fa0/12～Fa0/22 | SWB |

◇ IPv6 地址规划

根据任务的需求分析和 VLAN 的规划，本实训任务中计算机系网络工程教研室 IPv6 地址规划为 2000::/64；软件工程教研室 IPv6 地址规划为 2001::/64；电子通信系电子信息工程教研室 IPv6 地址规划为 2003::/64；电子通信系通信工程教研室 IPv6 地址规划为 2004::/64。本实训任务中各设备 IPv6 地址规划如表 3-22 所示。

表 3-22　IPv6 地址规划

| 设备 | VLAN | IP 地址 |
|---|---|---|
| SWA | VLAN 10 | 2000::1/64 |
| SWA | VLAN 20 | 2001::1/64 |
| SWA | Fa0/24 | 2002::1/64 |
| SWB | VLAN 30 | 2003::1/64 |
| SWB | VLAN 40 | 2004::1/64 |
| SWB | Fa0/24 | 2002::2/64 |
| PC1 | VLAN 10 | 自动获取 2000::/64 段地址及路由器地址 |
| PC2 | VLAN 20 | 自动获取 2001::/64 段地址及路由器地址 |
| PC3 | VLAN 30 | 自动获取 2003::/64 段地址及路由器地址 |
| PC4 | VLAN 40 | 自动获取 2004::/64 段地址及路由器地址 |

⇨ 提示：三层交换机端口要将模式修改为三层路由模式，才可为端口配置 IP 地址。

**2. 实施步骤**

(1) 根据实训拓扑结构图进行交换机、计算机的线缆连接。

(2) 使用计算机 Windows 操作系统的"超级终端"组件,通过串口连接到交换机的配置界面,其中超级终端串口的属性设置还原为默认值(每秒位数为"9600",数据位为"8",奇偶校验为"无",数据流控制为"无")。

(3) 超级终端登录到交换机,进行相关功能配置。

(4) SWA 的配置,主要配置清单如下:

---

初始化配置:

Ruijie>enable

Ruijie#configure terminal

Ruijie(config)#hostname SWA

**VLAN 配置:**

SWA(config)#vlan 10

SWA(config-vlan)#vlan 20

SWA(config-vlan)#exit

SWA(config)#interface range fastEthernet 0/1-11

SWA(config-if-range)#switchport mode access

SWA(config-if-range)#switchport access vlan 10

SWA(config-if-range)#exit

SWA(config)#interface range fastEthernet 0/12-22

SWA(config-if-range)#switchport mode access

SWA(config-if-range)#switchport access vlan 20

**IPv6 基本配置:**

SWA(config-if-range)#exit

SWA(config)#interface vlan 10                    //定义 VLAN 三层接口

SWA(config-if-VLAN 10)#ipv6 enable               //开启 IPv6 功能

SWA(config-if-VLAN 10)#ipv6 address 2000::1/64   //配置 IPv6 地址

SWA(config-if-VLAN 10)#no shutdown               //开启 VLAN 三层接口

SWA(config-if-VLAN 10)#no ipv6 nd suppress-ra    //允许接口发送路由器公告

SWA(config-if-VLAN 10)#ipv6 nd prefix 2000::/64  //发布前缀地址公告

SWA(config-if-VLAN 10)#exit

SWA(config)#interface vlan 20                    //定义 VLAN 三层接口

SWA(config-if-VLAN 20)#ipv6 enable               //开启 IPv6 功能

SWA(config-if-VLAN 20)#ipv6 address 2001::1/64   //配置 IPv6 地址

SWA(config-if-VLAN 20)#no shutdown               //开启 VLAN 三层接口

SWA(config-if-VLAN 20)#no ipv6 nd suppress-ra    //允许接口发送路由器公告

SWA(config-if-VLAN 20)#ipv6 nd prefix 2001::/64  //发布前缀地址公告

SWA(config-if-VLAN 20)#exit

```
SWA(config)#interface fastEthernet 0/24
SWA(config-if-FastEthernet 0/24)#no switchport              //端口设置为路由模式
SWA(config-if-FastEthernet 0/24)#ipv6 enable               //开启 IPv6 功能
SWA(config-if-FastEthernet 0/24)#ipv6 address 2002::1/64   //配置 IPv6 地址
SWA(config-if-FastEthernet 0/24)#no shutdown               //开启接口
静态路由配置：
SWA(config-if-FastEthernet 0/24)#exit
SWA(config)#ipv6 route 2003::/64 fastEthernet 0/24 2002::2
         //IPv6 静态路由指定，2003::/64 为目标网络，2002::2 为下一跳路由器接口地址
SWA(config)#ipv6 route 2004::/64 fastEthernet 0/24 2002::2
         //IPv6 静态路由指定，2004::/64 为目标网络，2002::2 为下一跳路由器接口地址
SWA(config)#end
SWA#write
```

(5) SWB 的配置，主要配置清单如下：

```
初始化配置：
Ruijie>enable
Ruijie#configure terminal
Ruijie(config)#hostname SWB
VLAN 配置：
SWB(config)#vlan 30
SWB(config-vlan)#vlan 40
SWB(config-vlan)#exit
SWB(config)#interface range fastEthernet 0/1-11
SWB(config-if-range)#switchport mode access
SWB(config-if-range)#switchport access vlan 30
SWB(config-if-range)#exit
SWB(config)#interface range fastEthernet 0/12-22
SWB(config-if-range)#switchport mode access
SWB(config-if-range)#switchport access vlan 40
IPv6 基本配置：
SWB(config-if-range)#exit
SWB(config)#interface vlan 30
SWB(config-if-VLAN 30)#ipv6 enable
SWB(config-if-VLAN 30)#ipv6 address 2003::1/64
SWB(config-if-VLAN 30)#no shutdown
SWB(config-if-VLAN 30)#ipv6 nd suppress-ra
SWB(config-if-VLAN 30)#ipv6 nd prefix 2003::/64
SWB(config-if-VLAN 30)#exit
```

```
SWB(config)#interface vlan 40
SWB(config-if-VLAN 40)#ipv6 enable
SWB(config-if-VLAN 40)#ipv6 address 2004::1/64
SWB(config-if-VLAN 40)#no shutdown
SWB(config-if-VLAN 40)#ipv6 nd suppress-ra
SWB(config-if-VLAN 40)#ipv6 nd prefix 2004::/64
SWB(config-if-VLAN 40)#exit
SWB(config)#interface fastEthernet 0/24
SWB(config-if-FastEthernet 0/24)#no switchport
SWB(config-if-FastEthernet 0/24)#ipv6 enable
SWB(config-if-FastEthernet 0/24)#ipv6 address 2002::2/64
SWB(config-if-FastEthernet 0/24)#no shutdown
```

**静态路由配置：**

```
SWB(config-if-FastEthernet 0/24)#exit
SWB(config)#ipv6 route 2000::/64 fastEthernet 0/24 2002::1
            //IPv6 静态路由指定，2000::/64 为目标网络，2002::1 为下一跳路由器接口地址
SWB(config)#ipv6 route 2001::/64 fastEthernet 0/24 2002::1
            //IPv6 静态路由指定，2001::/64 为目标网络，2002::1 为下一跳路由器接口地址
SWB(config)#end
SWB#write
```

(6) PC1 计算机 IPv6 协议的安装：

通过"开始"菜单选择"运行"，键入"cmd"打开命令提示符，输入"ipv6 install"，或者使用 netsh 命令方式安装 IPv6 协议，具体过程如图 3-40 所示。

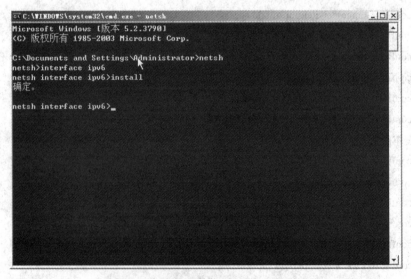

图 3-40　PC1 计算机 IPv6 协议安装

(7) 重复步骤(6)，完成 PC2、PC3、PC4 计算机的 IPv6 协议安装。

## 六、任务验收

### 1. 设备验收

根据实训拓扑结构图检查验收交换机、计算机的线缆连接。

### 2. 配置验收

(1) 验证交换机 SWA 接口配置信息。主要信息如下：

```
SWA(config)#show ipv6 interfaces

interface VLAN 10 is Up, ifindex: 4106
    address(es):
        Mac Address: 00:1a:a9:4e:76:3c
        INET6: fe80::21a:a9ff:fe4e:763c, subnet is fe80::/64
        INET6: 2000::1, subnet is 2000::/64
    Joined group address(es):
        FF01::1
        FF02::1
        FF02::2
        FF02::1:FF00:1
        FF02::1:FF4E:763C
    MTU is 1500 bytes
    ICMP error messages limited to one every 100 milliseconds
    ICMP redirects are enabled
    ND DAD is enabled, number of DAD attempts: 1
    ND reachable time is 30000 milliseconds
    ND advertised reachable time is 0 milliseconds
    ND retransmit interval is 1000 milliseconds
    ND advertised retransmit interval is 0 milliseconds
    ND router advertisements are sent every 200 seconds<160--240>
    ND router advertisements live for 1800 seconds

interface VLAN 20 is Down, ifindex: 4116
    address(es):
        Mac Address: 00:1a:a9:4e:76:3c
        INET6: 2001::1 [ TENTATIVE ], subnet is 2001::/64
    Joined group address(es):
    MTU is 1500 bytes
    ICMP error messages limited to one every 100 milliseconds
    ICMP redirects are enabled
```

```
ND DAD is enabled, number of DAD attempts: 1

ND reachable time is 30000 milliseconds

ND advertised reachable time is 0 milliseconds

ND retransmit interval is 1000 milliseconds

ND advertised retransmit interval is 0 milliseconds

ND router advertisements are sent every 200 seconds<160--240>

ND router advertisements live for 1800 seconds


interface FastEthernet 0/24 is Up, ifindex: 24
    address(es):
        Mac Address: 00:1a:a9:4e:76:3c
        INET6: fe80::21a:a9ff:fe4e:763c, subnet is fe80::/64
        INET6: 2002::1, subnet is 2002::/64
    Joined group address(es):
        FF01::1
        FF02::1
        FF02::2
        FF02::1:FF00:1
        FF02::1:FF4E:763C
    MTU is 1500 bytes
    ICMP error messages limited to one every 100 milliseconds
    ICMP redirects are enabled
    ND DAD is enabled, number of DAD attempts: 1
    ND reachable time is 30000 milliseconds
    ND advertised reachable time is 0 milliseconds
    ND retransmit interval is 1000 milliseconds
    ND advertised retransmit interval is 0 milliseconds
    ND router advertisements are sent every 200 seconds<160--240>
    ND router advertisements live for 1800 seconds
```

(2) 验证交换机 SWB 接口配置信息。主要信息如下：

```
SWB(config)#show ipv6 interfaces

interface VLAN 30 is Up, ifindex: 4126
    address(es):
        Mac Address: 00:1a:a9:4e:67:bc
        INET6: fe80::21a:a9ff:fe4e:67bc, subnet is fe80::/64
        INET6: 2003::1, subnet is 2003::/64
    Joined group address(es):
```

　　　　FF01::1

　　　　FF02::1

　　　　FF02::2

　　　　FF02::1:FF00:1

　　　　FF02::1:FF4E:67BC

　　MTU is 1500 bytes

　　ICMP error messages limited to one every 100 milliseconds

　　ICMP redirects are enabled

　　ND DAD is enabled, number of DAD attempts: 1

　　ND reachable time is 30000 milliseconds

　　ND advertised reachable time is 0 milliseconds

　　ND retransmit interval is 1000 milliseconds

　　ND advertised retransmit interval is 0 milliseconds

　　ND router advertisements are sent every 200 seconds<160--240>

　　ND router advertisements live for 1800 seconds


interface VLAN 40 is Down, ifindex: 4136

　　address(es):

　　　　Mac Address: 00:1a:a9:4e:67:bc

　　　　INET6: 2004::1 [ TENTATIVE ], subnet is 2004::/64

　　Joined group address(es):

　　MTU is 1500 bytes

　　ICMP error messages limited to one every 100 milliseconds

　　ICMP redirects are enabled

　　ND DAD is enabled, number of DAD attempts: 1

　　ND reachable time is 30000 milliseconds

　　ND advertised reachable time is 0 milliseconds

　　ND retransmit interval is 1000 milliseconds

　　ND advertised retransmit interval is 0 milliseconds

　　ND advertised retransmit interval is 0 milliseconds

　　ND router advertisements live for 1800 seconds


interface FastEthernet 0/24 is Up, ifindex: 24

　　address(es):

　　　　Mac Address: 00:1a:a9:4e:67:bc

　　　　INET6: fe80::21a:a9ff:fe4e:67bc, subnet is fe80::/64

　　　　INET6: 2002::2, subnet is 2002::/64

　　Joined group address(es):

　　　　FF01::1

```
        FF02::1

        FF02::2

        FF02::1:FF00:2

        FF02::1:FF4E:67BC

MTU is 1500 bytes

ICMP error messages limited to one every 100 milliseconds

ICMP redirects are enabled

ND DAD is enabled, number of DAD attempts: 1

ND reachable time is 30000 milliseconds

ND advertised reachable time is 0 milliseconds

ND retransmit interval is 1000 milliseconds

ND advertised retransmit interval is 0 milliseconds

ND router advertisements are sent every 200 seconds<160--240>

ND router advertisements live for 1800 seconds
```

(3) 查看交换机 SWA IPv6 路由表。主要信息如下：

```
SWA(config)# show ipv6 route

IPv6 routing table name is Default(0) global scope - 12 entries

Codes: C - Connected, L - Local, S - Static, R - RIP, B - BGP

        I1 - ISIS L1, I2 - ISIS L2, IA - ISIS interarea, IS - ISIS summary

        O - OSPF intra area, OI - OSPF inter area,   OE1 - OSPF external type 1, O

E2 - OSPF external type 2

        ON1 - OSPF NSSA external type 1, ON2 - OSPF NSSA external type 2

        [*] - NOT in hardware forwarding table

L       ::1/128    via Loopback, local host

C       2000::/64    via VLAN 10, directly connected

L       2000::1/128    via VLAN 10, local host

C       2002::/64    via FastEthernet 0/24, directly connected

L       2002::1/128    via FastEthernet 0/24, local host

S       2003::/64    [1/0] via 2002::2, FastEthernet 0/24

S       2004::/64    [1/0] via 2002::2, FastEthernet 0/24

L       FE80::/10    via ::1, Null0

C       FE80::/64    via FastEthernet 0/24, directly connected

L       FE80::21A:A9FF:FE4E:763C/128    via FastEthernet 0/24, local host

C       FE80::/64    via VLAN 10, directly connected

L       FE80::21A:A9FF:FE4E:763C/128    via VLAN 10, local host
```

(4) 查看交换机 SWB IPv6 路由表。主要信息如下：

```
SWB(config)#show ipv6 route

IPv6 routing table name is Default(0) global scope - 12 entries
```

```
Codes: C - Connected, L - Local, S - Static, R - RIP, B - BGP
          I1 - ISIS L1, I2 - ISIS L2, IA - ISIS interarea, IS - ISIS summary
          O - OSPF intra area, OI - OSPF inter area,   OE1 - OSPF external type 1, O
E2 - OSPF external type 2
          ON1 - OSPF NSSA external type 1, ON2 - OSPF NSSA external type 2
          [*] - NOT in hardware forwarding table
L         ::1/128    via Loopback, local host
S         2000::/64    [1/0] via 2002::1, FastEthernet 0/24
S         2001::/64    [1/0] via 2002::1, FastEthernet 0/24
C         2002::/64    via FastEthernet 0/24, directly connected
L         2002::2/128    via FastEthernet 0/24, local host
C         2003::/64    via VLAN 30, directly connected
L         2003::1/128    via VLAN 30, local host
L         FE80::/10    via ::1, Null0
C         FE80::/64    via FastEthernet 0/24, directly connected
L         FE80::21A:A9FF:FE4E:67BC/128    via FastEthernet 0/24, local host
C         FE80::/64    via VLAN 30, directly connected
L         FE80::21A:A9FF:FE4E:67BC/128    via VLAN 30, local host
```

### 3. 功能验收

(1) IPv6 邻居发现验证。

在 PC1 上，通过"开始"菜单选择"cmd"进入命令提示符，输入"ipconfig /all"命令查看 PC1 获取的 IPv6 地址信息，PC1 能获取到 2000::/64 地址，如图 3-41 所示。

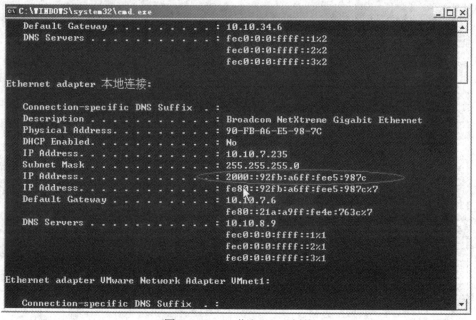

图 3-41　PC1 获取 IPv6 地址

相应地，在 PC2、PC3、PC4 上分别进行操作，运行 ipconfig /all 命令，查看计算机获取的 IPv6 地址信息，PC2 能获取到 2001::/64 的地址；PC3 能获取到 2003::/64 的地址；PC4 能获取到 2004::/64 的地址。

(2) 静态路由验证。

在 PC1、PC2、PC3、PC4 上分别运行 ping 命令，四台主机之间可以相互 ping 通 IPv6 地址，证明 IPv6 静态路由配置成功。

# 七、任务总结

针对某学院 IPv6 网络组建任务进行了 IPv6 的基本配置、邻居发现配置、IPv6 静态路由配置等方面的实训内容。

#### ⊠ 教学目标

通过企业远程网络组建的案例，以各实训任务的内容和需求为背景，以完成企业园区网的各种路由技术的应用为实训目标，通过任务方式模拟路由技术的典型应用和实施过程，帮助学生理解远程网络技术，使其初步具备企业远程网的组建和实施能力。

#### ⊠ 教学要求

本章各环节的关联知识与对学生的能力要求见下表：

| 任 务 要 点 | 能 力 要 求 | 关 联 知 识 |
| --- | --- | --- |
| 构建某公司广域网 | (1) 掌握路由器基础配置；<br>(2) 掌握静态路由配置；<br>(2) 掌握 PPP 协议配置 | (1) 帧广域网技术；<br>(2) 路由原理与路由选择；<br>(3) PPP 协议；<br>(4) PPP、静态路由配置命令 |
| 集团公司广域网互联 | (1) 掌握路由器动态路由协议；<br>(2) 了解动态路由的配置 | (1) 路由算法；<br>(2) RIP、OSPF 动态路由协议；<br>(3) 动态路由配置命令 |
| 公司安全互连 | (1) 了解访问控制列表(ACL) 技术；<br>(2) 了解访问控制列表(ACL)配置 | (1) 访问控制列表(ACL)技术；<br>(2) ACL 的配置命令 |
| 公司接入互联网 | (1) 掌握网络地址转换(NAT)技术；<br>(2) 了解网络地址转换(NAT)配置 | (1) 网络地址转换 NAT 技术；<br>(2) NAT 的配置命令 |

#### ⊠ 重点难点

> ➢ 静态路由与配置；
> ➢ PPP 协议与配置；
> ➢ 动态路由协议与配置；
> ➢ 访问控制列表(ACL)与配置；
> ➢ 网络地址转换(NAT)与配置。

# 任务一　构建某公司广域网

## 一、任务描述

某公司因业务扩展在异地设立了分公司，需要将分公司通过专线互连组成一个网络，实现总公司与分公司之间的互联互通，并考虑租用专线连接的安全性。

## 二、任务目标

目标：通过租用电信运营商的专线线路，使总公司与分公司可以通信，路由器上采用PPP协议安全验证方式，保证网络的安全性。

目的：通过本任务进行路由器基础配置、静态路由基础配置、PPP协议基础配置的实训，以帮助读者掌握路由器基础配置、静态路由，掌握基于PPP协议及验证配置的方法，初步具备组建广域网的能力。

## 三、需求分析

### 1. 任务需求

公司总部与分公司相距较远，需要租用电信专线进行连接，公司总部和分公司都是一个单独的局域网，所有设备需要互联互通，能资源共享。

### 2. 需求分析

需求1：总公司与分公司的计算机能相互访问。

分析1：对两台路由器配置网络地址、静态路由。

需求2：总公司与分公司间连接要求有一定的安全性。

分析2：在路由器上进行PPP协议的PAP验证。

根据任务需求和需求分析，组建公司远程连接的网络结构如图4-1所示。

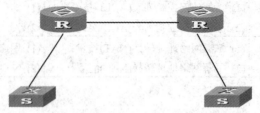

图4-1　公司远程连接网络结构

## 四、知识链接

### 1. 广域网技术

广域网是指覆盖范围广阔(通常可以覆盖一个城市、一个省、一个国家)的一类通信网络，有时也称为远程网。

广域网由一些节点交换机以及连接这些交换机的链路组成，节点交换机执行将分组存储、转发的功能。节点之间都是点到点连接，一个节点交换机通常和若干个节点交换机相连。

广域网中的最高层是网络层，网络层服务的具体实现是数据报(无连接的网络服务)和虚电路(面向连接的服务)的服务。

(1) 数据报。主机可以随时向网络发送分组(即数据报)，网络为每个分组单独选择路由。网络不保证所传送的分组不丢失，也不保证按源主机发送分组的顺序以及在多长的时限内必须将分组交给目的主机。当网络发送拥塞时，网络中的某个节点可根据当时的情况将一些分组丢弃。所以，数据报提供的服务是不可靠的，它不能保证服务质量，而是"尽最大努力交付"。

(2) 虚电路。两个网络间传送数据之前，首先通过虚呼叫建立一条虚电路，所有分组沿同一条虚电路传送，数据传送完毕后，还要将这条虚电路释放掉，好处是可以在数据传送路径上的各交换节点预先保留一定数量的资源(如带宽、缓存)。在虚电路建立后，网络向用户提供的服务就好像在两个主机之间建立了一对穿过网络的数字管道，到达目的站的分组顺序就与发送时的顺序一致，对服务质量(QoS)有较好的保证。虚电路一般分为交换虚电路(Switched Virtual Circuit，SVC)和永久虚电路(Permanent Virtual Circuit，PVC)两种。

在企业网中应用到的广域网技术主要有帧中继、ATM、PDH/SDH、数字数据网(DDN)、ADSL 技术等。

1) 帧中继

帧中继(Frame Relay)技术是在 OSI 第二层上用简化的方法传送和交换数据单元的一种技术。它是由 X.25 分组交换技术演进而来的，帧中继网络向上提供面向连接的虚电路服务。

帧中继在数据链路层实现分组交换，使用永久虚电路(PVC)来建立通信连接，并通过虚电路实现多路复用，用链路层的帧来封装各种不同的高层协议，如 IP、IPX、AppleTalk 等。

帧中继网络包括物理部分和逻辑电路部分，物理部分包括以下设备：

(1) 帧中继网接入设备(Frame Relay Access Device，FRAD)，指用户设备，如支持帧中继的主机、桥接器、路由器等。

(2) 接入电路，包括基带传输、光纤、SDH、DDN。

(3) 帧中继网交换设备(Frame Relay Switch，FRS)，是网络服务提供者设备，如 T1/E1 一次群复用设备和帧交换节点机。

逻辑电路部分主要包括永久虚电路，其带宽控制通过 CIR(承诺的信息速率)、Bc(承诺的突发大小)和 Be(超过的突发大小)等参数设定完成。

帧中继比较典型的应用有两种：帧中继接入和帧中继交换。帧中继接入即用户端承载上层报文，接入到帧中继网络中。帧中继交换指在帧中继网络中，直接在链路层通过 PVC 交换转发用户的报文。帧中继网提供了用户设备(如路由器、桥、主机等)之间进行数据通信的能力。用户设备被称作数据终端设备(Date Terminal Equipment，DTE)，为用户设备提供接入的设备属于网络设备，被称为数据通信设备(Data Communication Equipment，DCE)。DTE 和 DCE 之间的接口被称为用户网络接口(User Network Interface，UNI)；网络与网络之间的接口被称为网间网接口(Network to Network Interface，NNI)。帧中继网络可以是公用网络或者是某一企业的私有网络，也可以是直接连接。帧中继网络的组成结构如图 4-2 所示。

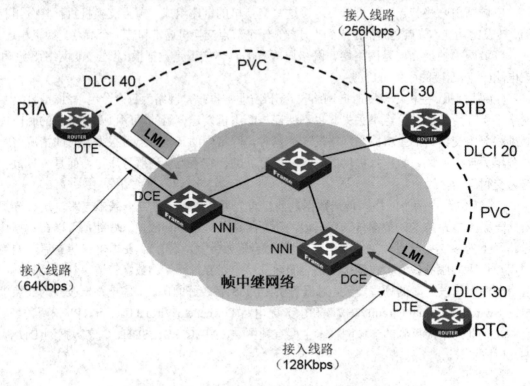

图 4-2　帧中继网络组成

　　帧中继协议是一种简化 X.25 的广域网协议，在控制面上提供虚电路的管理、带宽管理和防止阻塞等功能。在用户面上它仅完成物理层和链路层的功能，在链路层完成统计复用、帧透明传输和错误检测，但是不提供错误后重传操作。帧中继协议是一种统计复用协议，它在单一物理传输线路上能够提供多条虚电路。帧中继网络用户接口最多可支持 1024 条虚电路，DLCI(Data Link Connection Identifier，数据链路连接标识符)号码 0 至 15 和 DLCI 号码 1008 至 1023 是保留作特殊用途的，电信分配给用户的 DLCI 一般在 16 至 1007 的逻辑数字。

　　帧中继的每条虚电路是用 DLCI 来标识的。虚电路是面向连接的，它提供了用户帧按顺序传送至目的地。虚电路的 DLCI 只在本地接口和与之直接相连的对端接口有效，只具有本地意义，不具有全局有效性，即在帧中继网络中，不同的物理接口上相同的 DLCI 并不表示同一个虚连接。例如在路由器串口 1 上配置一条 DLCI 为 100 的 PVC，在串口 2 上也可以配置一条 DLCI 为 100 的 PVC，因为在不同的物理接口上，这两个 PVC 尽管有相同的 DLCI，但并不是同一个虚连接。在帧中继中支持子接口的概念，在一个物理接口上可以定义多个子接口，子接口和主接口共同对应一个物理接口。子接口只是逻辑上的接口，在逻辑上与主接口的地位是平等的，在子接口上可以配置 IP 地址、DLCI 和 MAP。在同一个物理接口下的主接口和子接口不能指定相同的 DLCI，因为每个物理接口上的 DLCI 必须是唯一的。

　　2) 异步传输模式

　　异步传输模式(Asynchronous Transfer Mode，ATM)是建立在电路交换和分组交换的基础上的一种面向连接的快速分组交换技术。ATM 采用定长分组作为传输和交换的单位，这种定长分组叫作信元(cell)。ATM 的"异步"是指将 ATM 信元"异步插入"到同步的 SDH 比特流中。

ATM 具有以下特点：

(1) 选择固定长度的短信元作为信息传输的单位，有利于宽带高速交换。信元长度为 53 B，其首部(可简称为信头)为 5 B。

(2) 能支持不同速率的各种业务，例如 25 Mb/s、45 Mb/s、155 Mb/s、625 Mb/s。

(3) 所有信息在最低层是以面向连接的方式传送的，保持了电路交换的实时性和服务质量。

(4) ATM 使用光纤信道传输。在 ATM 网内不必在数据链路层进行差错控制和流量控制(放在高层处理)，因而明显地提高了信元在网络中的数据传输速率。

在企业网络实际应用中，ATM 主要适用于以下几种情况：

(1) 适用于高速信息传送和对服务质量(QoS)的支持，还具备了综合多种业务的能力，以及动态带宽分配与连接管理能力和对已有技术的兼容性。

(2) 在 ATM 网上进行局域网的模拟，把分布在不同区域的网络互联起来，在广域网上实现局域网的功能。

(3) 支持现有电信网逐步从传统的电路交换技术向分组(包)交换技术演变，支持语音技术的研究。

(4) 作为 Internet 骨干传送网和互连核心路由器，支持 IP 网的持续发展。

ATM 网络的网络元素主要由两部分组成：ATM 端点和 ATM 交换机。ATM 端点又称为 ATM 端系统，通过点到点链路与 ATM 交换机相连。ATM 交换机是一个快速分组交换机(交换容量高达数百 Gb/s)，其主要构件有交换结构(switching fabric)、若干个高速输入端口和输出端口、必要的缓存。ATM 网络的结构如图 4-3 所示。

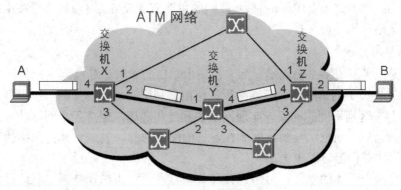

图 4-3　ATM 网络的组成

3) PDH/SDH

在数字通信系统中，传送的信号都是数字化的脉冲序列。这些数字信号流在数字交换设备之间传输时，其数据传输速率必须完全保持一致，才能保证信息传送的准确无误，这就叫作同步。

在数字传输系统中，有两种数字传输系列，一种叫准同步数字系列(Plesiochronous

Digital Hierarchy)，简称 PDH；另一种叫同步数字系列(Synchronous Digital Hierarchy)，简称 SDH。

PDH 和 SDH 主要定义了高次群的数据传输速率，用于构造基于光纤的长途传输干线。

在以往的电信网中多使用 PDH 设备，这种系列对传统的点到点通信有较好的适应性。随着数字通信的迅速发展，点到点的直接传输越来越少，大部分数字传输都要经过转接，因而 PDH 系列便不能适合现代电信业务开发以及现代化电信网管理的需要，SDH 就是适应这种新的需要而出现的传输体系。

SDH 是一种将复接、线路传输及交换功能融为一体，并由统一网管系统操作的综合信息传送网络，是美国贝尔通信技术研究所提出来的同步光网络(SONET)。SDH 网络是一个基于时分多路复用技术的数字传输网络，由多路复用器和中继器组成，并通过光纤进行连接。

SDH 网络仅是数字信号传输网络，是目前一些广域网(如 ATM 等)的基础网络。从 OSI 模型的观点来看，SDH 属于其最底层的物理层，并未对其高层有严格的限制，便于在 SDH 上采用各种网络技术，支持 ATM 或 IP 传输。

SDH 技术自从 20 世纪 90 年代引入以来，至今已经是一种成熟、标准的技术。SDH 的众多优点使其在广域网领域和专用网领域得到了巨大的发展。国内众多电信运营商都已经大规模建设了基于 SDH 的骨干光传输网络。利用大容量的 SDH 环路承载 IP 业务、ATM 业务或直接以租用电路的方式出租给企事业单位。而一些大型的专用网络也采用了 SDH 技术，架设系统内部的 SDH 光环路，以承载各种业务。例如电力系统，就利用 SDH 环路承载内部的数据、远控、视频、语音等业务。

### 2. 路由技术

路由技术是在传统的广域网技术的基础上发展而来的，随着互联网的发展和企业规模的扩大，目前在企业网络中路由技术广泛应用于远程网和外联网，在局域网特别是三层交换环境下路由技术也得到广泛应用。

使用路由技术的路由器(Router)是互联网的主要节点设备。路由器通过路由决定数据的转发，转发策略称为路由选择。

#### 1) 路由技术原理

路由器是一种具有多个输入端口和多个输出端口的专用计算机，其任务就是转发分组。它工作在 OSI 模型中的第三层，即网络层。路由器利用网络层定义的"逻辑"上的网络地址(即 IP 地址)来区别不同的网络，实现网络的互连和隔离，保持各个网络的独立性。路由器不转发广播消息，而把广播消息限制在各自的网络内部。发送到其他网络的数据先被送到路由器，再由路由器转发出去。

路由包含两个基本的动作：路由选择和分组转发。路由选择是判定到达目的地的最佳路径，由路由选择算法来实现。路由选择算法将收集到的不同信息填入路由表中，根据路由表可将目的网络与下一站的关系告诉路由器。路由器间互通信息进行路由更新，更新维护路由表使之正确反映网络的拓扑变化，并由路由器根据量度来决定最佳路径。分组转发即沿寻径好的最佳路径传送信息分组。路由器首先在路由表中查找，判明是否知道如何将分组发送到下一个站点(路由器或主机)，如果路由器不知道如何发送分组，通常将该分组丢弃；否则就根据路由表的相应表项将分组发送到下一个站点，如果目的网络直接与路由器相连，路由器就把分组直接送到相应的端口上。典型的路由器结构与工作原理如图 4-4 所示。

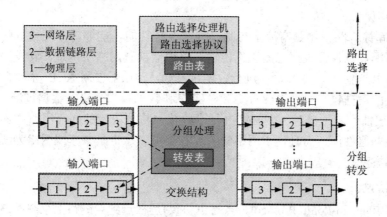

图 4-4　典型的路由器结构与工作原理

2) 路由选择

路由器的主要工作就是为经过路由器的每个数据帧寻找一条最佳传输路径，并将该数据帧有效地传送到目的站点。为了完成这项工作，在路由器中保存着各种传输数据路径的相关数据——路由表，供路由选择时使用。路由表中保存着子网的标志信息、路由器的数量和下一个路由器的名字等内容。路由表中保存的典型的路由选择方式有两种：静态路由和动态路由。

静态路由是在路由器中由网络管理员事先设置的固定的路由表。除非网络管理员干预，否则静态路由不会发生变化。由于静态路由不能对网络的改变作出反映，一般用于网络规模不大、拓扑结构固定的网络中。静态路由的优点是简单、高效、可靠。在所有的路由中，静态路由优先级最高。当动态路由与静态路由发生冲突时，以静态路由为准。

动态路由是网络中的路由器之间相互通信，传递路由信息，利用收到的路由信息更新路由表的过程，它能实时地适应网络结构的变化。如果路由器感知到网络拓扑结构发生改变，路由器的路由选择程序就会重新计算路由，并向其他路由器发出新的路由更新信息。这些信息通过网络传递到其他路由器，各路由器重新进行路由计算，并更新各自的路由表，以动态地反映网络拓扑变化。动态路由适用于规模大、拓扑复杂的网络。

3) 路由器的特点

与交换机和网桥相比，在实现骨干网的互连方面，路由器特别是高端路由器有着明显的优势。路由器高度的智能化，对各种路由协议、网络协议和网络接口的广泛支持，还有其独具的安全性和访问控制等功能和特点是网桥和交换机等其他互连设备所不具备的。路由器主要具有以下特点：

(1) 互连性。路由器工作在网络层，它与网络层协议有关。多协议路由器可以支持多种网络层协议(如 TCP/IP、IPX、DECNET 等)，转发多种网络层协议的数据包。路由器可以互连不同的 MAC 协议、不同的传输介质、不同的拓扑结构和不同的数据传输速率的异种网，因此它有很强的异种网互连能力，被广泛地应用于 LAN-WAN-LAN 的网络互联环境。

(2) 隔离性。路由器互连不同的逻辑子网，每一个子网都是一个独立的广播域，因此，路由器不在子网之间转发广播信息，它具有很强的隔离广播信息的能力，可以隔离冲突域和广播域。路由器不仅可以在中、小型局域网中应用，也适合在广域网和大型、复杂的互联网络环境中应用。

(3) 可控制性。路由器具有流量控制、拥塞控制功能，能够对不同数据传输速率的网络进行速度匹配，以保证数据包的正确传输。路由器检查网络层地址，转发网络层数据分组。因此，路由器能够基于 IP 地址进行数据包过滤，路由器使用 ACL(访问控制列表)控制各种协议封装的数据包，同样也会对 TCP、UDP 协议的端口号进行数据过滤。

(4) 可管理性。路由器对大型网络进行微段化，将分段后的网段用路由器连接起来。这样可以提高网络性能，而且便于网络的管理和维护。这也是共享式网络为解决带宽问题所经常采用的方法。

### 3. PPP 协议

PPP 协议(Point-to-Point Protocol，点对点协议)是在点到点链路上承载网络层数据包的一种链路层协议，由于它能够提供用户验证，且易于扩充、支持同/异步物理链路，因而获得广泛应用。PPP 最初设计是为两个对等节点之间的 IP 流量传输提供一种封装协议。在TCP-IP 协议集中它是一种用来同步调制连接的数据链路层协议(OSI 模式中的第二层)，替代了原来非标准的第二层协议，即 SLIP。除了 IP 以外 PPP 还可以携带其他协议，包括 DECnet和 Novell 的 Internet 网包交换(IPX)。

PPP 协议是 IETF 在 1992 年制订的，经过 1993 年和 1994 年的修订，现在的 PPP 协议已成为因特网的正式标准[RFC1661]。PPP 协议常用于广域网连接，可用于各种物理介质(包括双绞线、光缆和卫星传输)以及虚拟连接。现在用户使用拨号电话线接入因特网时，一般都是使用 PPP 协议，使用 ADSL 方式连接因特网也多采用基于 PPP 的 PPPoe 协议(Point-to-Point Protocol over ethernet，以太网上的 PPP)。

PPP 定义了一整套的协议，包括链路控制协议(LCP)、网络层控制协议(NCP)和验证协议(PAP 和 CHAP)等。

链路控制协议(Link Control Protocol，LCP)：用来协商链路的一些参数，负责创建并维护链路。

网络层控制协议(Network Control Protocol，NCP)：用来协商网络层协议的参数。

密码认证协议(Password Authentication Protocol，PAP)：是 PPP 协议集中的一种链路控制协议，主要通过使用二次握手提供一种对等节点的建立认证的简单方法，是建立在初始链路确定的基础上的。

询问握手认证协议(Challenge Handshake Authentication Protocol，CHAP)：该协议可通过三次握手周期性地校验对端的身份，可在初始链路建立时完成，在链路建立之后重复进行。通过递增改变的标识符和可变的询问值，可防止来自端点的重放攻击，限制暴露于单个攻击的时间。

### 4. 配置命令

路由器的基本管理方式和配置模式与交换机类似，请参照第 3 章交换机的配置模式和配置命令。在锐捷系列和 H3C 系列路由器上配置静态路由和 PPP 协议的相关命令如表 4-1所示。

表 4-1　静态路由和 PPP 配置命令

| 功　能 | 锐捷、Cisco系列交换机 | | H3C系列交换机 | |
| --- | --- | --- | --- | --- |
| | 配置模式 | 基本命令 | 配置视图 | 基本命令 |
| 静态路由配置 | 全局配置模式 | ruijie(config)#ip route 192.168.1.0　255.255.255.0 10.10.10.2 | 系统视图 | [H3C]ip route-static 192.168.1.0 255.255.255.0 10.10.10.2 |
| 封装PPP协议 | 具体配置模式 | ruijie(config-if-Serial 2/0)#encapsulation ppp | 配置视图 | [H3C-Serial0/0]link-protocol ppp |
| 配置验证方式 | 具体配置模式 | ruijie(config-if-Serial　2/0) #ppp authentication pap | 配置视图 | [H3C-Serial0/0] ppp authentication-mode pap |
| 创建对端账号 | 全局配置模式 | ruijie(config)#username test password 123456 | 系统视图 | [H3C] local-user test [H3C]password simple 123456 [H3C]service-type ppp |
| 发送自己账号 | 具体配置模式 | ruijie(config-if-Serial　2/0) #ppp pap sent-username R2 password ruijie | 配置视图 | [H3C-Serial0/0]ppp pap local-user R2 password simple ruijie |

# 五、任务实施

## 1. 实施规划

◇　实训拓扑结构

根据任务的需求与分析，实训的拓扑结构如图 4-5 所示，以 PC1、PC2 模拟总公司和分公司的计算机，R1 模拟总公司路由器，R2 模拟分公司路由器。

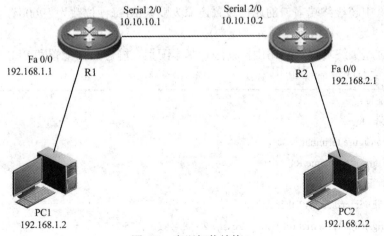

图 4-5　实训拓扑结构

◇ 实训设备

根据任务的需求和实训拓扑结构图，每个实训小组的实训设备配置建议如表 4-2 所示。

表 4-2　实训设备配置清单

| 类　型 | 型　号 | 数　量 |
|---|---|---|
| 路由器 | 锐捷 RG-RSR20 | 2 |
| 计算机 | PC，Windows XP | 2 |
| 双绞线 | RJ-45 | 2 |
| 路由器V.35线 | DCE、DTE | 1 对 |

◇ IP 地址规划

IP 地址规划应充分考虑可实施性，便于记忆和管理，并考虑未来可扩展性，根据任务的需求分析，本实训任务中总公司和分公司的 IP 地址参数分别规划为 192.168.1.0/24 和 192.168.2.0/24，两台路由器相连接口的 IP 地址参数规划为 10.10.10.0/30。具体的 IP 地址规划如表 4-3 所示。

表 4-3　IP 地址规划

| 设备 | 接口 | IP 地址 | 网关 |
|---|---|---|---|
| R1 | Serial 2/0 | 10.10.10.1/30 | |
| | Fa 0/0 | 192.168.1.1/24 | |
| R2 | Serial 2/0 | 10.10.10.2/30 | |
| | Fa 0/0 | 192.168.2.1/24 | |
| PC1 | | 192.168.1.2/24 | 192.168.1.1 |
| PC2 | | 192.168.2.2/24 | 192.168.2.1 |

2. 实施步骤

(1) 根据实训拓扑结构图进行路由器、计算机的线缆连接，配置 PC1、PC2 的 IP 地址。

(2) 使用计算机 Windows 操作系统的"超级终端"组件程序通过串口连接到路由器的配置界面，其中超级终端串口的属性设置还原为默认值(每秒位数为"9600"，数据位为"8"，奇偶校验为"无"，数据流控制为"无")。

(3) 通过超级终端登录到路由器，进行基本配置、静态路由配置和 PPP 配置。

(4) R1 主要配置清单如下：

```
初始化配置:
Ruijie>enable
Ruijie#configure terminal
Ruijie(config)#hostname R1
接口地址配置:
R1 (config)#interface fastEthernet 0/0
R1 (config-if-FastEthernet 0/0)#ip address 192.168.1.1 255.255.255.0        //配置接口 IP 地址
R1 (config-if-FastEthernet 0/0)#no shutdown                                  //启用接口
```

```
R1 (config-if-FastEthernet 0/0)#exit
R1 (config)#interface serial 2/0
R1 (config-if-Serial 2/0)#ip address 10.10.10.1 255.255.255.252
R1 (config-if-Serial 2/0)#no shutdown
R1 (config-if-Serial 2/0)#clock rate 64000                        //设置时钟频率
静态路由配置:
R1 (config)#ip route 192.168.2.0 255.255.255.0 10.10.10.2
PPP(PAP)配置:
R1 (config)# username R2 Password ruijie2      //将对端用户名(R2)和密码(ruijie2)加入到
                                                 本地用户列表
R1(config-if-Serial 2/0)#encapsulation ppp    //在接口上封装 PPP 协议
R1(config-if-Serial 2/0)#ppp authentication pap    //设置验证方式为 PAP
R1(config-if-Serial 2/0)#ppp pap sent-username R1 password ruijie1    //将自己的账号发送给
                                                                      对端请求验证
R1(config-if-Serial 2/0)#end
R1#write
```

⇨ 提示:PPP PAP 认证配置时,username 之后为对端的用户名和密码,ppp pap sent-username
之后为本端的用户名和密码。

(5) R2 主要配置清单如下:

```
初始化配置:
Ruijie>enable
Ruijie#configure terminal
Ruijie(config)#hostname R2
接口地址配置:
R2 (config)#interface fastEthernet 0/0
R2 (config-if-FastEthernet 0/0)#ip address 192.168.2.1 255.255.255.0
R2(config-if-FastEthernet 0/0)#no shutdown
R2 (config-if-FastEthernet 0/0)#exit
R2 (config)#interface serial 2/0
R2(config-if-Serial 2/0)#ip address 10.10.10.2 255.255.255.252
R2 (config-if-Serial 2/0)#no shutdown
静态路由配置:
R2 (config)#ip route 192.168.1.0 255.255.255.0 10.10.10.1
PPP(PAP)配置:
R2 (config)# username R1 Password ruijie1    //将对端用户名(R1)和密码(ruijie1)加入到本地
                                              用户列表
R2(config-if-Serial 2/0)#encapsulation ppp
R2(config-if-Serial 2/0)#ppp authentication pap
```

```
R2(config-if-Serial 2/0)#ppp pap sent-username R2 password ruijie2    //将自己的账号发送给对
                                                                      端请求验证
R2(config-if-Serial 2/0)#end
R2#write
```

## 六、任务验收

### 1. 设备验收

根据实训拓扑结构图检查路由器、计算机的线缆连接，检查 PC1、PC2、R1、R2 的 IP 地址。

### 2. 配置验收

(1) 查看路由信息。主要信息如下：

```
R1#show ip route
        10.0.0.0/30 is subnetted, 1 subnets
C          10.10.10.0 is directly connected, Serial0/0/0
C       192.168.1.0/24 is directly connected, FastEthernet0/0
S       192.168.2.0/24 [1/0] via 10.10.10.2
```

(2) 查看配置信息。

在特权模式下运行 show running-config，查看路由器当前配置信息。

### 3. 功能验收

(1) 路由功能。

在 PC1 上运行 ping 命令检查与 PC2 的连通情况，根据实训拓扑结构图和配置，PC1 与 PC2 之间能够 ping 通。

(2) PAP 安全验证。

分别修改 PAP 配置中的用户名和密码，测试 PC1 和 PC2 的连通性。根据实训拓扑结构图和配置，其中任意一个路由器的用户名和密码发生改变，PC1 和 PC2 之间均不能 ping 通。

## 七、任务总结

针对某公司远程网络的建设任务进行了路由器基础配置、静态路由基础配置、PPP 协议基础配置等方面的实训。

## 任务二　集团公司广域网互联

## 一、任务描述

某集团公司有 4 个分公司，现根据集团总部要求，各分公司的内部网络要通过专线构建公司的广域网，公司之间相互连通(不需要考虑各分公司内部网络结构)，同时考虑未来各地分公司的平滑扩展。

## 二、任务目标

**目标：** 本项目需要将集团公司与 4 个分公司进行互联，并考虑未来的平滑扩展，使公司各地之间能够相互进行通信。

**目的：** 通过本任务进行路由器动态路由的配置实训，以帮助读者掌握路由器主要动态路由协议的区别和配置的方法。

## 三、需求分析

### 1. 任务需求

总公司和分公司之间连接线路较多，结构较复杂，同时考虑未来各地分公司的平滑扩展，用静态路由实现远程互联不能满足变化的需求，所以本任务分别采用 RIP、OSPF 协议进行网络间的互联，通过两种常用的动态路由协议进行对比。

### 2. 需求分析

需求 1：各公司能相互通信，并考虑未来的平滑扩展。

分析 1：路由器进行动态路由的配置。

需求 2：各公司能相互通信，动态路由协议的区别和配置。

分析 2：路由器进行 RIP、OSPF 配置。

根据上述需求，组建公司广域网互联网络的结构如图 4-6 所示。

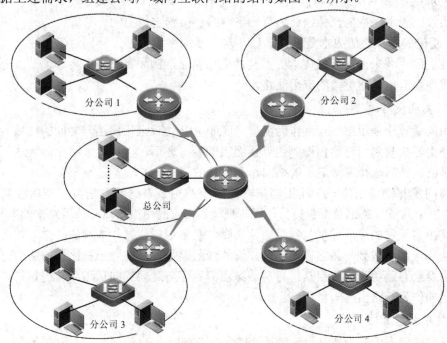

图 4-6  公司广域网互联结构

## 四、知识链接

### 1. 路由算法

路由协议规定在路由器之间如何交换路由信息和路由器采用何种方法计算出路由。路由器根据一定的准则从路由信息中获得路由，这就是路由算法。路由算法规定了选择路由的准则，同时也影响到路由协议规定怎样传递和传递哪些路由信息。典型的路由算法有两类：距离向量算法和链路状态算法。有的路由协议综合了这两种算法，称为复合算法。

#### 1) 路由算法使用的度量

路由算法使用不同的度量，以确定最佳路径。复杂的路由算法可以基于多个度量选择路由，并把它们结合成一个复合度量。常用的度量有：

(1) 路径长度。路径长度是最为常用的一种路由度量标准，它常常是所有有关链路的路由成本的总和以及数据包从源地址到目的地所经过的路由器的个数(跳数)。

(2) 延时。路由延时是指通过网络把数据包从源地址发送到目的地所需要的时间总和。因为路由延时是多项重要变量的综合反映，所以被普遍采用为路由算法的度量。

(3) 带宽。带宽是指一条网络链路所能提供的流量吞吐能力。虽然带宽反映了一条网络链路所能提供的最大数据传输速率，但有时使用宽带连接的路由并不一定是最优路径。例如一条高速链路非常繁忙，数据包实际等待发送的时间可能更长。

(4) 负载。负载是指路由器这样的网络资源和设备的繁忙程度，对路由负载进行长期的监控可以更加有效地管理和配置网络资源。

(5) 可靠性。在路由算法的范畴内，可靠性主要指每一条网络连接的可使用性(通常用误码率表示)。一些网络连接可能比其他连接更容易出现问题或恢复速度更快、更方便，可以把可靠性因素考虑在内，并据此为每一条网络连接指定相应的可靠值。

(6) 通信成本。通信成本是另外一种非常重要的度量标准，特别对于关注运行成本超过网络性能的企业来说，通信成本的重要性更加明显，例如有时企业会为了节省公用线路的使用成本而改用延迟更大的专用线路。

#### 2) 距离向量算法

距离向量算法采用路径长度作为度量，例如 RIP 协议采用路由器之间的跳数为度量。每一个路由器接收到相邻路由器到达目标网络的度量之后，再加上本路由器到达相邻路由器的度量值，然后选择度量最小的路由作为自己的路由。

距离向量算法要求每一个路由器把它的整个路由表发送给与它直接连接的其他路由器。路由表中的每一条记录都包括目标逻辑地址、相应的网络接口和该条路由的向量距离。当一个路由器从它的邻居那里收到更新信息时，它将更新信息与本身的路由表相比较，如果它能从邻居那里找到一条它以前不曾知道的新的路由或是找到一条比当前路由更好的路由，路由器会对路由表进行更新：将从该路由器到邻居之间的向量距离与更新信息中的向量距离相加作为新路由的向量距离。

#### 3) 链路状态算法

基于链路状态的路由算法也称为最短路径优先(Shortest Path First，SPF)算法，该算法要求将链路状态信息传给域内所有的路由器，路由器利用这些信息构建网络拓扑图，并用最短路径优先算法决定路由。

链路状态算法把路由信息散布到网络的每个节点，每个路由器只发送与其相连接的链路状态信息。而距离向量算法中每个路由器发送路由表的全部给其邻居，因此链路状态算法发送的更新信息较少。链路状态算法中每一个路由器使用相同的原始路由信息单独计算路由，并不依赖中间的路由器，因此链路状态算法减小了路由环路的产生，加速了网络的收敛。

链路状态算法可以运用到大型的网络中，比距离向量算法有更好的可扩展性。采用链路状态算法的路由协议，比如 OSPF 协议、IS-IS 协议等，在大型企业网络和互联网中都有着广泛的应用

4) 混合路由算法

距离向量算法和链路状态算法各有特点，适合不同的场合。混合路由算法集合了这两种算法的优点，例如 Cisco 公司的 EIGRP 路由协议是典型的采用混合路由算法的协议。

### 2. 路由协议

因特网将整个互联网划分成为许多较小的自治系统(Autonomous System，AS)，一个自治系统是一个互连网络，它是具有统一管理机构、统一路由策略的网络。自治系统最重要的特点就是有权自主地决定在本系统内采用何种路由选择协议。根据是否在一个自治域内部使用，动态路由协议分为内部网关协议和外部网关协议。自治域内部采用的路由选择协议称为内部网关协议(Interior Gateway Protocol，IGP)，常用的有 RIP、OSPF；外部网关协议(Exterior Gateway Protocol，EGP)主要用于多个自治域之间的路由选择，常用的是 BGP 和 BGP-4。自治系统和内部网关协议、外部网关协议的关系如图 4-7 所示。

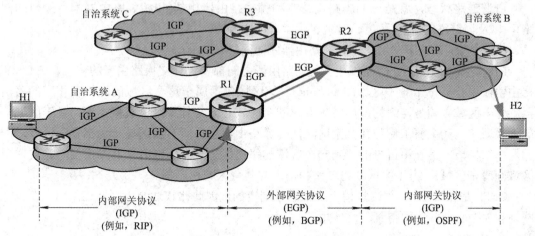

图 4-7 自治系统和内部网关协议、外部网关协议的关系

1) RIP 路由协议

路由信息协议(Routing Information Protocol，RIP)是内部网关协议 IGP 中最先得到广泛使用的协议。它是一种分布式的基于距离向量算法的路由选择协议，其最大优点就是简单。

RIP 协议采用跳数(Hop Count)作为距离度量，不考虑链路带宽、延时、利用率等因素。RIP 设定的距离最大值为 16，即不可到达。因此，一条有效的路由信息的度量(metric)不能超过 15，这就使得 RIP 协议不能应用于大型的网络。

采用 RIP 协议的路由器仅和相邻路由器交换信息，交换的信息是当前本路由器所知道的全部信息，即自己的路由表。路由表中最主要的信息就是到某个网络的最短距离以及应经过的下一跳地址。路由表更新的原则是找出到每个目的网络的最短距离。RIP 协议按固定的时间间隔(一般为 30 s)交换路由信息，即使网络未发生变化。

Cisco 公司开发的内部网关路由协议(Interior Gateway Routing Protocol，IGRP)也是一种距离向量协议，所采用的算法与 RIP 相似。不同之处在于 IGRP 更新发送间隔的默认值为 90 s，路由更新的每一项包含了多种度量，如延时、带宽、可靠性和负载，采用保守方式预防路由环路，性能优于 RIP。

2) 开放最短路径优先协议

开放最短路径优先(Open Shortest Path First，OSPF)协议是采用链路状态路由算法的内部网关路由协议，它是为克服 RIP 的缺点在 1989 年被开发出来的。OSPF 是一个开放的标准，来自多个厂家的设备可以实现协议互连。

OSPF 最主要的特征是使用分布式的链路状态协议(Link State Protocol，LSP)，选择路由基于网络中路由器物理连接的状态与速度，路由变化被立即广播到网络中的每一个路由器。与 RIP 相比，OSPF 具有以下三个重要特点：

(1) OSPF 向本自治系统中所有路由器发送信息。

OSPF 标准使用的方法是洪泛法(flooding)，即路由器通过所有输出端口向所有相邻的路由器发送信息，而每一个相邻路由器又再将此信息发往其所有相邻的路由器。RIP 是仅仅向相邻的路由器发送信息。

(2) OSPF 发送的信息就是与本路由器相邻的所有路由器的链路状态。

所谓链路状态，就是说明本路由器都和哪些路由器相邻(和相邻路由器都有接口的网络)，以及该链路的度量(距离、时延、带宽、成本等)。

(3) 只有链路状态发生变化时，路由器才向网络发送此信息。

RIP 是不管网络拓扑有无发生变化，路由器之间都要定期交换路由表的信息。在 OSPF 路由协议中存在一个骨干区域(Backbone)，该区域包括属于这个区域的网络及相应的路由器，骨干区域必须是连续的，同时也要求其余区域必须与骨干区域直接相连。骨干区域一般为区域 0，其主要工作是在其余区域间传递路由信息。所有的区域，包括骨干区域之间的网络结构情况是互不可见的，当一个区域的路由信息对外广播时，其路由信息先传递至区域 0(骨干区域)，再由区域 0 将该路由信息向其余区域作广播。

OSPF 是在 Internet 网络规模迅速膨胀时制定的，因此比较适合大型互连网络，在骨干网络和大型企业网络中得到广泛应用。

3) 边界网关协议

边界网关协议(Border Gateway Protocol，BGP)是不同自治系统的路由器之间交换路由信息的协议。由于因特网的规模太大，使得自治系统之间路由选择非常困难，对于自治系统之间的路由选择要寻找最佳路由是很不现实的，同时自治系统之间的路由选择必须考虑有关策略。因此，BGP 只能力求寻找一条能够到达目的网络且比较好的路由，而并非要寻找一条最佳路由。

BGP 采用了路径向量(Path Vector，PV)路由选择协议，它与距离向量和链路状态选择都有很大的区别。BGP 的主要功能是在 AS 之间发布网络路由和协调信息，BGP 系统可以共享整个网络的 AS 之间的可到达信息，利用这些信息创建网络拓扑图，即路由表。在 BGP 之间交换的网络层可达信息含有 AS 路径、下一跳地址、路由策略等，根据这些信息可以剪除路由环路和生产本地路由。

BGP 常运行在骨干网络的核心位置，一旦出错可能导致大范围网络不可达。

### 3. 配置命令

在锐捷系列和 H3C 系列路由器上配置 RIP 和 OSPF 协议的命令如表 4-4 所示。

表 4-4　RIP 和 OSPF 配置命令和格式

| 功　能 | 锐捷、Cisco系列交换机 | | H3C系列交换机 | |
| --- | --- | --- | --- | --- |
| | 配置模式 | 基本命令 | 配置视图 | 基本命令 |
| 启动RIP协议 | 全局配置模式 | ruijie(config)#router rip | 系统视图 | [H3C] rip |
| 关闭RIP协议 | 全局配置模式 | ruijie(config)#no router rip | 系统视图 | [H3C] undo rip |
| 网络接口接收和发送RIP更新 | 具体配置模式 | ruijie(config-router)#network 192.168.1.0 | 配置视图 | [H3C-rip-1] network 192.168.1.0 |
| 设置被动接口 | 具体配置模式 | ruijie(config-router)#passive-interface serial 0/0/0 | 配置视图 | [H3C-rip-1] silent-interface serial 0/0/0 [H3C-Serial0/0/0] Undo rip output |
| 宣告默认路由 | 具体配置模式 | ruijie(config-router)#default-information originate | 配置视图 | [H3C-rip-1] import-route static |
| RIP版本选择 | 具体配置模式 | ruijie(config-router)#version 2 | 配置视图 | [H3C-rip-1] version 2 |
| 禁用自动总结 | 具体配置模式 | ruijie(config-router)#no auto-summary | 配置视图 | [H3C-rip-1] undo summary |
| 启动OSPF协议 | 全局配置模式 | ruijie(config)#router ospf 1 | 系统视图 | [H3C] ospf 1 |
| 关闭OSPF协议 | 全局配置模式 | ruijie(config)#no router ospf 1 | 系统视图 | [H3C] undo ospf 1 |
| 允许特定网络接口接收和发送OSPF更新 | 具体配置模式 | ruijie(config-router)#network 192.168.1.0 0.0.0.255 area 0 | 配置视图 | [H3C-ospf-1] area 0 [H3C-ospf-1-area-0.0.0.0] network 192.168.1.0 0.0.0.255 |

## 五、任务实施

### 1. 实施规划

◇ 实训拓扑结构

根据任务的需求与分析，实训的拓扑结构如图 4-8 所示，以 R1、R2、R3 和 PC1、PC2 和 PC3 模拟公司 3 个区域的路由器和计算机。

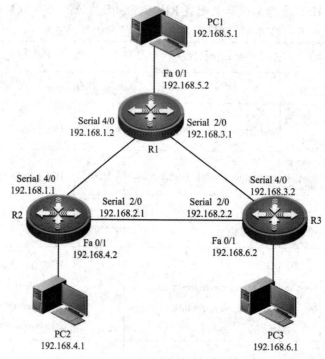

图 4-8   实训拓扑结构

◇ 实训设备

根据任务的需求和实训拓扑结构图，每个实训小组的实训设备配置建议如表 4-5 所示。

表 4-5   实训设备配置清单

| 类　型 | 型　号 | 数　量 |
|---|---|---|
| 路由器 | 锐捷 RG-RSR20 | 3 |
| 计算机 | PC，Windows XP | 3 |
| 双绞线 | RJ-45 | 3 |
| 路由器V.35线 | DCE、DTE | 3 对 |

◇ IP 地址规划

IP 地址规划应充分考虑可实施性，便于记忆和管理，并考虑未来可扩展性。根据任务的需求分析，本实训任务中 IP 地址参数规划为：各公司内部 IP 地址分别为 192.168.4.0/24、192.168.5.0/24、192.168.6.0/24；各路由器相连接口之间的 IP 地址分别为 192.168.1.0/30、192.168.2.0/30、192.168.3.0/30。各设备的 IP 地址参数规划如表 4-6。

表 4-6　IP 地址规划

| 设备 | 接口 | IP 地址 | 网关 |
|---|---|---|---|
| R1 | Serial 2/0 | 192.168.3.1/30 | |
| | Serial 4/0 | 192.168.1.2/30 | |
| | Fa 0/1 | 192.168.5.2/24 | |
| R2 | Serial 2/0 | 192.168.2.1/30 | |
| | Serial 4/0 | 192.168.1.1/30 | |
| | Fa 0/1 | 192.168.4.2/24 | |
| R3 | Serial 2/0 | 192.168.2.2/30 | |
| | Serial 4/0 | 192.168.3.2/30 | |
| | Fa 0/1 | 192.168.6.2/24 | |
| PC1 | | 192.168.5.1/24 | 192.168.5.2 |
| PC2 | | 192.168.4.1/24 | 192.168.4.2 |
| PC3 | | 192.168.6.1/24 | 192.168.6.2 |

**2. 实施步骤**

(1) 根据实训拓扑结构图进行路由器、计算机的线缆连接，配置 PC1、PC2、PC3 的 IP 地址。

(2) 使用计算机 Windows 操作系统的"超级终端"组件程序通过串口连接到路由器的配置界面，其中超级终端串口的属性设置还原为默认值(每秒位数为"9600"，数据位为"8"，奇偶校验为"无"，数据流控制为"无")。

(3) 超级终端登录到路由器，分别进行 RIP 和 OSPF 配置。

⇨ 提示：RIP 和 OSPF 应分别进行配置和验证，不要同时进行。

(4) R1 上 RIP 主要配置清单如下：

```
初始化配置：
Ruijie>enable
Ruijie#configure terminal
Ruijie(config)#hostname R1
接口地址配置：
R1 (config)#interface fastEthernet 0/0
R1 (config-if-FastEthernet 0/0)#ip address 192.168.4.1 255.255.255.0
R1 (config-if-FastEthernet 0/0)#no shutdown
R1 (config-if-FastEthernet 0/0)#exit
R1 (config)#interface serial 4/0
```

R1 (config-if-Serial 4/0)#ip address 192.168.1.1 255.255.255.252

R1 (config-if-Serial 4/0)#no shutdown

R1 (config-if-Serial 4/0)#clock rate 64000     //设置时钟频率

R1 (config)#interface serial 2/0

R1 (config-if-Serial 2/0)#ip address 192.168.2.1 255.255.255.252

R1 (config-if-Serial 2/0)#no shutdown

R1 (config-if-Serial 2/0)#clock rate 64000

RIP 配置：

R1 (config)#router rip                                    //启动 RIP 协议

R1(config-router)#network 192.168.5.0               //发布参与 RIP 的网络号

R1(config-router)#network 192.168.1.0               //发布参与 RIP 的网络号

R1(config-router)#network 192.168.3.0               //发布参与 RIP 的网络号

R2 上 RIP 主要配置清单如下：

初始化配置：

Ruijie>enable

Ruijie#configure terminal

Ruijie(config)#hostname R2

接口地址配置：

R2 (config)#interface fastEthernet 0/0

R2 (config-if-FastEthernet 0/0)#ip address 192.168.5.1 255.255.255.0

R2 (config-if-FastEthernet 0/0)#no shutdown

R2 (config-if-FastEthernet 0/0)#exit

R2 (config)#interface serial 4/0

R2 (config-if-Serial 4/0)#ip address 192.168.1.2 255.255.255.252

R2 (config-if-Serial 4/0)#no shutdown

R2 (config)#interface serial 2/0

R2 (config-if-Serial 2/0)#ip address 192.168.3.1 255.255.255.252

R2 (config-if-Serial 2/0)#no shutdown

R2 (config-if-Serial 2/0)#clock rate 64000         //设置时钟频率

RIP 配置：

R2 (config)#router rip    //启动 RIP 协议

R2(config-router)#network 192.168.2.0

R2(config-router)#network 192.168.1.0

R2(config-router)#network 192.168.4.0

R3 上 RIP 主要配置清单如下：

初始化配置：

Ruijie>enable

```
Ruijie#configure terminal
Ruijie(config)#hostname R3
接口地址配置：
R3 (config)#interface fastEthernet 0/0
R3 (config-if-FastEthernet 0/0)#ip address 192.168.6.1 255.255.255.0
R3 (config-if-FastEthernet 0/0)#no shutdown
R3 (config-if-FastEthernet 0/0)#exit
R3 (config)#interface serial 4/0
R3 (config-if-Serial 4/0)#ip address 192.168.3.2 255.255.255.252
R3 (config-if-Serial 4/0)#no shutdown
R3 (config)#interface serial 2/0
R3 (config-if-Serial 2/0)#ip address 192.168.2.2 255.255.255.252
R3 (config-if-Serial 2/0)#no shutdown
RIP 配置：
R3 (config)#router rip   //启动 RIP 协议
R3(config-router)#network 192.168.6.0
R3(config-router)#network 192.168.2.0
R3(config-router)#network 192.168.3.0
```

(5) 验证 3 台路由器 RIP 协议能正常通信，各台 PC 能互相 ping 通。

(6) 在各台路由器上关闭 RIP 协议的主要配置清单如下：

```
R1 (config)#no router rip    //关闭 R1 的 RIP 协议
R2(config)#no router rip     //关闭 R2 的 RIP 协议
R3(config)#no router rip     //关闭 R3 的 RIP 协议
```

(7) 分别在 3 台路由器上重新配置 OSPF，R1 上 OSPF 主要配置清单如下(网络拓扑与地址规划与 RIP 一致，略去初始化配置和接口地址配置，只保留 OSPF 配置)：

```
OSPF 配置：
R1 (config)# router ospf 1                                //启动 OSPF 协议
R1(config-router)#network 192.168.3.0 0.0.0.255 area 0    //发布参与 OSPF 的子网和区域号
R1(config-router)#network 192.168.1.0 0.0.0.255 area 0    //发布参与 OSPF 的子网和区域号
R1(config-router)#network 192.168.5.0 0.0.0.255 area 0    //发布参与 OSPF 的子网和区域号
```

R2 上 OSPF 主要配置清单如下：

```
OSPF 配置：
R2 (config)# router ospf 1
R2(config-router)#network 192.168.1.0 0.0.0.255 area 0
R2(config-router)#network 192.168.4.0 0.0.0.255 area 0
R2(config-router)#network 192.168.2.0 0.0.0.255 area 0
```

R3 上 OSPF 主要配置清单如下：

```
OSPF 配置：
R3 (config)# router ospf 1
R3(config-router)#network 192.168.6.0 0.0.0.255 area 0
R3(config-router)#network 192.168.2.0 0.0.0.255 area 0
R3(config-router)#network 192.168.3.0 0.0.0.255 area 0
```

## 六、任务验收

### 1. 设备验收

根据实训拓扑结构图检查路由器、计算机的线缆连接，检查 PC1、PC2、PC3 的 IP 地址。

### 2. 配置验收

(1) 查看 RIP 路由信息。主要信息如下：

```
R1#show ip route
 192.168.1.0/30 is subnetted, 1 subnets
C        192.168.1.0 is directly connected, Serial0/0/0
     192.168.2.0/30 is subnetted, 1 subnets
C        192.168.2.0 is directly connected, Serial0/0/1
R     192.168.3.0/24 [120/1] via 192.168.1.2, 00:00:11, Serial0/0/0
                     [120/1] via 192.168.2.2, 00:00:22, Serial0/0/1
C     192.168.4.0/24 is directly connected, FastEthernet0/0
R     192.168.5.0/24 [120/1] via 192.168.1.2, 00:00:11, Serial0/0/0
R     192.168.6.0/24 [120/1] via 192.168.2.2, 00:00:22, Serial0/0/1
```

(2) 查看 OSPF 路由信息。主要信息如下：

```
R1#show ip route
    192.168.1.0/30 is subnetted, 1 subnets
C        192.168.1.0 is directly connected, Serial0/0/0
     192.168.2.0/30 is subnetted, 1 subnets
C        192.168.2.0 is directly connected, Serial0/0/1
     192.168.3.0/30 is subnetted, 1 subnets
O        192.168.3.0 [110/128] via 192.168.1.2, 00:01:57, Serial0/0/0
                     [110/128] via 192.168.2.2, 00:00:06, Serial0/0/1
C     192.168.4.0/24 is directly connected, FastEthernet0/0
O     192.168.5.0/24 [110/65] via 192.168.1.2, 00:02:12, Serial0/0/0
O     192.168.6.0/24 [110/65] via 192.168.2.2, 00:00:21, Serial0/0/1
```

(3) 查看配置信息。

在特权模式下运行 show running-config 查看路由器当前配置信息。

### 3. 功能验收

(1) RIP 路由。

在 PC1 上运行 ping 命令检查与 PC2、PC3 的连通情况，根据实训拓扑结构图和配置，PC1、PC2、PC3 之间均能 ping 通。

(2) OSPF 路由。

在 PC1 上运行 ping 命令检查与 PC2、PC3 的连通情况，根据实训拓扑结构图和配置，PC1、PC2、PC3 之间均能 ping 通。

## 七、任务总结

针对某集团公司广域网互联网络的建设任务进行了动态路由协议 RIP 和 OSPF 基本配置等方面的实训。

<br>

## 任务三　公司安全互连

## 一、任务描述

某公司的财务部、总经理办公室、市场部分别位于不同的地点，各部门使用光纤或专线通过路由器进行连接。财务部建立了 WWW 服务器和 FTP 服务器。公司从安全考虑要求市场部只能访问财务部的 WWW 服务器而不能访问 FTP 服务器，总经理办公室可以访问财务部的所有资源。

## 二、任务目标

**目标**：针对该公司网络互连安全进行规划并实施。

**目的**：通过本任务进行路由器的访问控制列表(ACL)配置，以帮助读者在深入了解路由器的基础上，具备利用 ACL 技术提高网络安全性的能力。

## 三、需求分析

### 1. 任务需求

该公司的总经理办公室、市场部、财务部分别位于三个不同的办公区并通过路由器连接。要求市场部只能访问财务部的 WWW 服务器不能访问 FTP 服务器，总经理办公室能访问财务部的所有资源。

### 2. 需求分析

需求 1：市场部可以访问 WWW 服务器，不能访问 FTP 服务器。

分析 1：利用访问控制技术拒绝市场部访问财务部的 FTP 服务器。

需求 2：总经理办公室拥有对财务部的所有访问权限。

分析 2：利用访问控制技术允许总经理办公室访问。

根据上述需求，公司办公区的网络结构如图 4-9 所示。

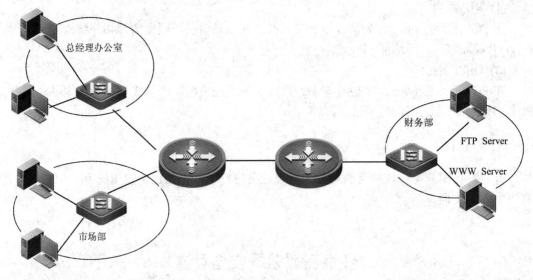

图 4-9　公司办公区的网络结构

## 四、知识链接

### 1. 访问控制列表(ACL)技术

访问控制是网络安全防范和保护的主要策略，它的主要任务是保证网络资源不被非法使用和访问，是保证网络安全最重要的核心策略之一。访问控制涉及的技术也比较广，包括入网访问控制、网络权限控制、目录级控制以及属性控制等多种手段。

ACL 技术在路由器中被广泛采用，它是一种基于包过滤的流控制技术。标准访问控制列表通过把源地址、目的地址及端口号作为数据包检查的基本元素，并可以规定符合条件的数据包是否允许通过。ACL 通常应用在企业的出口控制上，可以通过实施 ACL 有效地部署企业网络出网策略。随着局域网内部网络资源的增加，一些企业已经开始使用 ACL 来控制对局域网内部资源的访问能力，进而来保障这些资源的安全性。

访问控制列表(ACL)是应用在路由器接口的指令列表。这些指令列表用来告诉路由器哪些数据包可以收、哪些数据包需要拒绝，至于数据包是被接收还是拒绝，可以由类似于源地址、目的地址、端口号等的特定指示条件来决定。访问控制列表从概念上来讲并不复杂，复杂的是对它的配置和使用。

使用 ACL 实现对数据报文的过滤、策略路由以及特殊流量的控制。一个 ACL 中可以包含一条或多条针对特定类型数据包的规则(ACE)，这些规则告诉路由器，对于与规则中规定的选择标准相匹配的数据包是允许还是拒绝通过。访问控制规则 ACE 根据以太网报文的某些字段来标识以太网报文，这些字段包括：

二层字段(Layer 2 fields)：48 位的源 MAC 地址、48 位的目的 MAC 地址。

三层字段(Layer 3 fields)：源 IP 地址字段(可以定义源 IP 地址或对应的子网)、目的 IP 地址字段(可以定义目的 IP 地址或对应的子网)。

四层字段(Layer 4 fields)：可以定义 TCP 的源端口和目的端口、UDP 的源端口和目的端口。

访问控制列表的类型主要有：

(1) 标准 IP 访问控制列表。一个标准 IP 访问控制列表匹配 IP 包中的源地址或源地址中的一部分，可对匹配的包采取拒绝或允许两个操作。编号范围 1～99 的访问控制列表是标准 IP 访问控制列表。

(2) 扩展 IP 访问控制列表。扩展 IP 访问控制列表比标准 IP 访问控制列表具有更多的匹配项，包括协议类型、源地址、目的地址、源端口、目的端口和 IP 优先级等。编号范围 100～199 的访问控制列表是扩展 IP 访问控制列表。

(3) 命名的 IP 访问控制列表。该列表是以列表名代替列表编号来定义 IP 访问控制列表的，同样包括标准和扩展两种列表，定义过滤的语句与编号方式中相似。

ACL 的应用规则如下：

(1) 每种协议(per protocol)一个 ACL：要控制接口上的访问或流量，必须为接口上启用的每种协议定义相应的 ACL。

(2) 每个方向(per direction)一个 ACL：一个 ACL 只能控制接口上一个方向的访问或流量。要控制入站流量和出站的访问或流量，必须分别定义两个 ACL。

(3) 每个接口(per interface)一个 ACL：一个 ACL 只能控制一个接口(例如快速以太网 Fa0/0)上的访问或流量。

**2. 配置命令**

在锐捷系列和 H3C 系列路由器上访问控制列表配置命令如表 4-7 所示。

表 4-7　ACL 配置命令

| 功　能 | 锐捷、Cisco 系列交换机 | | H3C 系列交换机 | |
|---|---|---|---|---|
| | 配置模式 | 基本命令 | 配置视图 | 基本命令 |
| 启用路由器 ACL 功能 | 不需要全局开启 | | 系统视图 | [H3C] firewall enable |
| 标准访问控制列表建立 | 全局配置模式 | ruijie(config)#ip access-list standard 1 | 系统视图 | [H3C] acl number 2000 |
| 建立扩展访问控制列表 | 全局配置模式 | ruijie(config)#ip access-list extended 100 | 系统视图 | [H3C] acl number 3000 |
| 创建一条允许标准 IP 访问规则 | 具体配置模式 | ruijie(config-std-nacl)#permit 192.168.10.0　0.0.0.255 | 配置视图 | [H3C-acl-basic-2000] rule permit source 192.168.10.0 0.0.0.255 |
| 创建一条允许扩展 IP 访问规则 | 具体配置模式 | ruijie(config-ext-nacl)#permit tcp 192.168.20.0　0.0.0.255 eq www any | 配置视图 | [H3C-acl-adv-3000] rule permit tcp source 192.168.20.0 0.0.0.255 destination any destination-port eq www |

续表

| 功　能 | 锐捷、Cisco 系列交换机 | | H3C 系列交换机 | |
|---|---|---|---|---|
| | 配置模式 | 基本命令 | 配置视图 | 基本命令 |
| 将一条访问控制列表运用到指定接口的出口方向 | 具体配置模式 | ruijie(config-if-Serial 4/0)#ip access-group 100 out | 配置视图 | [H3C-Ethernet1/1] firewall packet-filter 3000 outbound |
| 将一条访问控制列表运用到指定接口的入口方向 | 具体配置模式 | ruijie(config-if-Serial 4/0)#ip access-group 100 in | 配置视图 | [H3C-Ethernet1/1] firewall packet-filter 3000 inbound |

⇨ **提示**：每个 ACL 的末尾都会自动插入一条隐含的 deny 语句，因此在 ACL 里一定至少有一条"允许"的语句。

## 五、任务实施

### 1. 实施规划

◇ 实训拓扑结构

根据任务的需求与分析，实训的拓扑结构如图 4-10 所示，以 PC1、PC2、PC3 分别模拟公司的总经理办公室、市场部、财务部的计算机。

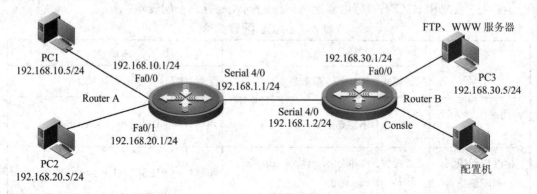

图 4-10　实训拓扑结构

◇ 实训设备

根据任务的需求和实训拓扑结构图，每个实训小组的实训设备配置建议如表 4-8 所示。

表 4-8　实训设备配置清单

| 类　型 | 型　号 | 数　量 |
|---|---|---|
| 路由器 | 锐捷 RG-RSR20 | 2 |
| 计算机 | PC，Windows 2003 | 4 |
| 双绞线 | RJ-45 | 若干 |
| 路由器V.35线 | DCE、DTE | 1 对 |

◇ IP 地址规划

根据需求分析本任务的 IP 地址规划如表 4-9 所示。

**表 4-9 IP 地址规划**

| 设备 | 接口 | IP 地址 | 网关 |
|---|---|---|---|
| PC1 | | 192.168.10.5/24 | 192.168.10.1 |
| PC2 | | 192.168.20.5/24 | 192.168.20.1 |
| PC3 | | 192.168.30.5/24 | 192.168.30.1 |
| RouterA | Fa 0/0 | 192.168.10.1/24 | |
| | Fa 0/1 | 192.168.20.1/24 | |
| | Serial 4/0 | 192.168.1.1/24 | |
| RouterB | Fa 0/0 | 192.168.30.1/24 | |
| | Serial 4/0 | 192.168.1.2/24 | |

**2. 实施步骤**

(1) 根据实训拓扑结构图进行交换机、计算机的线缆连接，配置 PC1、PC2、PC3 的 IP 地址。

(2) 使用计算机 Windows 操作系统的"超级终端"组件，通过串口连接到交换机的配置界面，其中超级终端串口的属性设置还原为默认值(每秒位数为"9600"，数据位为"8"，奇偶校验为"无"，数据流控制为"无")。

(3) 从超级终端登录到路由器，进行任务的相关配置。

(4) RouteA 主要配置清单如下：

```
初始化配置：
Ruijie>enable
Ruijie#configure terminal
Ruijie(config)#hostname routeA
接口地址配置：
routeA(config)#interface fastEthernet 0/0
routeA(config-if-FastEthernet 0/0)#ip address 192.168.10.1 255.255.255.0
routeA(config-if-FastEthernet 0/0)#no shutdown
routeA(config-if-FastEthernet 0/1)#ip address 192.168.20.1 255.255.255.0
routeA(config-if-FastEthernet 0/1)#no shutdown
routeA(config-if-FastEthernet 0/1)#exit
routeA(config)#interface serial 4/0
routeA(config-if-Serial 4/0)#ip address 192.168.1.1 255.255.255.0
routeA(config-if-Serial 4/0)#no shutdown
routeA(config-if-Serial 4/0)#clock rate 64000              //设置时钟频率
```

静态路由配置：

routeA(config)#ip route 192.168.30.0 255.255.255.0 192.168.1.2

ACL 配置：

routeA(config)#ip access-list extended 100 　　　　　　　//建立访问控制列表 100

routeA(config-ext-nacl)#deny tcp 192.168.20.0 0.0.0.255 eq ftp 192.168.30.0 0.0.0.255

　　　　　　　//禁止 192.168.20.0 网络内主机访问 192.168.30.0 网络内的 ftp 服务器

routeA(config-ext-nacl)#permit tcp 192.168.20.0 0.0.0.255 eq www 192.168.30.0 0.0.0.255

　　　　　　　//允许 192.168.20.0 网络内主机访问 192.168.30.0 网络内的 www 服务器

routeA(config-ext-nacl)#permit ip 192.168.10.0 0.0.0.255 any

　　　　　　　　　　//允许 192.168.10.0 网络内主机访问所有资源

routeA(config-ext-nacl)#exit

routeA(config-if-Serial 4/0)#ip access-group 100 out 　　　　//将访问控制列表应用于接口

routeA(config-ext-nacl)#end

routeA#write

(5) RouteB 主要配置清单如下：

初始化配置：

Ruijie>enable

Ruijie#configure terminal

Ruijie(config)#hostname routeB

routeB(config)#interface fastEthernet 0/0

routeB(config-if-FastEthernet 0/0)#ip address 192.168.30.1 255.255.255.0

routeB(config-if-FastEthernet 0/0)#no shutdown

routeB(config-if-FastEthernet 0/0)#exit

routeB(config)#interface serial 4/0

routeB(config-if-Serial 4/0)#ip address 192.168.1.2 255.255.255.0

routeB(config-if-Serial 4/0)#no shutdown

静态路由配置：

routeB(config)#ip route 0.0.0.0 0.0.0.0 192.168.1.1

routeB(config)#end

routeB#write

(6) WWW 与 FTP 服务器搭建。

此部分内容参考第 5 章数据中心实训 Web 服务器与 FTP 服务器搭建部分，此处略。

# 六、任务验收

## 1. 设备验收

根据实训拓扑结构图检查验收路由器、计算机的线缆连接，检查 PC1、PC2、PC3 的 IP 地址。

### 2. 配置验收

(1) 查看访问控制列表。主要信息如下：

```
routeA#show access-lists

ip access-list extended 100
  10 deny tcp 192.168.20.0 0.0.0.255 eq ftp 192.168.30.0 0.0.0.255
  20 permit tcp 192.168.20.0 0.0.0.255 eq www 192.168.30.0 0.0.0.255
  30 permit ip 192.168.10.0 0.0.0.255 any
```

(2) 查看配置信息。

在特权模式下运行 show running-config，查看路由器当前配置信息。

### 3. 功能验收

(1) 在 PC1 上通过浏览器输入 http://192.168.30.5 与 ftp://192.168.30.5，均可以正常访问。

(2) 在 PC2 上通过浏览器输入 http://192.168.30.5 可以访问，但输入 ftp://192.168.30.5 则不能访问。

## 七、任务总结

针对某公司办公区网络的改造任务进行了路由器访问控制列表 ACL 的配置实训。

# 任务四　公司接入互联网

## 一、任务描述

某公司拥有一个互联网出口，全公司员工需要利用这个出口访问互联网，并能让互联网用户访问公司内部的 Web 服务器。

## 二、任务目标

**目标：** 针对某公司的网络接入互联网需求进行规划并实施。

**目的：** 通过本任务进行网络地址转换(NAT)配置的实训，以帮助读者掌握 NAT 技术，了解路由器的配置方法，具备实施 NAT 的能力。

## 三、需求分析

### 1. 任务需求

公司办公区租用了一条互联网商务光纤，只有 1 个互联网 IP 地址。各部门内部计算机都要能通过一台路由器访问互联网，同时公司拥有的一台内部 Web 服务器允许互联网用户能访问。

### 2. 需求分析

需求 1：各部门内部计算机能访问互联网。

分析 1：利用路由器进行 NAT 地址转让内部私有 IP 地址转换为互联网 IP 地址。

需求 2：外网用户能访问公司内部的 Web 服务器。

分析 2：利用路由器让内部私有 IP 与互联网 IP 地址之间建立静态地址转换和端口转换。

根据上述需求，组建公司接入互联网的网络结构如图 4-11 所示。

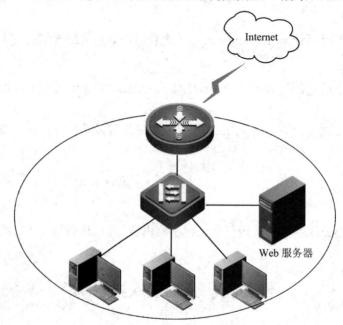

图 4-11 公司接入互联网的结构

## 四、知识链接

### 1. NAT

随着接入 Internet 的计算机数量的不断猛增，互联网 IP 地址资源也就愈加显得捉襟见肘。事实上，目前除了中国教育和科研计算机网(CERNET)外，一般用户几乎申请不到整段的 C 类 IP 地址。在其他 ISP 那里，即使是拥有几百台计算机的大型局域网用户，当他们申请 IP 地址时，所分配的地址也只有几个或十几个。显然，这样少的 IP 地址根本无法满足网络用户的需求，于是就产生了 NAT 技术。

NAT(Network Address Translation，网络地址转换)是将 IP 数据报报头中的 IP 地址转换为另一个 IP 地址的过程。在实际应用中，NAT 主要用于实现私有网络访问公共网络的功能。这种通过使用少量的公有 IP 地址代表较多的私有 IP 地址的方式，被广泛应用于各种类型 Internet 接入方式和各种类型的网络中。NAT 不仅解决了 IP 地址不足的问题，而且还能够有效地避免来自网络外部的攻击，隐藏并保护网络内部的计算机，在局域网中处于非常重要的地位。NAT 的实现方式有三种，即静态转换(Static Nat)、动态转换(Dynamic Nat)和端口多路复用(Port address Translation，PAT)。

(1) 静态转换。静态转换是指将内部网络的私有 IP 地址转换为公有 IP 地址，IP 地址对是一对一的，是一成不变的，某个私有 IP 地址只转换为某个公有 IP 地址。借助于静态转换，可以实现外部网络对内部网络中某些特定设备(如服务器)的访问。

(2) 动态转换。动态转换是指将内部网络的私有 IP 地址转换为公用 IP 地址时，IP 地址是不确定的，是随机的，所有被授权访问 Internet 的私有 IP 地址可随机转换为任何指定的合法 IP 地址。也就是说，只要指定哪些内部地址可以进行转换，以及用哪些合法地址作为外部地址时，就可以进行动态转换。动态转换可以使用多个合法外部地址集。当 ISP 提供的合法 IP 地址略少于网络内部的计算机数量时，可以采用动态转换的方式。

(3) 端口多路复用。端口多路复用是指改变外出数据包的源端口并进行端口转换，即端口地址转换。采用端口多路复用方式，内部网络的所有主机均可共享一个合法外部 IP 地址实现对 Internet 的访问，从而可以最大限度地节约 IP 地址资源；同时，又可隐藏网络内部的所有主机，有效避免来自 Internet 的攻击。因此，目前网络中应用最多的就是端口多路复用方式。

下面以图 4-12 中局域网内计算机 B 对互联网网站服务器的访问过程来说明 PAT 的工作过程。

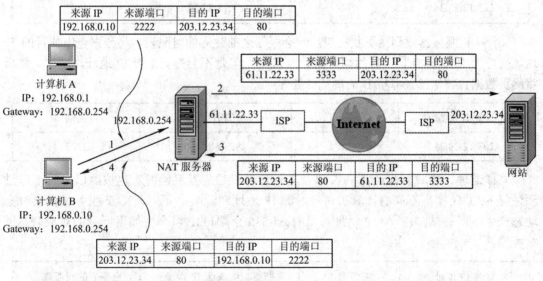

图 4-12　PAT 工作过程

假设计算机 B 的浏览器客户端端口为 2222，而网站服务器的端口默认为 80。

① 计算机 B 将访问网站的数据包传给 NAT 服务器(通常是路由器)，此数据包包头的来源 IP 地址为 192.168.0.10，端口为 2222；目的 IP 地址为 203.12.23.34，目的端口为 80。

| 来源 IP 地址 | 来源端口 | 目的 IP 地址 | 目的端口 |
| --- | --- | --- | --- |
| 192.168.0.10 | 2222 | 203.12.23.34 | 80 |

② NAT 服务器收到数据包后，会将数据包包头内的来源 IP 地址与端口改变成 NAT 服务器的 IP 地址与端口，IP 地址是 NAT 服务器的互联网 IP，端口是动态产生的，假设是 3333。NAT 不会改变数据包的目的 IP 地址与端口。

| 来源 IP 地址 | 来源端口 | 目的 IP 地址 | 目的端口 |
| --- | --- | --- | --- |
| 61.11.22.33 | 3333 | 203.12.23.34 | 80 |

同时，NAT 会建立一个如下所示的对应表，以便后面可以按照此表进行对照，这个对照表被称为"NAT Table"。

| 来源 IP 地址 | 来源端口 | 变更后的来源 IP 地址 | 变更后的来源端口 |
| --- | --- | --- | --- |
| 192.168.0.10 | 2222 | 61.11.22.33 | 3333 |

③ 网站服务器收到访问网站的数据包后，会根据数据包内的来源 IP 地址与端口将所需网页内容传送给 NAT 服务器。所传送网页的数据包中的来源 IP 地址为 203.12.23.34，端口为 80；目的 IP 地址为 61.11.22.33，端口为 3333。

| 来源 IP 地址 | 来源端口 | 目的 IP 地址 | 目的端口 |
| --- | --- | --- | --- |
| 203.12.23.34 | 80 | 61.11.22.33 | 3333 |

④ NAT 服务器收到网页数据包后，会根据之前建立的对照表，将数据包中的目的 IP 地址变更为 192.168.0.10，目的端口变更为 2222，但是不会变更来源 IP 地址与端口。然后将网页数据包传送给计算机 B 的浏览器处理。

| 来源 IP 地址 | 来源端口 | 目的 IP 地址 | 目的端口 |
| --- | --- | --- | --- |
| 203.12.23.34 | 80 | 192.168.0.10 | 2222 |

同样道理，局域网内计算机 A 以及其他计算机访问互联网时，也按照以上的工作过程进行 NAT 转换，不同的计算机访问时源 IP 地址和源端口不同，NAT 服务器转换时会动态产生不同的端口(一个 IP 地址可具有 65 535 个端口)，以产生如下所示的对应表，以此类推。

| 来源 IP 地址 | 来源端口 | 变更后的来源 IP 地址 | 变更后的来源端口 |
| --- | --- | --- | --- |
| 192.168.0.1 | 1122 | 61.11.22.33 | 3333 |
| 192.168.0.2 | 2233 | 61.11.22.33 | 3344 |
| 192.168.0.2 | 2244 | 61.11.22.33 | 4444 |

## 2. NAT 配置命令

表 4-10 列出了一些与 NAT 相关的路由器命令和格式。

表 4-10 NAT 配置基本命令和格式

| 功 能 | 锐捷(或 Cisco)系列路由器 | | H3C 系列路由器 | |
|---|---|---|---|---|
| | 配置模式 | 基本命令 | 配置视图 | 基本命令 |
| 设置 NAT 地址转换池 | 全局配置模式 | Ruijie(config)#ip nat pool test 182.151.230.1 182.151.230.1 netmask 255.255.255.252 | 系统视图 | [H3C] nat address-group 182.151.230.1 182.151.230.1 pool test |
| 添加控制列表 | 全局配置模式 | — | 系统视图 | [H3C] acl 1 |
| 在控制列表中设置 NAT 地址转换规则 | 全局配置模式 | Ruijie(config)#access-list 1 permit 192.168.1.0  0.0.0.255 | Acl 列表视图 | [H3C-acl-1] rule permit source 192.168.1.0 0.0.0.255 [H3C-acl-1]rule deny source any |
| 配置将 ACL1 允许的源地址转换成 Test 中的地址 | 全局配置模式 | Ruijie(config)#ip nat inside source list 1 pool test overload | 接口视图 | [H3C-Serial0] nat outbound 1 address-group pool test |
| 配置将 Web Server 的内部地址和路由器的外部地址建立映射关系 | 全局配置模式 | Ruijie(config)#Ip nat inside source static tcp 192.168.1.1 80 182.151.230.1 80 | 接口视图 | [H3C-Serial0] nat server global 182.151.230.1 inside 192.168.1.1 www tcp |
| 定义内部接口 | 接口配置模式 | Ruijie(config-if-FastEthernet 0/0)# ip nat inside | — | — |
| 定义外部接口 | 接口配置模式 | Ruijie(config-if-FastEthernet 0/1)# ip nat outside | — | — |

## 五、任务实施

### 1. 实施规划

◇ 实训拓扑结构

根据任务的需求与分析，实训的拓扑结构如图 4-13 所示，以 PC1、PC2 模拟公司客户端计算机，PC3 模拟互联网计算机，Web Server 为公司 Web 服务器。

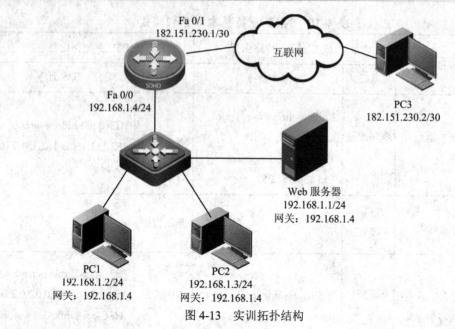

图 4-13 实训拓扑结构

◇ 实训设备

根据任务的需求和实训拓扑结构图，每个实训小组的实训设备配置建议如表 4-11 所示。

表 4-11 实训设备配置清单

| 类 型 | 型 号 | 数 量 |
|---|---|---|
| 路由器 | 锐捷 RG-RSR20 | 1 |
| 交换机 | 锐捷 RG-S2328G | 1 |
| 计算机 | PC，Windows XP | 4 |
| 双绞线 | RJ-45 | 5 |

◇ IP 地址规划

IP 地址规划应充分考虑可实施性，根据需求分析本任务的 IP 地址规划如表 4-12 所示。

表 4-12 IP 地址规划

| 设备 | 接口 | IP 地址 | 网关 |
|---|---|---|---|
| Web Server | | 192.168.1.1/24 | 192.168.1.4 |
| PC1 | | 192.168.1.2/24 | 192.168.1.4 |
| PC2 | | 192.168.1.3/24 | 192.168.1.4 |
| PC3 | | 182.151.230.2/30 | |
| Router | Fa 0/0 | 192.168.1.4/24 | |
| | Fa 0/1 | 182.151.230.1/30 | |

### 2. 实施步骤

(1) 根据实训拓扑结构图进行路由器、计算机的线缆连接，配置 PC1、PC2、Web Server 的 IP 地址。配置 Web Server 作为 Web 服务器并添加首页内容。

(2) 使用计算机 Windows 操作系统的"超级终端"组件程序通过串口连接到路由器的配置界面，其中超级终端串口的属性设置还原为默认值(每秒位数为"9600"，数据位为"8"，奇偶校验为"无"，数据流控制为"无")。

(3) 从超级终端登录到交换机，进入用户模式界面，练习 NAT 的主要命令。

(4) 路由器基本配置清单如下：

```
Ruijie>
Ruijie>enable
Ruijie#configure terminal
Ruijie(config)#interface fastEthernet 0/0
Ruijie(config-if-FastEthernet0/0)#ip address 192.168.1.4 255.255.255.0
Ruijie(config-if-FastEthernet 0/0)#no shutdown
Ruijie(config-if-FastEthernet 0/0)#exit
Ruijie(config)#interface fastEthernet 0/1
Ruijie(config-if-FastEthernet0/1)#ip address 182.151.230.1 255.255.255.252
Ruijie(config-if-FastEthernet 0/1)#no shutdown
Ruijie(config-if-FastEthernet 0/1)#exit
Ruijie(config)#access-list 1 permit 192.168.1.0 0.0.0.255        //创建 ACL 控制列表 1
Ruijie(config)#ip nat pool test 182.151.230.1 182.151.230.1 netmask 255.255.255.252
                                                    //创建 nat 转换地址池
Ruijie(config)#ip nat inside source list 1 pool test overload
                        //配置将 ACL1 允许的源地址转换成 test 地址池中的地址
Ruijie(config)#ip nat inside source static tcp 192.168.1.1 80 182.151.230.1 80
                    //配置 Web Server 的内部地址和路由器的外部地址建立映射关系
Ruijie(config)#interface fastEthernet 0/0
Ruijie(config-if-FastEthernet 0/0)# ip nat inside          //定义 f0/0 为内部接口
Ruijie(config-if-FastEthernet 0/0)# exit
Ruijie(config)#interface fastEthernet 0/1
Ruijie(config-if-FastEthernet 0/1)# ip nat outside        //定义 f0/1 为外部接口
Ruijie#write
```

## 六、任务验收

### 1. 设备验收

根据实训拓扑结构图检查路由器、交换机、计算机的线缆连接，检查 PC1、PC2、PC3、Web Server 的 IP 地址。

### 2. 配置验收

(1) 查看 NAT 地址转换表信息。主要信息如下：

```
Ruijie#show ip nat translations
Pro   Inside global        Inside local       Outside local       Outside global
tcp 182.151.230.1:80       192.168.1.1:80     ---                 ---
tcp 182.151.230.1:80       192.168.1.1:80     182.151.230.1:1026  182.151.230.1:1026
tcp 182.151.230.1:80       192.168.1.1:80     182.151.230.1:1027  182.151.230.1:1027
```

(2) 查看配置信息。

在特权模式下运行 show running-config，查看路由器当前配置信息。

### 3. 功能验收

(1) 内到外 NAT 功能。

在 PC1、PC2 上运行 ping 命令，检查与 PC3 的连通情况，根据实训拓扑结构图和配置，PC1、PC2 能 ping 通 PC3。

(2) 外到内 NAT 功能。

在模拟公网的 PC3 上访问 http://182.151.230.1，如能显示 Web Server 上提供的 Web 页面，则证明地址映射成功。

## 七、任务总结

针对某公司接入互联网的建设任务进行了路由器 NAT 基础配置等方面的实训。

### ⊠ 教学目标

通过企业数据中心信息服务组建的案例，以各实训任务的内容和需求为背景，以完成企业数据中心的各种服务为实训目标，通过任务方式模拟企业数据中心信息服务的典型应用和实施过程，以帮助学生理解企业数据中心信息服务中所用技术，具备企业数据中心信息服务的实施和组建能力。

### ⊠ 教学要求

本章各环节的关联知识与对学生的能力要求见下表：

| 任 务 要 点 | 能 力 要 求 | 关 联 知 识 |
|---|---|---|
| 公司网络参数规划与实施 | (1) 掌握 DHCP 服务器搭建；<br>(2) 了解交换机 DHCP 代理配置 | (1) 服务器技术；<br>(2) DHCP 作用域；<br>(3) DHCP 中继代理 |
| 公司 DNS 域名实施 | (1) 掌握主 DNS 服务器的安装配置；<br>(2) 了解辅助 DNS 服务器、委派 DNS 服务器的配置 | (1) 域名系统(DNS)；<br>(2) DNS 服务器 |
| 公司网站组建 | (1) 掌握 Web 服务器的安装配置；<br>(2) 了解 FTP 服务器的配置 | (1) Web 服务；<br>(2) FTP 服务；<br>(3) IIS 服务 |
| 科技公司网络存储实现 | (1) 了解存储技术；<br>(2) 了解 Openfiler 存储软件的安装和配置 | (1) 硬盘技术；<br>(2) RAID 磁盘阵列技术；<br>(3) 存储连接技术 |

### ⊠ 重点难点

➢ DHCP 服务器搭建；

➢ 交换机 DHCP 代理配置；

➢ 主 DNS 服务器的安装配置；

➢ 辅助 DNS 服务器、委派 DNS 服务器的配置；

➢ Web 服务器的安装配置；

➢ FTP 服务器的配置；

➢ Openfiler 存储软件的安装和配置。

## 任务一  公司网络参数规划与实施

### 一、任务描述

某网络公司已经组建了局域网，按照不同部门进行区域划分，每个部门的计算机接入公司网络后即可访问公司资源和互相通信，需要能够方便地分配和管理公司的网络参数，并利于以后公司网络规模的扩展。

### 二、任务目标

**目标：**针对某公司局域网进行不同部门的区域划分，各部门的计算机能自动获得网络参数后可访问公司资源和互相通信。

**目的：**通过本任务进行子网规划、DHCP 服务器基础配置、三层交换机 DHCP 中继代理配置的实训，以帮助读者掌握子网规划配置、DHCP 服务器搭建的方法，了解 DHCP 代理配置的方法，使读者初步具备规划和实施企业网络应用的能力。

### 三、需求分析

#### 1. 务需求

公司办公区共有 4 个部门，分别是办公室、后勤部、技术部、网络部，每个部门都配置了不同数量的计算机，各部门的计算机需进行区域划分，接入公司网络后能自动获得网络参数后可访问公司资源和互相通信。

#### 2. 需求分析

需求 1：针对公司局域网进行不同部门的区域划分。

分析 1：根据各部门计算机数量进行子网和 IP 地址规划和划分，配置交换机 VLAN。

需求 2：各部门计算机接入公司网络后即可访问公司资源。

分析 2：从公司的服务器上能自动获得相应的 IP 地址以及相关参数，配置 DHCP 服务器和 DHCP 中继代理。

### 四、知识链接

#### 1. 数据中心

数据中心(Data Center)是企业或机构内部以及企业或机构之间实现信息集中管理与共享，提供信息服务与决策支持的平台。如今，无论是企业、研究院校、大型超市、各级政府机构或是跨国集团，都设立了不同类型的数据中心。数据中心几乎已经渗透到全球的每一个角落，其名称可能有所不同，如计算中心、计算机中心、信息中心等；其规模也可大可小，如部门级数据中心、企业级数据中心或是全球性的互联网数据中心。

#### 2. 服务器技术

服务器是各种规模的数据中心中都需要使用的关键设备，直接为用户提供各种不同的网络应用服务，例如 Web 服务器、应用服务器和数据库服务器等。服务器是通过运行网络操作系统来控制和协调网络中各工作站的运行，处理和响应各工作站发出的各种网络操作请求，存储和管理网络中的各种软、硬件共享资源，如数据库、文件、应用程序、打印机等。服务器包含了许多普通 PC 所没有的技术，如 SMP(对称多处理器)、集群技术、RAID 技术、热插拔技术等，要求比一般的计算机运算速度更快、更安全、内存与硬盘容量更大等，以满足不同规模企业网络的需求。

服务器都需要安装和运行操作系统才能提供各种网络服务，是企业 IT 系统的基础架构平台，也是按应用领域划分的 3 类操作系统之一(另外两种分别是桌面操作系统和嵌入式操作系统)。服务器操作系统也可以安装在个人电脑上。相比个人版操作系统，在一个具体的网络中，服务器操作系统要承担额外的管理、配置、稳定、安全等功能，处于每个网络中的心脏部位。

服务器操作系统目前主要分为 Windows、UNIX、Linux 三大类。

Windows 是由微软公司开发的操作系统。Windows 是一个多任务的操作系统，采用 GUI 图形窗口界面，具有操作简便、功能全面等特点，是目前世界上使用最广泛的操作系统。目前主要的服务器版本有 Windows Server 2003、Windows Server 2008 和 Windows Server 2008 R2 等。

UNIX 是由 AT&T 公司和 SCO 公司共同推出的，是一个强大的多用户、多任务分时操作系统。它支持多种处理器架构，主要支持大型的文件系统服务、数据服务等应用。目前主要的 UNIX 服务器版本有 SCO Svr、BSD Unix、SUN Solaris、IBM-AIX、HP-U、FreeBSDX 等。

Linux 是 1991 年推出的一个多用户、多任务的操作系统，它与 UNIX 完全兼容。Linux 是在 UNIX 基础上开发的一个操作系统的内核程序，开发 Linux 是为了在 Intel 微处理器上更有效地运用。其后以 GNU 通用公共许可证发布，成为自由软件 UNIX 的变种。Linux 的最大的特点在于它是一个源代码公开的自由及开放源码的操作系统，其内核源代码可以自由传播。Linux 有各类发行版，通常为 GNU/Linux，如 Debian(及其衍生系统 Ubuntu、Linux Mint)、Fedora、openSUSE 等。Linux 发行版作为个人计算机操作系统或服务器操作系统，在服务器上已成为主流的操作系统。Linux 在嵌入式方面也得到了广泛应用，基于 Linux 内核的 Android 操作系统已经成为当今全球最流行的智能手机操作系统。

### 3. 动态主机配置协议(DHCP)

DHCP(Dynamic Host Configuration Protocol)即动态主机配置协议，它用来简化 IP 地址的配置，实现 IP 的集中式管理。DHCP 是一种 C/S 协议，该协议简化了客户机 IP 地址的配置和管理工作以及其他 TCP/IP 参数的分配，自动地向网络中的客户机分配 IP 地址和相关的 TCP/IP 的配置信息。基本上不需要网络管理人员的干预。

1) DHCP 工作原理

DHCP 工作原理见第 3 章任务三中的"知识链接"。

2) DHCP 作用域

DHCP 作用域是 DHCP 服务器为客户端计算机分配 IP 地址的重要功能，主要用于设置分配的 IP 地址范围、需要排除的 IP 地址、IP 地址租约期限等信息。必须创建作用域才能让 DHCP 服务器分配 IP 地址给 DHCP 客户端。

DHCP 服务器会根据接收到 DHCP 客户端租约请求的网络接口来决定哪个 DHCP 作用

域为 DHCP 客户端分配 IP 地址租约，决定的方式如下：DHCP 服务器将接收到租约请求的网络接口的主 IP 地址和 DHCP 作用域的子网掩码相与，如果得到的网络 ID 和 DHCP 作用域的网络 ID 一致，则使用此 DHCP 作用域来为 DHCP 客户端分配 IP 地址租约，如果没有匹配的 DHCP 作用域，则不对 DHCP 客户端的租约请求进行应答。

DHCP 作用域定义的 IP 地址范围是连续的，并且每个子网只能有一个作用域。如果想要使用单个子网内的不连续的 IP 地址范围，则必须先定义作用域，然后设置所需的排除范围。DHCP 作用域中为 DHCP 客户端分配的 IP 地址必须没有被其他主机所占用，否则必须对 DHCP 作用域设置排除选项，将已被其他主机使用的 IP 地址排除在此 DHCP 作用域之外。

每一个作用域具有以下属性：

(1) 租用给 DHCP 客户端的 IP 地址范围，可在其中设置排除选项，设置为排除的 IP 地址将不分配给 DHCP 客户端使用。

(2) 子网掩码，用于确定给定 IP 地址的子网，此选项创建作用域后无法修改。

(3) 创建作用域时指定的名称。

(4) 租约期限值，是分配给 DHCP 客户端的 IP 地址的使用期限。当客户机使用分配到的 IP 地址时间超过了此租期，服务器将收回分配给客户机的 IP 地址。

(5) DHCP 作用域选项，如 DNS 服务器、路由器 IP 地址和 WINS 服务器地址等。

(6) 保留(可选)，用于确保某个确定 MAC 地址的 DHCP 客户端总是能从此 DHCP 服务器获得相同的 IP 地址。

3) DHCP 中继代理(DHCP Relay Agent)

由于在 IP 地址动态获取过程中采用广播方式发送报文，而路由器会隔离广播，因此 DHCP 只适用于 DHCP 客户端和服务器处于同一个子网内的情况。默认情况下，一个物理子网中的 DHCP 服务器无法为其他物理子网中的 DHCP 客户端分配 IP 地址，如果要为多个网段进行动态主机配置，需要在所有网段上都设置一个 DHCP 服务器，这显然是很不经济的。为了使网络中所有的 DHCP 客户端都能获得 IP 地址租约，采用 DHCP Relay 代理可以去掉在每个物理的网段都要有 DHCP 服务器的必要，它可以传递消息到不在同一个物理子网的 DHCP 服务器，也可以将服务器的消息传回给不在同一个物理子网的 DHCP 客户机。跨子网的 DHCP 中继结构如图 5-1 所示。

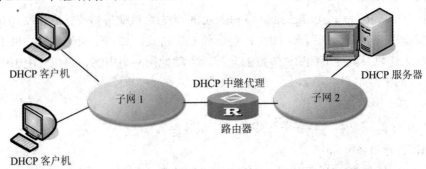

图 5-1  跨子网的 DHCP 中继结构

DHCP 中继的工作过程是修改 DHCP 消息中的相应字段，把 DHCP 的广播包改成单播包，并负责在服务器与客户机之间转换，如图 5-2 所示。DHCP 中继具体的工作过程如下：

(1) 具有 DHCP 中继功能的网络设备(通常是路由器)收到 DHCP 客户端以广播方式发

送的 DHCP-DISCOVER 或 DHCP-REQUEST 报文后，将报文中的 giaddr 字段填充为 DHCP 中继的 IP 地址，并根据配置将报文单播转发给指定的 DHCP 服务器。

(2) DHCP 服务器根据 giaddr 字段为客户端分配 IP 地址等参数，并通过 DHCP 中继将配置信息转发给客户端，完成对客户端的动态配置。

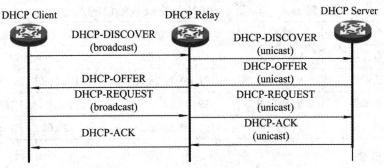

图 5-2　DHCP 中继代理工作过程

## 五、任务实施

### 1. 实施规划

◇ 实训拓扑结构

根据任务的需求与分析，实训的拓扑结构如图 5-3 所示，以 PC1、PC2 模拟公司办公室和后勤部的计算机，PC3 模拟网络部 DHCP 服务器。

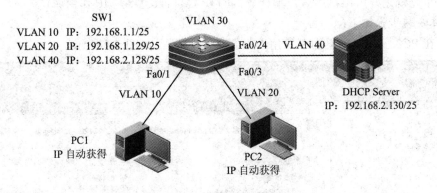

图 5-3　实训拓扑结构

◇ 实训设备

根据任务的需求和实训拓扑结构图，每个实训小组的实训设备配置建议如表 5-1 所示。

表 5-1　实训设备配置清单

| 类　型 | 型　号 | 数　量 |
|---|---|---|
| 交换机 | 锐捷 RG-S3760 | 1 |
| 计算机 | PC，Windows XP\Windows 7\Windows 10 | 2 |
| 服务器 | PC，Windows 2008R2 | 1 |
| 双绞线 | RJ-45 | 3 |

◇ IP 地址与 VLAN 规划

根据任务的需求和内容充分考虑可实施性，便于记忆和管理，并考虑未来可扩展性，交换机划分 4 个 VLAN，每个 VLAN 对应一个部门。各部门的 VLAN 与 IP 规划如表 5-2 所示。

表 5-2 各部门 VLAN 与交换机端口的规划

| 部 门 | VLAN | 子网 IP 地址段 | VLAN 接口地址 |
| --- | --- | --- | --- |
| 办公室 | VLAN 10 | 192.168.1.0/25 | 192.168.1.1/25 |
| 后勤部 | VLAN 20 | 192.168.1.128/25 | 192.168.1.129/25 |
| 技术部 | VLAN 30 | 192.168.2.0/25 | 192.168.2.1/25 |
| 网络部 | VLAN 40 | 192.168.2.128/25 | 192.168.2.129/25 |

**2. 实施步骤**

(1) 根据实训拓扑结构图进行交换机、计算机的线缆连接，配置 DHCPSERVER 的 IP 地址。

(2) 在安装 DHCP 服务器之前，请注意以下事项：

· 只有服务器等级的计算机(安装了服务器版操作系统的计算机)可以安装 DHCP 服务器，例如 Windows Server 2008，而 Windows 7、win 10 等客户端计算机无此功能。

· DHCP 服务器本身的 IP 地址必须是静态的，也就是其 IP 地址、子网掩码、默认网关等信息必须以手工的方式输入。

· 事先规划好可出租给客户端计算机的 IP 地址池(也就是 IP 作用域)。

具体安装步骤如下：

① 在 PC3 上，单击桌面左下角"服务器管理器"，如图 5-4 所示。

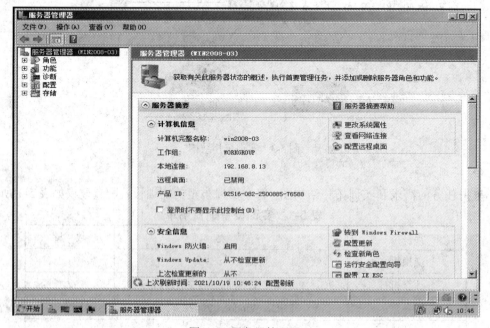

图 5-4 服务器管理器

② 双击"角色"按钮，然后单击"添加角色"按钮，打开"添加角色向导"对话框，如图 5-5 所示。

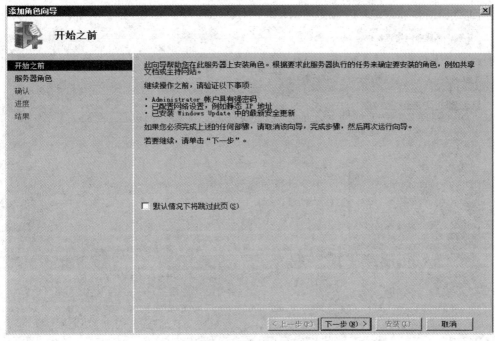

图 5-5　添加角色向导

③ 单击"下一步"按钮，打开"选择服务器角色"对话框，在服务器角色里，选中"DHCP 服务器"，如果图 5-6 所示。

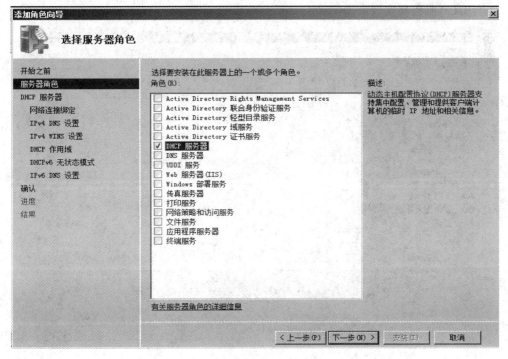

图 5-6　选中 DHCP 服务器

④ 连续单击两次"下一步"按钮，打开"选择网络连接绑定"对话框，勾选服务器 IP 地址，如图 5-7 所示。

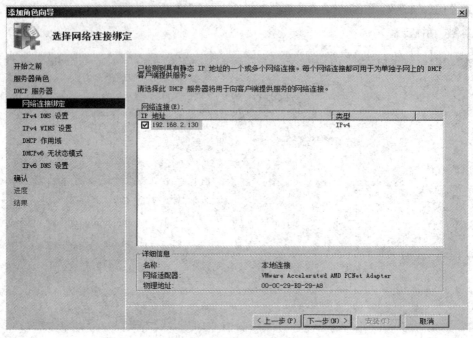

图 5-7　选择网络连接绑定

⑤ 连续多次单击"下一步"按钮，所打开的对话框均保持默认设置(后续再进行相关参数配置)，直到出现"安装"按钮处于激活状态的对话框，然后单击"安装"按钮，即开始进行 DHCP 服务器安装，如图 5-8 所示。

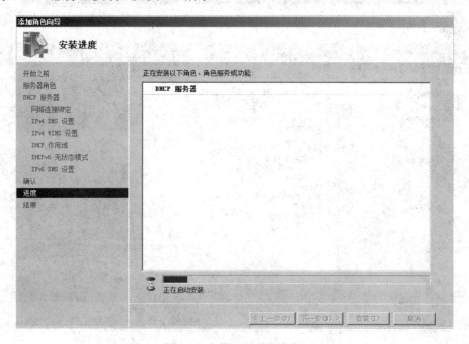

图 5-8　安装 DHCP 服务器

⑥ 安装完成以后单击"关闭"按钮，即完成 DHCP 服务器的安装，如图 5-9 所示。

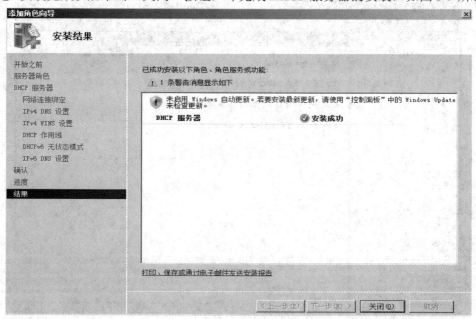

图 5-9　完成 DHCP 服务器安装

此时先关闭"服务器管理器"，再重新打开，让系统有一个初始化配置的过程。单击"角色"按钮，此时可以看到安装成功的 DHCP 服务器角色，如图 5-10 所示。

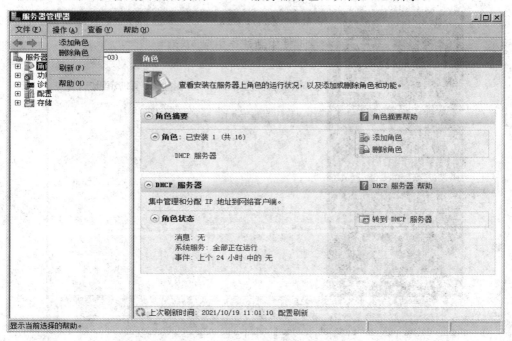

图 5-10　安装成功的 DHCP 服务器

(3) 创建 DHCP 作用域。

① DHCP 安装完成后，在左边列表中，依次单击"DHCP 服务器"、服务器名称、"IPv4"等按钮，依次展开 DHCP 服务器，如图 5-11 所示。

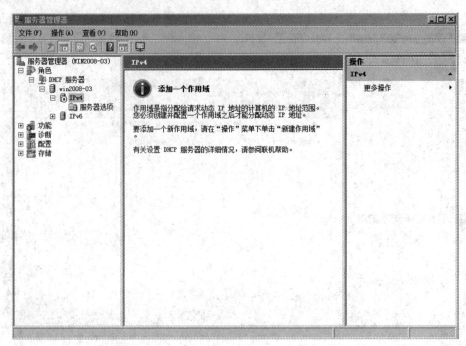

图 5-11　依次展开 DHCP 服务器

鼠标右键单击"IPv4"选项，弹出快捷菜单，选择"新建作用域"，此时将打开新建作用域的向导，如图 5-12 所示。

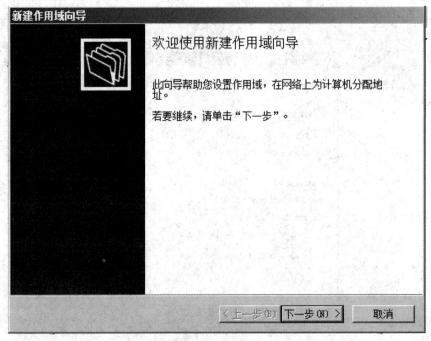

图 5-12　新建作用域向导

② 单击"下一步"按钮进入"作用域名"对话框，填写新建作用域的名称和说明文字。此名称和说明性文字并无特别要求，只是用于与其他作用域进行区分。此处，将作用域"名称"填成"办公室"，"描述"为"公司办公室"，如图 5-13 所示。

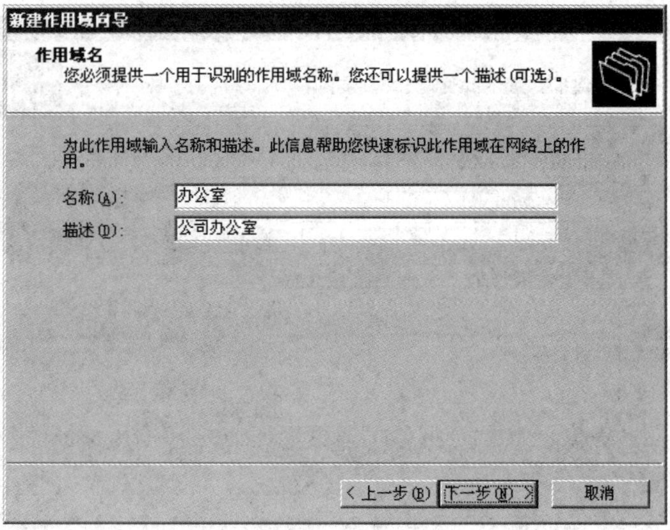

图 5-13　作用域名

③ 单击"下一步"按钮，进入"IP 地址范围"对话框，如图 5-14 所示。在此对话框中，将设置此 DHCP 作用域分配的 IP 地址范围和子网掩码。在"起始 IP 地址"文本框中填写该 IP 地址段的起始 IP 地址"192.168.1.1"；在"结束 IP 地址"文本框中填写该 IP 地址段的结束 IP 地址"192.168.1.126"；"子网掩码"设置成"255.255.255.128"；子网掩码"长度"自动设置为"25"。

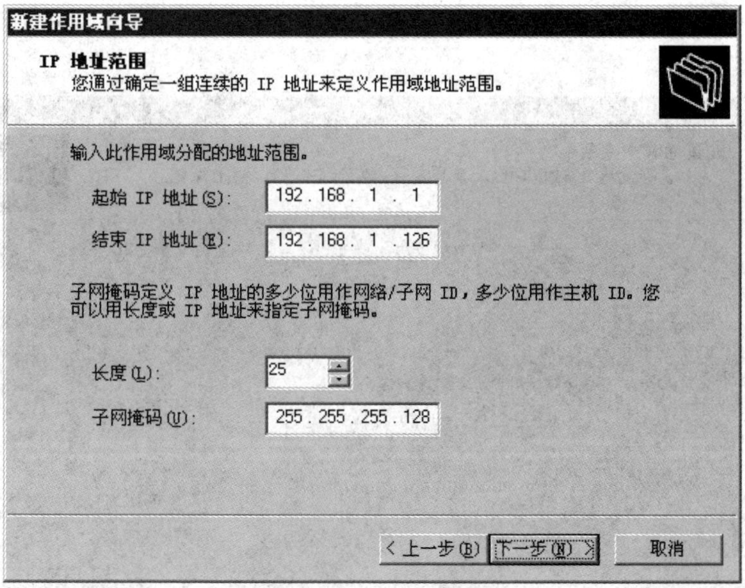

图 5-14　IP 地址范围

单击"下一步"按钮进入"添加排除"对话框，如图 5-15 所示。在此对话框中设置排除不用于自动分配的 IP 地址范围，在"起始 IP 地址"文本框中填写不用于分配的 IP 地址段的最开始的 IP 地址"192.168.1.1"；在"结束 IP 地址"文本框中填写不用于分配的 IP 段的最后一个 IP 地址"192.168.1.1"。填写完成后单击"添加"按钮，将在"排除的 IP 地址范围"项中生成一个 192.168.1.1～192.168.1.1 的 IP 地址段。

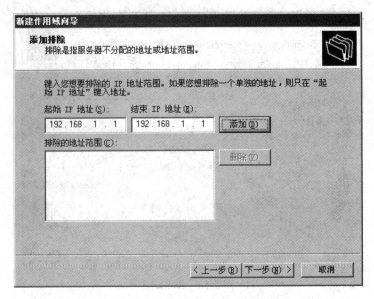

图 5-15　指定要排除的 IP 地址范围

④ 单击"下一步"按钮进入"IP 租期设置"对话框，默认为 8 天。

⑤ 单击"下一步"按钮进入"配置 DHCP 选项"对话框，如图 5-16 所示。在此对话框中将选择是否需要对客户机分配 DNS、路由器、WINS 等服务器的 IP 地址，在企业和大型网络中，特别是与因特网进行互联的网络，这些服务都是很重要的。在此选择"是，我想现在配置这些选项"；如果还未安装或设置 DNS、WINS 等服务器，选择"否，我想稍后配置这些选项"。

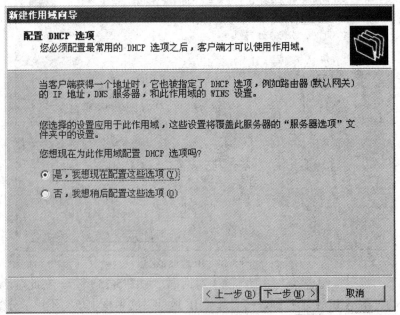

图 5-16　配置 DHCP 选项

⑥ 单击"下一步"按钮进入"路由器(默认网关)"对话框。在"IP 地址"文本框中填写路由器的 IP 地址"192.168.1.1"，填写完成后单击"添加"按钮，如图 5-17 所示。

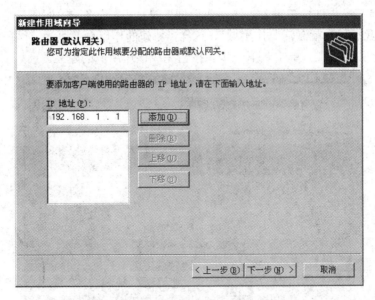

图 5-17　分配给客户端路由器的 IP 地址

　　⑦ 单击"下一步"按钮进入"域名称和 DNS 服务器"对话框，此处设置的域名和 DNS 服务器的地址将被分配给客户机。在"父域"文本框中填写 DNS 的父域名(参考 DNS 服务器配置实训)"practrain.com"；在"服务器名"文本框中填写 DNS 服务器的服务器名称(需要有 DNS 服务器的解析)"DNS"；在"IP 地址"文本框中填写 DNS 服务器的 IP 地址"192.168.2.130"。完成后单击"添加"按钮即可，如图 5-18 所示。

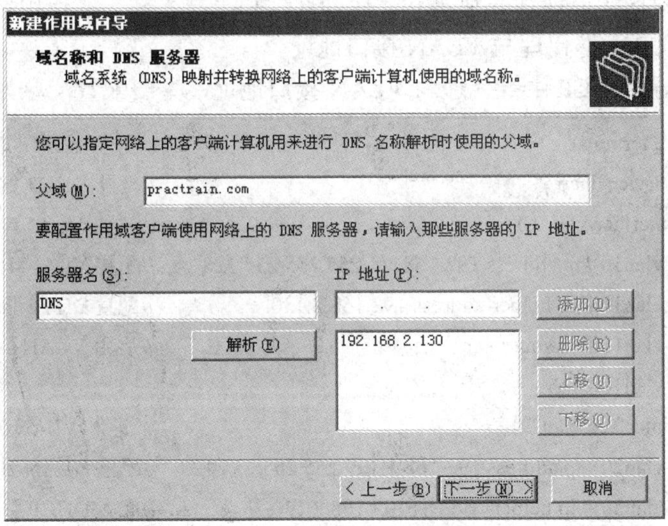

图 5-18　分配给客户端的 DNS 参数

　　⑧ 单击"下一步"按钮进入"WINS 服务器的设置"对话框。在此对话框中将设置分配给客户机的 WINS 服务器的地址和名称。在"服务器名称"这一项中填写此网络上的 WINS 服务器名称和 IP 地址。

　　⇨ **提示**：如果没有 WINS 服务器或不需要配置该选项请直接单击"下一步"按钮。

⑨ 单击"下一步"按钮进入"激活作用域"对话框，如图 5-19 所示。在此对话框中将选择"是，我想现在就激活此作用域"，这样，新建的作用域便可为该网段上的客户机分配 IP 地址等相关参数了。单击"下一步"按钮完成该作用域的建立。

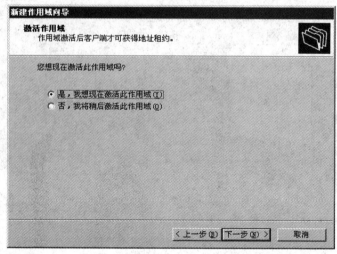

图 5-19 激活作用域

⇨ **提示**：在有活动目录的环境下，还需要对该 DHCP 服务器进行授权才能提供 DHCP 服务。

打开"管理工具"中的"DHCP 服务器管理"对话框，单击右键选择"新建作用域"，重复以上步骤，根据实训规划分别建立"后勤部"和"技术部"的作用域。

(4) 配置 DHCP 中继代理与 VLAN 接口地址。

在 SW1 上配置 DHCP 中继代理与 VLAN 接口地址，主要配置清单如下：

```
SW1 #configure terminal
SW1(config)#service dhcp                                    //打开 DHCP 服务和中继代理
SW1(config)#interface vlan 10                               //进入 VLAN 10 虚拟接口
SW1(config-if-vlan10)#ip address 192.168.1.1 255.255.255.128   //配置 VLAN 10 的 IP 地址
SW1(config-if-vlan10)# ip helper-address 192.168.2.130      //配置 DHCP 服务器的 IP 地址
SW1(config-if-vlan10)#no shutdown                           //启用 VLAN 10 虚拟接口
SW1(config-if-vlan10)#exit
SW1(config)# interface vlan 20                              //进入 VLAN 20 虚拟接口
SW1(config-if-vlan20)#ip address 192.168.1.129 255.255.255.128  //配置 VLAN 20 的 IP 地址
SW1(config-if-vlan20)# ip helper-address 192.168.2.130     //配置 DHCP 服务器的 IP 地址
SW1(config-if- vlan20)#no shutdown                         //启用 VLAN 20 虚拟接口
SW1(config-if-vlan 20)#exit
SW1(config)# interface vlan 30                             //进入 VLAN 30 虚拟接口
SW1(config-if- vlan20)#ip address 192.168.2.1 255.255.255.128   //配置 VLAN 30 的 IP 地址
SW1(config-if-vlan20)# ip helper-address 192.168.2.130    //配置 DHCP 服务器的 IP 地址
SW1(config-if-vlan20)#no shutdown                          //启用 VLAN30 虚拟接口
```

```
SW1(config-if-vlan 20)#exit
SW1(config)# interface vlan 40                                //进入 VLAN40 虚拟接口
SW1(config-if-vlan10)#ip address 192.168.2.129 255.255.255.128   //配置 VLAN40 的 IP 地址
SW1(config-if-vlan10)#no shutdown                             //启用 VLAN40 虚拟接口
SW1(config-if-vlan10)#exit
SW1#write                                                    //保存配置
```

## 六、任务验收

### 1. 设备验收

根据实训拓扑结构图检查交换机、计算机的线缆连接。

### 2. 配置验收

(1) 查看 DHCP 配置信息。

打开"管理工具"中"DHCP"对话框，查看各作用域的配置选项，如图 5-20 所示。

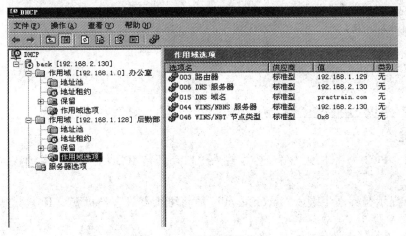

图 5-20　DHCP 配置信息

(2) 查看 SW1 配置信息。主要信息如下：

```
SW1# show running-config
…
vlan 1
!
vlan 10
!
vlan 20
!
vlan 60
!
!
no service password-encryption
```

```
service dhcp
…
interface VLAN 10
  no ip proxy-arp
  ip helper-address 192.168.2.130
  ip address 192.168.1.1 255.255.255.128
!
interface VLAN 20
  no ip proxy-arp
  ip helper-address 192.168.2.130
  ip address 192.168.1.129 255.255.255.128
!
interface VLAN 30
  no ip proxy-arp
  ip helper-address 192.168.2.130
  ip address 192.168.2.1 255.255.255.128
!
interface VLAN 40
  no ip proxy-arp
  ip address 192.168.2.129 255.255.255.128
```

### 3. 功能验收

在 PC1、PC2 上将本地网络连接设置为"自动获得 IP 地址"和"自动获得 DNS 服务器地址"。

在命令提示符界面中键入"ipconfig /all"后将可查看到客户机获得 IP 地址等参数情况，如图 5-21 所示。

图 5-21　客户端获得的 IP 参数

在任何一台 PC 上运行 ping 命令，均能 ping 通其他 PC 及服务器的 IP 地址，均能 ping 通 4 个 VLAN 的 IP 地址。

## 七、任务总结

针对某公司网络参数任务进行了 DHCP 服务器配置、DHCP 中继代理配置等方面的实训。

<br>

# 任务二　公司 DNS 域名实施

## 一、任务描述

某集团公司在总公司和分公司都已建立了局域网，可提供网站、邮件、下载等网络服务。公司申请了 DNS 域名，需要部署 DNS 域名系统提供域名解析，为避免 DNS 服务出现故障，在公司总部需要实现 DNS 的冗余，分公司在接受总公司管理的基础上需要独立管理分公司的二级域名。

## 二、任务目标

**目标**：针对某集团公司建立 DNS 域名系统提供网络服务，需要实现 DNS 的冗余，并能在总公司和分公司实现分级管理。

**目的**：通过本任务进行子 DNS 服务器搭建的实训，以帮助读者掌握主 DNS 服务器的安装配置，了解辅助 DNS 服务器、委派 DNS 服务器搭建的方法，具备 DNS 组建的能力。

## 三、需求分析

### 1. 任务需求

在总公司和分公司部署 DNS 域名系统提供域名解析，在公司总部需要实现 DNS 的冗余，分公司在接受总公司管理的基础上需要独立管理分公司的二级域名。

### 2. 需求分析

需求 1：在总公司和分公司部署 DNS 域名系统提供域名解析。

分析 1：在总公司建立主 DNS 服务器，建立各项 DNS 记录。

需求 2：为避免 DNS 服务出现故障，在公司总部需要实现 DNS 的冗余。

分析 2：在总公司建立辅助 DNS 服务器。

需求 3：分公司在接受总公司管理的基础上需要独立管理分公司的二级域名。

分析 3：总公司 DNS 服务器委派分公司的子域。

## 四、知识链接

### 1. 域名系统(DNS)

域名系统(Domain Name System，DNS)是一种 TCP/IP 网络服务命名系统，它通过域名地址定位计算机和服务。用户使用域名地址，该系统就会自动把域名地址转为 IP 地址。

#### 1) 域名

由于数字型表示的 IP 地址很难记忆，所以现在因特网中实际上都使用直观明了的、由字符串组成的、有规律的、容易记忆的名字来代表因特网上的主机，这种名字称为域名，它是一种更为高级的地址形式。

一个完整而通用的层次型主机名由如下几部分组成：

主机名.….三级域名.二级域名.顶级域名

例如：www.tsinghua.edu.cn 代表中国清华大学网站的主机地址。

完整的 DNS 定义的名字不得超过 255 个字符。在 DNS 域名中，每一层的名字不得超过 63 个字符，而且在其所在的层必须唯一，这样才能保证整个域名在世界范围内不会重复。域名结构如图 5-22 所示。

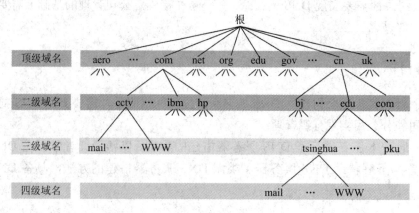

图 5-22　域名结构

#### 2) DNS 的功能

主机名只是为用户提供了一种方便记忆的手段，计算机之间的通信仍然要使用 IP 地址来完成数据的传输。所以当因特网应用程序接收到用户输入的主机名时，必须负责找到与该主机名对应的 IP 地址，然后利用找到的 IP 地址将数据送往目的主机。DNS 就负责通过用户输入的域名去找到相应的 IP 地址。

因特网中存在着大量的域名服务器，每台域名服务器保存着它所管辖区域内的主机的名字与 IP 地址的对照表，这组名字服务器就是域名解析系统的核心。

#### 3) 域名解析

DNS 系统的域名解析包括正向解析和逆向解析。正向解析即从域名到 IP 地址，逆向解析即从 IP 地址到域名。

DNS 是一个分布式的主机信息数据库，采用客户机/服务器模式。当一个应用程序要求把一个主机域名转换成 IP 地址时，该应用程序就成为 DNS 中的一个客户。该应用程序需要与域名服务器建立连接，把主机名传送给域名服务器，域名服务器经过查找，把主机的 IP 地址回送给应用程序。

一台域名服务器不可能存储 Internet 中所有的计算机名字和地址。一般来说服务器上只存储一个公司或组织的计算机名字和地址。例如：当中国的一个计算机用户需要与美国芝加哥大学的一台名为"midway"的计算机通信时，需要进行如下步骤：

① 用户首先须指出那台计算机的名字。假定该计算机的域名为"midway.uchicago.edu"，中国这台计算机的应用程序在与计算机"midway"通信之前，首先需要知道它的 IP 地址。

② 为了获得 IP 地址，该应用程序就需要使用 Internet 的域名服务器。它首先向本地的域名服务器发出一个迭代查询请求；本地的域名服务器再向顶级域名服务器发送迭代查询请求；顶级域名服务器虽然不知道答案，但是它可以告诉本地域名服务器如何与美国芝加哥大学的域名服务器联系。

③ 如果本地域名服务器得到的是递归查询请求的话，将直接得到对方的 IP 地址，或者说明请求的地址不存在。

主机向本地域名服务器的查询一般都是采用递归查询。如果主机所询问的本地域名服务器不知道被查询域名的 IP 地址，那么本地域名服务器就以 DNS 客户的身份，向其他根域名服务器继续发出查询请求报文。本地域名服务器向根域名服务器的查询通常是采用迭代查询。

当根域名服务器收到本地域名服务器的迭代查询请求报文时，要么给出所要查询的 IP 地址，要么告诉本地域名服务器下一步应当向哪一个域名服务器进行查询，然后让本地域名服务器进行后续的查询。域名的查询解析过程如图 5-23 所示。

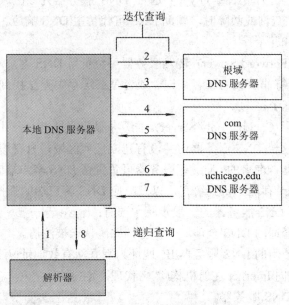

图 5-23　域名查询解析过程

### 2. DNS 服务器

域名服务器是指保存有该网络中所有主机的域名和对应 IP 地址，并具有将域名转换为 IP 地址功能的服务器。执行域名服务的服务器称之为 DNS 服务器，它用来应答域名服务的查询。DNS 是由解析器以及域名服务器组成的。

一个 DNS 服务器所负责管辖的(或有权限的)范围叫作区域(zone)。各单位根据具体情况来划分自己管辖范围的区域，但一个区域中的所有节点必须是能够连通的。每一个区域设置相应的权限域名服务器，用来保存该区中的所有主机的域名到 IP 地址的映射。DNS 服务器的管辖范围不是以"域"为单位，而是以"区域"为单位。区域内的所有主机记录信息是以区域文件(zone file)存放的。

DNS 区域按照查找方式分为正向查找区域和反向查找区域。正向查找区域将 DNS 名称解析成 IP 地址，反向查找区域将 IP 地址解析成 DNS 名称。

DNS 区域按照存储的类型分为主要区域、辅助区域和存根区域。主要区域是可读/写本台服务器更新的 DNS 数据库区域；辅助区域是存在于另一个服务器上的区域的只读副本，帮助主服务器平衡处理的工作量，并提供容错；存根区域是只包含有限记录(名称服务器、起始授权机构等记录)的区域，含有存根区域的服务器对该区域没有管理权。

DNS 服务器根据区域的类型和功能主要分为以下几种类型：

(1) 主服务器(Primary Server)。当在一台 DNS 服务器上建立一个区域后，这个区域内的所有记录都建立在这台 DNS 服务器内，可以新建、删除、修改这个区域的记录，这台 DNS 服务器就称为该区域的主服务器。此 DNS 服务器内所存储的是该区域的正本信息。

(2) 辅助服务器(Seconday Server)。当在一台 DNS 服务器内建立一个区域，而且这个区域内的所有记录都是从另外一台 DNS 服务器拷贝过来的，这个区域内的记录只是一个副本，这些记录是无法修改的(read-only)，这台 DNS 服务器为该区域的辅助服务器。在主 DNS 服务器出现无法查询或故障时，辅助 DNS 可代替主 DNS 响应客户端的查询，因此可作为主 DNS 的备份和冗余。

(3) 转发服务器(Forword Server)。转发服务器可负责帮 DNS 客户端向其他的 DNS 服务器查找这台服务器所有非本域的域名查询，或者是在缓存中无法找到的域名查询都将转发到指定的 DNS 服务器上。

(4) 唯缓存服务器(Caching-only Server)。唯缓存服务器是指一台并不负责管辖任何区域的 DNS 服务器，在这台 DNS 服务器内并没有建立任何区域，只有缓存记录，这些记录是它向其他 DNS 服务器查询来的。唯缓存服务器可负责帮 DNS 客户端向其他的 DNS 服务器查找，将查找到的记录存储一份到缓存，以及响应 DNS 客户端的查找请求。

企业组建因特网 DNS 服务器的一般步骤主要有：

① 为公司选择合适的 DNS 全球域名，查询并确认未被注册。

② 确定公司所使用的 DNS 服务器 IP 地址为互联网有效地址(互联网合法 IP)。

③ 将 DNS 域名向 Internet 注册机构(域名代理商)注册。

④ 安装和配置 DNS 服务器。

⑤ DNS 服务器配置的第一个 DNS 区域的名称和公司注册的 DNS 域名相同。

⑥ 在 DNS 区域建立公司的子域、主机等各项 DNS 记录。

⑦ 根据需要可建立辅助 DNS 服务器或委派 DNS 服务器，配置转发 DNS。

⑧ 通过 DHCP 等方式为客户机分配 DNS 服务器地址。

## 五、任务实施

### 1. 实施规划

◇ 实训拓扑结构

根据任务的需求与分析，实训的拓扑结构如图 5-24 所示，以 PC1、PC2 模拟公司员工计算机，Server1 模拟总公司主 DNS 服务器，Server2 模拟总公司辅助 DNS 服务器，Server3 模拟分公司主 DNS 服务器(授委派)。

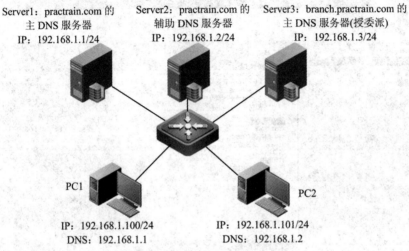

Server1：practrain.com 的
主 DNS 服务器
IP：192.168.1.1/24

Server2：practrain.com 的
辅助 DNS 服务器
IP：192.168.1.2/24

Server3：branch.practrain.com 的
主 DNS 服务器(授委派)
IP：192.168.1.3/24

PC1
IP：192.168.1.100/24
DNS：192.168.1.1

PC2
IP：192.168.1.101/24
DNS：192.168.1.2

图 5-24 实训拓扑结构

◇ 实训设备

根据任务的需求和实训拓扑结构图，每个实训小组的实训设备配置建议如表 5-3 所示。

表 5-3 实训设备配置清单

| 类 型 | 型 号 | 数 量 |
| --- | --- | --- |
| 交换机 | 锐捷 RG-S2328G | 1 |
| 计算机 | PC，Windows XP/Windows 7/Windows 10 | 2 |
| 服务器 | PC，Windows 2008R2 | 3 |
| 双绞线 | RJ-45 | 5 |

◇ 域名与 DNS 服务器规划

根据任务需求，各域名、IP 地址和对应的 DNS 服务器的规划如表 5-4 所示。

表 5-4 DNS 服务器的规划

| 域 名 | IP 地址 | DNS 服务器 |
| --- | --- | --- |
| www.practrain.com | 192.168.1.1 | Server1，Server2 |
| ftp.practrain.com | 192.168.1.1 | Server1，Server2 |
| mail.practrain.com | 192.168.1.1 | Server1，Server2 |
| bweb.branch.practrain.com | 192.168.1.3 | Server3 |

**2. 实施步骤**

(1) 根据实训拓扑结构图进行交换机、计算机的线缆连接，配置各台 PC 和 DNS 服务器的 IP 地址。

(2) 在 Server1 上安装主 DNS 服务器。

① 单击桌面左下角"服务器管理器"按钮，打开"服务器管理器"对话框，选择"角色"按钮，然后单击"添加角色"按钮，打开"添加角色向导"对话框，再单击"下一步"按钮，选择安装的角色为"DNS 服务器"，如图 5-25 所示。

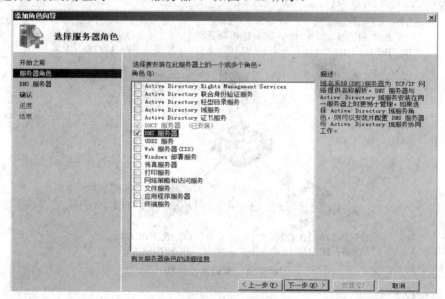

图 5-25　选择服务器角色

② 连续两次单击"下一步"按钮，再单击"安装"按钮，即可开始 DNS 服务器安装。完成安装后重新打开服务器管理器，可以看到所安装的 DNS 服务器，如图 5-26 所示。

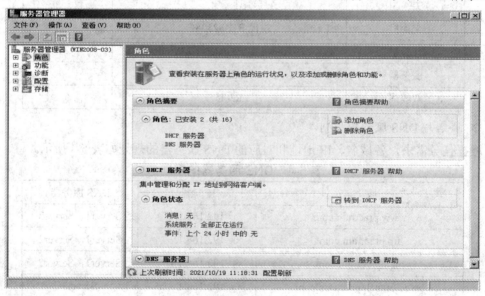

图 5-26　DNS 服务器完成安装

(3) Server1 的 DNS 区域配置主要步骤。

① 单击"DNS 服务器"选项进入"DNS 服务器"对话框，鼠标右键单击"正向查找区域"，在弹出的快捷菜单中选择第二项"创建正向和反向查找区域"。

单击"下一步"按钮，选择是否创建正向查找区域。此处选择"是，创建正向查找区域"。单击"下一步"按钮进入选择区域类型对话框，单击"主要区域"。

⇨ 提示：在配置 DNS 服务器为辅助 DNS 或缓存 DNS 时需选择"辅助区域"或"存根区域"。

② 单击"下一步"按钮进入"区域名称"对话框，指定正向区域名称(区域名称应与其管理的域相对应)为"practrain.com"，如图 5-27 所示。

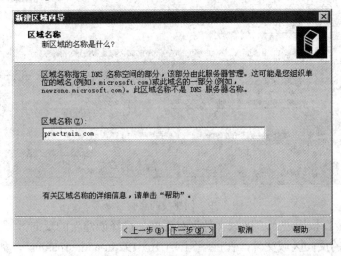

图 5-27 新建区域

③ 单击"下一步"按钮进入"区域文件"对话框。选择创建新的正向区域文件(名称可自行指定)或使用现存的正向区域文件，在此填写"practrain.com.dns"，如图 5-28 所示。

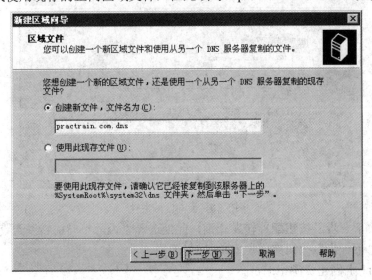

图 5-28 创建区域文件

④ 单击"下一步"按钮进入"动态更新设置"对话框，指定创建的区域是否支持动态更新，此处选择"不允许动态更新"。

单击"下一步"按钮选择是否创建反向查找区域，选择"是，现在创建反向查找区域"。

单击"下一步"按钮进入"区域类型"对话框，选择"主要区域"。

⑤ 单击"下一步"按钮进入"反向查找区域名称"对话框。在此对话框中指定反向区域的名称(可以输入 IP 地址的网络 ID，由系统自动指定反向区域名称；也可以自行输入反向区域名称)，此处填写"192.168.1"，如图 5-29 所示。

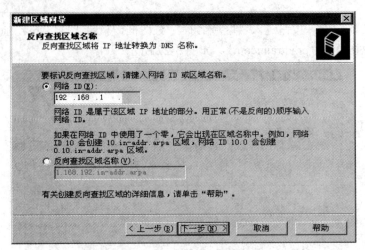

图 5-29　创建反向查找区域

单击"下一步"按钮进入"区域文件"对话框，选择创建新的反向区域文件(名称可自行指定)或使用现存的反向区域文件，在此填写"1.168.192.in-addr.arpa.dns"，如图 5-30 所示。

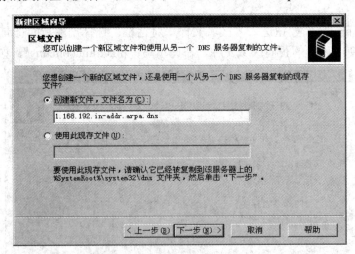

图 5-30　反向区域文件

⑥ 单击"下一步"按钮配置转发查询，此处选择"否，不向前转发查询"。

⑦ 单击"下一步"按钮完成主 DNS 向导配置。

(4) Server1 上创建资源记录。

打开 DNS 管理控制台，在左侧控制台树中选择要创建资源记录的正向主要区域，然后单击右键(或者在右侧控制台窗口的空白处单击右键)，在弹出菜单中选择相应功能项即可创建资源记录。具体步骤如下：

① 选择"新建主机(A)"，打开"新建主机"对话框，通过此对话框创建"host"记录，如图 5-31 所示。

② 选择"新建别名(CNAME)"，打开"新建资源记录"对话框，通过此对话框分别创建"www""ftp""mail"的资源记录，如图 5-32 所示。

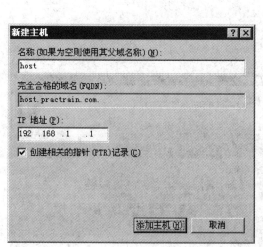

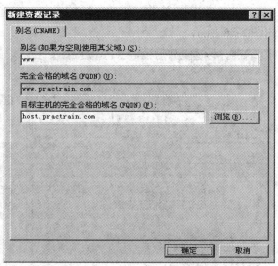

图 5-31　新建主机(A)记录　　　　　　　图 5-32　新建别名(CNAME)记录

③ 选择"新建邮件交换器(MX)"，打开"新建资源记录"对话框，通过此对话框创建MX 记录，如图 5-33 所示。

⇨ 提示：具有邮件服务器需要接收互联网邮件时，必须建立该域的邮件交换器(MX)记录。

④ 在左侧控制台树中选择要创建资源记录的反向主要区域，单击右键(或者在右侧控制台窗口的空白处单击右键)，在弹出菜单中选择"新建指针(PTR)"，创建 PTR 记录，如图 5-34 所示。

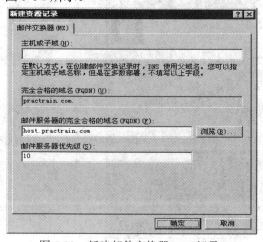

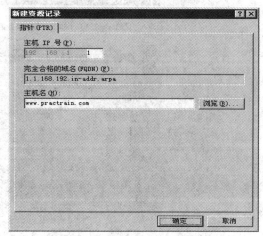

图 5-33　新建邮件交换器(MX)记录　　　　　图 5-34　新建反向指针(PTR)记录

(5) 辅助 DNS 服务器的实施步骤。

① 在 Server1 的正向主要区域"practrain.com"上单击右键,在弹出菜单中选择"属性"命令。在打开的区域属性对话框中单击"名称服务器",在"名称服务器"选项卡中单击"添加"按钮,在此添加辅助 DNS 服务器。如图 5-35 所示。

② 单击"确定"按钮,完成配置,然后采用同样的方法在反向主要区域上指定辅助 DNS 服务器。在 Server2 上安装辅助 DNS 服务器,参考步骤(2)安装 DNS 服务器。

③ 参考步骤(3)进行新建区域的操作,在选择"区域类型"对话框中选择"辅助区域",如图 5-36 所示。

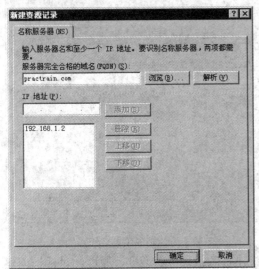

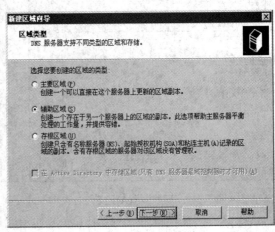

图 5-35　新建名称服务器(NS)记录　　　　　图 5-36　创建辅助区域

④ 单击"下一步"按钮,在"区域名称"对话框中输入区域名称,该名称应与该 DNS 区域的主 DNS 服务器上的主要区域名称完全相同,此处为 practrain.com 。

⑤ 单击"下一步"按钮进入"主 DNS 服务器"对话框。在此对话框中指定要复制区域的 DNS 服务器,输入主 DNS 服务器的 IP 地址"192.168.1.1",如图 5-37 所示。

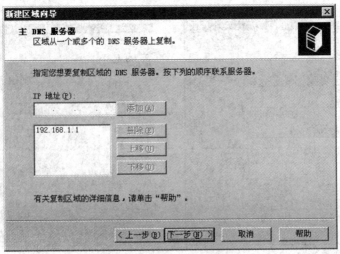

图 5-37　设置主 DNS 服务器

⑥ 单击"下一步"按钮完成辅助 DNS 配置。打开 DNS 管理控制台，选择"正向查找区域"下的"practrain.com"区域，此时能够看到从主 DNS 服务器复制而来的区域数据，如图 5-38 所示。

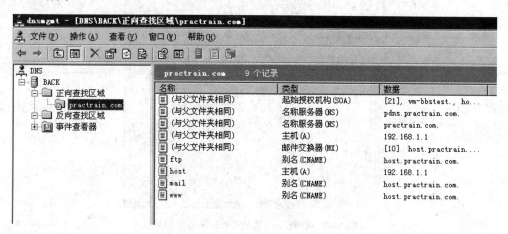

图 5-38 辅助 DNS 上的数据

采用同样的方法，创建反向辅助区域，反向辅助区域也将从主 DNS 复制数据。

(6) 在 Server1 上配置委派服务器。

① 打开 Server1 的主 DNS 管理控制台，在左侧的控制台树中选中要进行委派的区域并单击右键(此处选择"正向查找区域"中的"practrain.com"并单击右键)，在弹出菜单中选择"新建委派"，打开"新建委派向导"对话框。单击"下一步"按钮进入"受委派域名"对话框，在此对话框中指定要委派给受委派服务器进行管理的域名，此处为"branch"，如图 5-39 所示。

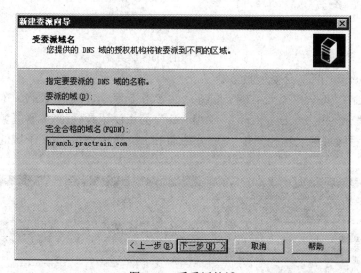

图 5-39 受委派的域

② 单击"下一步"按钮进入"名称服务器"对话框，在此对话框中指定受委派服务器。单击"添加"按钮打开"新建资源记录"对话框的"名称服务器(NS)"选项卡，在此选项卡中添加受委派服务器的主机名和 IP 地址，如图 5-40 所示。

图 5-40　新建受委派的 DNS 服务器记录

③ 单击"确定"按钮返回"名称服务器"对话框,从中可以看到添加的受委派服务器。

④ 单击"下一步"按钮完成添加委派服务器的配置,如图 5-41 所示。

图 5-41　受委派的 DNS 服务器

(7) 在 Server3 上配置受委派服务器。

参考步骤(2)在 Server3 安装 DNS 服务,并参考步骤(3)、(4)在 Server3(受委派服务器)上创建子区域"branch.practrain.com"和"bweb"的资源记录(正向主要区域的名称必须与主 DNS 中受委派区域的名称相同),完成分公司 branch.practrain.com 子域的委派管理,如图 5-42 所示。

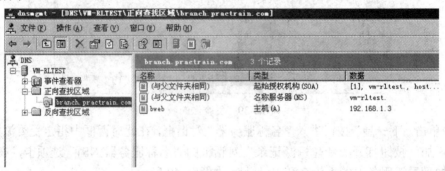

图 5-42　受委派的区域

## 六、任务验收

### 1. 设备验收

根据实训拓扑结构图检查交换机、计算机的线缆连接，检查 PC1、PC2、Sever1、Sever2、Sever3 的 IP 地址，检查各台计算机之间的网络连通性。

### 2. 配置验收

打开 Sever1、Sever2、Sever3 "管理工具" 中 "DNS" 控制器，查看各项配置。

### 3. 功能验收

(1) 在 PC1 上验证主 DNS 服务器。进入 CMD 命令模式运行 nslookup 命令，配置清单如下：

```
C:\>nslookup
//测试正向区域
Default Server:   [192.168.1.1]
Address:    192.168.1.1
> www.practrain.com
Server:   [192.168.1.1]
Address:    192.168.1.1
Name:      host.practrain.com
Address:    192.168.1.1
Aliases:   www.practrain.com

> ftp.practrain.com
Server:   [192.168.1.1]
Address:    192.168.1.1
Name:      host.practrain.com
Address:    192.168.1.1
Aliases:   ftp.practrain.com

> mail.practrain.com
Server:   [192.168.1.1]
Address:    192.168.1.1
Name:      host.practrain.com
Address:    192.168.1.1
Aliases:   mail.practrain.com

//测试反向区域
> 192.168.1.1
Server:   [192.168.1.1]
Address:    192.168.1.1
```

```
Name:      www.practrain.com
Address:   192.168.1.1
```

(2) 在 PC2 上验证辅助 DNS 服务器，配置清单如下：

```
C:\>nslookup
//测试正向区域
Default Server:  [192.168.1.2]
Address:   192.168.1.2
> www.practrain.com
Server:  [192.168.1.2]
Address:   192.168.1.2
Name:      host.practrain.com
Address:   192.168.1.1
Aliases:   www.practrain.com

> ftp.practrain.com
Server:  [192.168.1.2]
Address:   192.168.1.2
Name:      host.practrain.com
Address:   192.168.1.1
Aliases:   ftp.practrain.com

> mail.practrain.com
Server:  [192.168.1.2]
Address:   192.168.1.2
Name:      host.practrain.com
Address:   192.168.1.1
Aliases:   mail.practrain.com

//测试反向区域
> 192.168.1.1
Server:  [192.168.1.2]
Address:   192.168.1.2

Name:      www.practrain.com
Address:   192.168.1.1
```

(3) 在 PC1 上验证委派 DNS 服务器，配置清单如下：

```
C:\>nslookup
Default Server:  [192.168.1.1]
```

```
Address:    192.168.1.1
> bweb.branch.practrain.com
Server:     [192.168.1.1]
Address:    192.168.1.1
Name:       bweb.branch.practrain.com
Address:    192.168.1.3
```

## 七、任务总结

针对某公司 DNS 域名系统建设的任务进行了 DNS 主服务器、辅助服务器和 DNS 委派配置等方面的实训。

# 任务三　公司网站组建

## 一、任务描述

某集团公司已经完成了网络的建设，并构建了 DNS 服务器，现计划要建立公司的网站作为公司发布各种信息和对外宣传的窗口；公司总部、分公司都需要建立各自的网站；同时为了能修改网站的文件，需要远程能对网站服务器上的文件进行上传和下载，针对不同的网站应采用不同的用户账号以进行修改。

## 二、任务目标

**目标**：针对某公司网站建设和网站文件的远程上传下载进行规划并实施。

**目的**：通过本任务进行 IIS 基础配置、FTP 基础配置的实训，以帮助读者掌握 Web 服务器的安装配置，了解 FTP 服务器的配置方法，具备搭建企业网站的能力。

## 三、需求分析

### 1. 任务需求

公司需要建立两个网站，分别是总公司网站和分公司网站。两个网站都需要安装在一台服务器上通过域名访问。总公司网站和分公司网站需要通过远程使用不同的账号进行文件的上传、下载等修改操作。

### 2. 需求分析

需求 1：用户通过域名能够访问位于同一台服务器上的总公司、分公司网站。

分析 1：在服务器上配置 IIS，采用主机头方式建立总公司网站、分公司网站。

需求 2：远程对服务器进行文件上传、下载管理，并使用不同的账号进行权限设置。

分析 2：配置服务器的 FTP 功能，建立不同的用户账号分别管理总公司和分公司网站。

## 四、知识链接

### 1. Web 服务

Web 是 WWW(World Wide Web,万维网)的简称,它是 Internet 上最受欢迎、最重要的多媒体信息检索服务。它的影响力已经远远超出了专业技术的范畴,并且已经进入了广告、新闻、销售、电子商务与信息服务等诸多领域,它的出现推动了因特网的迅速发展。

#### 1) WWW 的组成元素

WWW 主要由网页和网站、Web 服务器、HTTP 协议、超文本和超链接等组成。

网页是网站的基本信息单位,是 WWW 的基本文档。网页由文字、图片、动画、声音等多种媒体信息以及链接组成,通过链接实现与其他网页或网站的关联和跳转。网页分为静态网页和动态网页,静态网页是指该文档创作完毕后就存放在万维网服务器中,在被用户浏览的过程中,内容不会改变;动态网页是指文档的内容是在浏览器访问万维网服务器时才由应用程序动态创建。使用动态网页通常需要在网站后台部署数据库系统。网页文件是一种可在 WWW 上传输,能被浏览器识别显示的文本文件。静态网页的扩展名主要有 .htm、.html 等,动态网页的扩展名主要有 .asp、.jsp、.php 等。网站由众多不同内容的网页构成,网页的内容可体现网站的全部功能。通常把进入网站首先看到的网页称为首页或主页(homepage),例如,新浪、网易、搜狐就是国内比较知名的大型门户网站。

Web 服务器是指驻留于计算机中提供网上信息浏览服务的程序。当 Web 浏览器(客户端)连到服务器上并请求文件时,服务器将处理该请求并将文件发送到该浏览器上,附带的信息会告诉浏览器如何查看该文件(即文件类型)。Web 服务器使用 HTTP(Hyper Text Transfer Protocol,超文本传输协议)进行信息交流,Web 服务器也常被称为 HTTP 服务器。Web 服务器不仅能够存储信息,还能在用户通过 Web 浏览器提供的信息的基础上运行脚本和程序。

HTTP 是 WWW 浏览器和 WWW 服务器之间的应用层通信协议。HTTP 是用于分布式协作超文本信息系统的、通用的、面向对象的协议。通过扩展命令,它可用于域名服务或分布式面向对象系统的任务。HTTP 是基于 TCP/IP 之上的协议,它不仅保证正确传输超文本文档,还确定传输文档中的哪一部分,以及哪部分内容首先显示(如文本先于图形)等。

超文本是把一些信息根据需要连接起来的信息管理技术,人们可以通过一个文本的链接指针打开另一个相关的文本。只要用鼠标单击文本中通常带下划线的条目,便可获得相关的信息。网页的出色之处在于能够嵌入超链接,使用户能够从一个网页站点方便地转移到另一个相关的网页站点。

超链接是 WWW 上的一种链接技巧,它是内嵌在文本或图像中的。通过已定义好的关键字和图形,只要单击某个图标或某段文字,就可以自动连上相对应的其他文件。文本超链接在浏览器中通常带下划线;而图像超链接是看不到的,但如果用户的鼠标碰到它,鼠标的指针通常会变成手指状。WWW 用链接的方法能非常方便地从因特网上的一个站点访问另一个站点,从而主动地按需获取丰富的信息。

#### 2) WWW 服务

WWW 服务在应用层采用客户机/服务器(C/S)工作模式。它以超文本标记语言与超文本传输协议为基础,为用户提供页面的信息浏览系统。在 WWW 服务系统中,信息资源以页面的形式存储在服务器中，这些页面采用超文本方式对信息进行组织，通过链接将一页信息链接到另一页信息上，这些相互链接的页面信息既可放置在同一主机上，也可放置在不同的主机上。用户通过客户端应用程序，即浏览器，向 WWW 服务器发出请求，服务器根据客户端的请求内容将保存在服务器中的某个页面返回给客户端，浏览器接收到页面后对其进行解释，最终将图、文、声并茂的画面呈现给用户。

与其他服务相比，WWW 服务具有其鲜明的特点。它具有高度的集成性，能将各种类型的信息与服务紧密连接在一起，提供生动的图形用户界面。WWW 不仅为人们提供了查找和共享信息的简便方法，还为人们提供了动态多媒体交互的最佳手段。总的来说，WWW 服务具有组织网络多媒体信息、方便用户查找信息、提供生动直观的图形用户界面等特点。

Web 服务器使用 HTTP 从服务器端向浏览器端发送网页中的文件。以下是浏览器第一次访问某个网页时的大致过程：

(1) 浏览器请求服务器发送一个文件，该文件包含一些指示以及可显示的内容。

(2) 浏览器显示文件的内容。

(3) 浏览器查看第一个文件里的指示内容，该内容可能通知客户端从 Web 服务器获取更多的文件。

(4) 浏览器请求服务器发送更多的文件。

(5) 浏览器显示新的内容，这些内容里面可能还含有要其下载其他文件的指示。

(6) 浏览器继续查看指示，下载网页的其他文件，直到所有文件都下载完并且展示出来。

目前最常用的 Web 服务器是 Apache 和 Microsoft 的 Internet 信息服务器(Internet Information Server，IIS)。

### 2. FTP 服务

FTP(File Transport Protocol，文件传输协议)是一种常用的应用层协议，是以客户机/服务器模式进行工作的。客户端提出请求和接受服务，服务器接受请求和执行服务。利用 FTP 协议进行文件传输时，即本地计算机上启动客户程序，并利用它与远程计算机系统建立连接，激活远程计算机系统上的 FTP 服务程序，因此，本地 FTP 程序就成为一个客户，而远程 FTP 程序成为服务器。每次用户请求传送文件时，服务器便负责找到用户请求的文件，利用 FTP 协议将文件通过 Internet 网络传送给客户。而客户程序收到文件后，将文件写到用户本地计算机的硬盘。FTP 协议采用两个缺省端口号：20 与 21。20 端口用于数据传输，21 端口用于控制信息的传输。FTP 的工作模式如图 5-43 所示。

FTP 的主要功能如下：

(1) 把本地计算机上的一个或多个文件传送到远程计算机 (上载)，或从远程计算机上获取一个或多个文件(下载)。传送文件实质上是将文件进行复制，然后上载到远程计算机，或者是下载到本地计算机，对源文件不会有影响。

(2) 能够传输多种类型、多种结构、多种格式的文件，比如，用户可以选择文本文件(ASCII)或二进制文件。此外，还可以选择文件的格式以及文件传输的模式等。用户可以根据通信双方所用的系统及要传输的文件确定在文件传输时选择哪一种文件类型和结构。

(3) 可在本地计算机或远程计算机上建立或者删除目录、改变当前工作目录以及打印目录和文件的列表等。

(4) 对文件进行改名、删除，显示文件内容等。

可以完成 FTP 功能的服务端和客户端软件种类很多，有字符界面的，也有图形界面的，通常用户可以使用的 FTP 服务器软件有 Windows IIS、Serv-U、FileZilla、Linux vsftp 等，客户端软件有 Cuteftp、Leapftp、FlashFXP、FileZilla、IE 等。

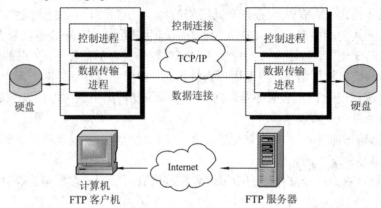

图 5-43　FTP 协议服务

### 3. IIS

IIS(Internet Information Services，互联网信息服务)是由微软公司提供的基于运行 Microsoft Windows 的互联网基本服务。

IIS 是一种 Web(万维网)服务组件，其中包括 Web 服务器、FTP 服务器、NNTP 服务器和 SMTP 服务器，分别用于网页浏览、文件传输、新闻服务和邮件发送等方面，它使得在互联网和局域网上发布信息成为了一件很容易的事。

1) 默认网站或默认 FTP 站点

IIS 安装完成后，系统会自动建立一个"默认网站"，可以利用它作为 Web 网站，或者另外建立一个网站。"默认网站"所使用的默认网址主目录是%systemdrive%\inetpub\wwwroot 文件夹，%systemdrive%是安装 Windows Server 2003 的磁盘驱动器。在安装 IIS 时，默认并不会自动安装 FTP 服务，需要自行安装。安装完 FTP 服务后，系统也会自动建立一个"默认 FTP 站点"，可以利用它作为 FTP 站点，或者自行创建一个新的站点。"默认 FTP 站点"所使用的默认网址主目录是%systemdrive%\inetpub\ftproot 文件夹。

2) 实际目录与虚拟目录

对一个小型网站或小型的 FTP 站点，可以将所有网页与相关文件都存放到网站的主目录之下，或者在主目录下建立子文件夹，将文件放到这些子文件夹内。这些子文件夹称为"实际目录"。

对于大型或文件较多的网站或 FTP 站点，也可以将文件存储到其他文件夹内，这个文件夹可以位于本地计算机的其他磁盘驱动器内或是其他计算机内，然后通过 IIS 的"虚拟目录"映射到这个文件夹。每一个虚拟目录都有一个别名，虚拟目录的好处是可以在不改变别名的情况下随时改变其对应的文件夹。

实际目录与虚拟目录的对应关系如表 5-5 所示。

表 5-5 实际目录与虚拟目录的对应关系

| 文件实际存储位置 | 别名 | URL路径 |
|---|---|---|
| C:\Inetpub\wwwroot\Support | Support | http://www.practrain.com/support |
| E:\Sales | Sales | http://www.practrain.com/sales |

3) 在一台 IIS 上同时建立多个网站

IIS 支持在一台计算机上同时建立多个网站,如建立 www.practrain.com、bweb.practrain.com、support.practrain.com 3 个网站,只需要一台计算机即可。虽然多个网站可以建立在同一台计算机上,但是为了让用户能够连接到正确的网站,必须给每个网站唯一的辨识身份。用来区别网站身份的识别信息有主机头名称、IP 地址和 TCP 端口号 3 种方式。

(1) 利用主机头名称来建立多个网站。

计算机只需要 1 个 IP 地址就可以架设多个网站。IIS 利用主机头名称来区别每一个网站,主机头往往与网站的 DNS 名称对应。大部分情况下建议采用此方法来建立多个网站。

(2) 利用多个 IP 地址建立多个网站。

每一个网站需要一个唯一的 IP 地址,以便让 IIS 来区别。这种方法比较适合于启动了 SSL(Secure Sockets Layers,安全套接字协议)功能,而且对外部用户提供服务的商业网站。

(3) 利用 TCP 连接端口来建立多个网站。

每一个网站将被赋予一个非标准的 TCP 端口号,以便让 IIS 利用端口号来区别。这种方法比较适合于用在企业内部提供服务的网站、测试的网站,由于端口号为非标准的 TCP 端口号,不适合于外部和商业网站。

⇨ 提示:一台运行 IIS 的计算机上尽量只使用一种方式,若混合使用主机头、IP 地址或 TCP 连接端口将会降低系统的运行效率。

## 五、任务实施

### 1. 实施规划

◇ 实训拓扑结构

根据任务的需求与分析,实训的拓扑结构如图 5-44 所示,以 PC1、PC2 模拟客户计算机,WebServer 模拟 Web、FTP 服务器、DNS 服务器。

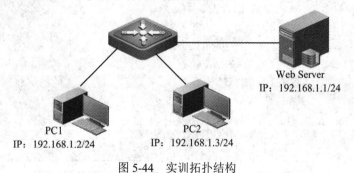

Web Server
IP:192.168.1.1/24

PC1
IP:192.168.1.2/24

PC2
IP:192.168.1.3/24

图 5-44 实训拓扑结构

◇ 实训设备

根据任务的需求和实训拓扑结构图，每个实训小组的实训设备配置建议如表 5-6 所示。

表 5-6　实训设备配置清单

| 类　型 | 型　号 | 数　量 |
|---|---|---|
| 交换机 | 锐捷 RG-S2328G | 1 |
| 计算机 | PC，Windows 7/Windows 10 | 2 |
| 服务器 | Server，Windows 2008R2 | 1 |
| 双绞线 | RJ-45 | 3 |

◇ Web、FTP 站点及文件夹规划

根据任务的需求和内容，站点用户和目录规划如表 5-7 所示。

表 5-7　站点用户和目录规划

| 站点名称 | 站点 | 站点FTP管理用户 | 站点目录 |
|---|---|---|---|
| 总公司网站 | www.practrain.com | admin | E:\web |
| 分公司网站 | bweb.practrain.com | bweb | E:\bweb |

**2. 实施步骤**

(1) 根据实训拓扑结构图进行交换机、计算机的线缆连接，配置 PC1、PC2、WebServer 的 IP 地址、DNS 地址。

(2) 在 WebServer 上安装配置 DNS 服务器，建立 practrain.com 区域的 www、bweb 主机记录。

(3) 简单制作总公司、分公司的网页文件 index.htm，根据规划放至网站站点目录内。

(4) WebServer 上安装 IIS 服务，具体步骤如下：

① 单击桌面左下角"服务器管理器"按钮，打开"服务器管理器"对话框；双击"角色"按钮，然后单击"添加角色"按钮，打开"添加角色向导"对话框；单击"下一步"按钮，在"角色"列表框中选择"Web 服务器(IIS)"，如图 5-45 所示。

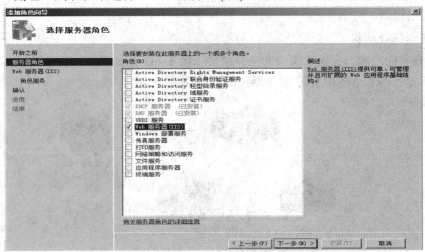

图 5-45　选择服务器角色"Web 服务器(IIS)"

② 连续单击两次"下一步"按钮，在"角色服务"列表中选择"FTP 发布服务"，如图 5-46 所示。默认情况下 IIS 只会安装 Web 服务器组件，不安装 FTP 服务器组件，此处选中 FTP，可以一并将 Web、FTP 两种服务均安装上。

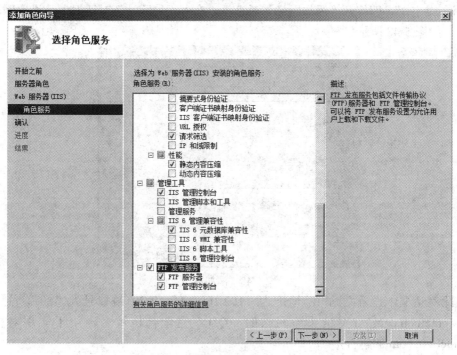

图 5-46　选中"FTP 发布服务"

③ 单击"下一步"按钮，然后单击"安装"按钮，即开始服务器安装。完成安装以后，重新打开"服务器管理器"可以看到安装成功的 Web 服务器(IIS)角色，如图 5-47 所示。

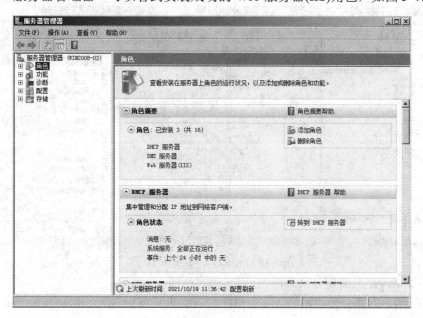

图 5-47　安装成功的 Web 服务器(IIS)

(5) WebServer 上创建总公司网站。

① 在"服务器管理器"对话框中,单击"Web 服务器(IIS)",打开"Web 服务器(IIS)"对话框,依次展开 Web 服务器(IIS),选中"网站",单击鼠标右键,在弹出的快捷菜单中选择"添加网站",即打开"添加网站"对话框,在"添加网站"对话框中可设置网站的相关信息,如图 5-48 所示。

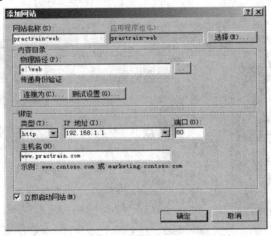

图 5-48　添加网站

在此对话框中设置网站 IP 地址为"192.168.1.1",TCP 端口号为"80",主机头为"www.practrain.com"(主机头即网站的 FQDN 完全合格域名,用于实现对主机头 www.practrain.com 的解析)。

⇨ 提示:网站的主机头必须和 DNS 服务器配置的网站主机记录名称相同。

② 打开"Internet 信息服务(IIS)管理器"查看配置结果,如图 5-49 所示。

图 5-49　完成总公司网站的创建

(6) WebServer 上创建分公司网站。

重复步骤(5)创建分公司网站,分公司网站的主机头需设置为"bweb.practrain.com",网站主目录设置为"E:\bweb",完成分公司网站创建。

(7) WebServer 上配置总公司 FTP 服务。

在 WebServer 上创建"默认 FTP 站点"下别名为"web"的虚拟目录(虚拟目录禁止匿名访问)，目录路径为"E:\web"，并添加用户"web"使其对"web"文件夹有管理权限。

① 通过"开始"菜单选择"管理工具"→"Internet 信息服务(IIS)管理器"，打开"Internet 信息服务(IIS)管理器"控制台。

② 选中"FTP 站点"并单击右键，在弹出菜单中选择"新建"→"FTP 站点"，打开"FTP 站点创建向导"对话框。

③ 单击"下一步"按钮将出现"FTP 站点描述"对话框，在"描述"文本框中输入对站点的描述，此处输入"web"，如图 5-50 所示。

④ 单击"下一步"按钮将出现"IP 地址和端口设置"对话框，在此对话框中设置 FTP 站点所使用的 IP 地址"192.168.1.1"及端口号"21"，如图 5-51 所示。

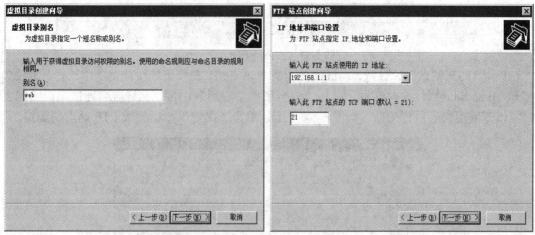

图 5-50 FTP 虚拟目录别名　　　　　　　　图 5-51 FTP 站点地址和端口

⑤ 单击"下一步"按钮将出现"FTP 用户隔离"对话框，此对话框可以使设置 FTP 用户隔离的选项，此处选择"不隔离用户"。

⑥ 单击"下一步"按钮将出现"FTP 站点主目录"对话框，此对话框设置 FTP 站点的主目录，此处为"E:\web"，如图 5-52 所示。

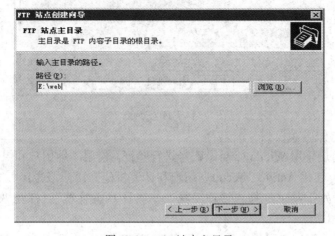

图 5-52 FTP 站点主目录

⑦ 单击"下一步"按钮将出现"FTP 站点访问权限"对话框，此对话框设置 FTP 站点的访问权限，勾选"读取""写入"。

⑧ 单击"下一步"按钮完成 FTP 站点创建，如图 5-53 所示。

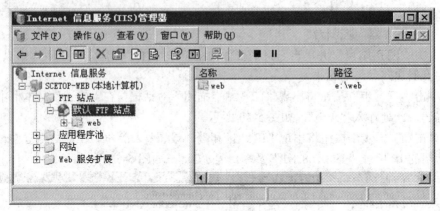

图 5-53　总公司 FTP 站点

选中"FTP 站点"下的"practrain"站点并单击右键，在弹出的快捷菜单中选择"属性"，打开"practrain 属性"对话框，选择"安全账户"选项卡，将"允许匿名连接"前的钩去掉，以便采用账号进行验证，如图 5-54 所示，单击"确定"按钮完成 FTP 站点的配置。

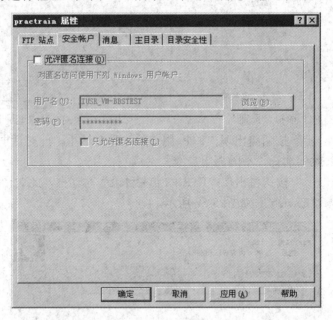

图 5-54　FTP 安全账户

(8) 配置 FTP 账号和权限。

IIS 的 FTP 用户采用 Windows 目录账号进行验证，使用本地用户和组建立用户账号(如果具有活动目录，使用 Active Directory 用户和计算机建立用户账号)。

① 通过"开始"菜单选择"管理工具"→"计算机管理"，打开"计算机管理"控制台。

② 选择"本地用户和用户组"→"用户"，单击右键，在弹出的快捷菜单中选择"新

建用户"打开"新用户"对话框，在此对话框中可以设置新用户的相关参数，输入总公司 FTP 账号的用户名和密码等相关参数。取消"用户下次登录时须更改密码"和"用户不能更改密码"选项前的钩，如图 5-55 所示。

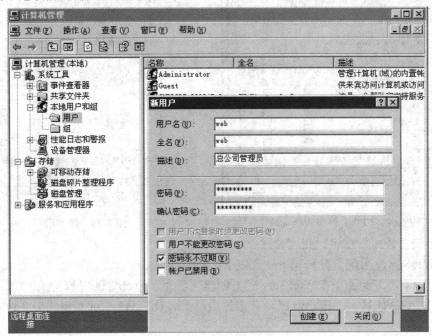

图 5-55　FTP 用户设置

创建总公司和分公司 FTP 用户完成后的界面如图 5-56 所示。

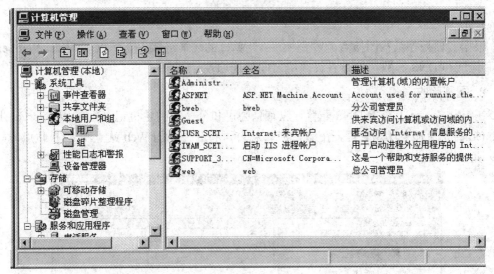

图 5-56　FTP 用户账号

③ 选中 E 盘下"web"文件夹，单击右键，在弹出的快捷菜单中选择"属性"，弹出"web 属性"对话框，选择"安全"选项卡，如图 5-57 所示。

④ 单击"添加"按钮，添加"web"用户。单击"确定"按钮后添加"web"用户对"web"文件夹的"修改"和"写入"权限，如图 5-58 所示。

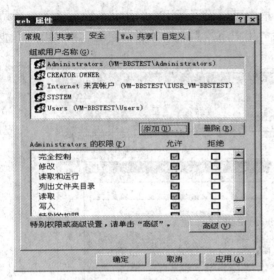
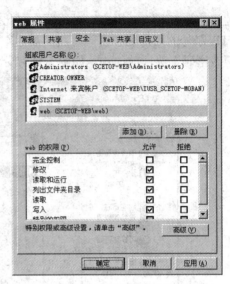

图 5-57　FTP 文件夹安全选项　　　　　　　　图 5-58　添加用户权限

⑤ 单击"确定"按钮即完成设置。

(9) WebServer 上配置分公司 FTP 服务。

参考步骤(7)、步骤(8)在 WebServer 上创建别名为"bweb"的虚拟目录(虚拟目录禁止匿名访问)，目录路径为"E:\bweb"，并添加用户"bweb"，使其对"bweb"文件夹拥有管理权限。

## 六、任务验收

### 1. 设备验收

根据实训拓扑结构图检查验收交换机、计算机的线缆连接，检查 PC1、PC2、WebServer 的 IP 地址和 DNS 参数，检查各计算机之间的连通性。

### 2. 配置验收

在 WebServer 上查看 DNS 配置，应有总公司和分公司的主机记录；在 WebServer 上查看 Internet 信息服务(IIS)管理器配置，应有总公司和分公司的 Web 站点和 FTP 站点，如图 5-59 所示。

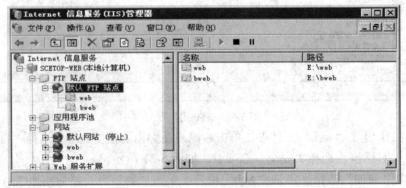

图 5-59　FTP 站点和 Web 站点

### 3. 功能验收

(1) Web 网站功能验收。

在 PC1、PC2 上通过 IE 浏览器访问总公司网站 http://www.practrain.com，应能访问到总公司网站，如图 5-60 所示。

图 5-60　总公司网站

在 PC1、PC2 上通过 IE 浏览器访问分公司网站 http://bweb.practrain.com，应能访问到分公司网站，如图 5-61 所示。

图 5-61　分公司网站

(2) FTP 功能验收。

在 PC1、PC2 上通过 IE 浏览器或其他 FTP 客户端软件访问 FTP 站点 ftp://www.practrain.com，提示账号时以 "admin" 用户登录，应拥有 "E:\web" 目录下面所有文件及文件夹的修改、删除权限，如图 5-62 所示。

图 5-62　总公司 FTP 访问

在 PC1、PC2 上通过 IE 浏览器或其他 FTP 客户端软件访问 FTP 站点 ftp://bweb. practrain.com，提示账号时以"bweb"用户登录，应拥有"E:\bweb"目录下面所有文件及文件夹的修改、删除权限，如图 5-63 所示。

图 5-63　分公司 FTP 访问

## 七、任务总结

针对某集团公司办公区网站建设任务进行了 IIS、FTP 基础配置等方面的实训。

# 任务四　科技公司网络存储实现

## 一、任务描述

某科技公司具有大量的文档和视频资料，原来分散保存在各部门和员工的多台计算机上，公司有一台老式服务器，磁盘空间较大，计划将资料统一保存在这台服务器上，利用这台服务器通过网络进行存储，便于统一存储和管理。

## 二、任务目标

**目标**：针对某科技公司网络存储的建设进行规划并实施。
**目的**：通过本任务进行存储软件的安装，利用开源存储软件实现低成本的 IP SAN(存储区域网)，以帮助读者了解存储技术，初步具备网络存储实施的能力。

## 三、需求分析

需求：利用老式服务器建立网络存储。
分析：服务器上安装、配置 Openfiler 开源存储软件，利用其 ISCSI 功能建立网络共享存储。

## 四、知识链接

### 1. 硬盘技术

硬盘(Hard Disk Drive，HDD)是计算机主要的存储媒介之一，由一个或者多个铝制或者玻璃制的碟片组成，这些碟片外覆盖有铁磁性材料，绝大多数硬盘都是固定硬盘，被永久性地密封固定在硬盘驱动器中。

硬盘作为存储系统的基本部件，其发展过程中根据接口方式、数据传输速率的不同具有以下类型：

(1) ATA 硬盘。ATA 接口从 20 世纪 80 年代末期开始逐渐取代了其他老式接口，随着它自身的发展，ATA 也就成了 IDE 的代名词。ATA 硬盘是用传统的 40-pin 并口数据线连接主板与硬盘的，外部接口速度最大为 133 MB/s，具有价格低廉、兼容性好、性价比高等优点。因为并口线的抗干扰性差且排线占空间，不利计算机散热，ATA 已逐渐被 SATA 硬盘所取代。

(2) SATA 硬盘。使用 SATA(Serial ATA)口的硬盘又叫串口硬盘，它是以连续串行的方式传送资料，这样在同一时间点内只会有 1 位数据传输，此做法能减小接口的针脚数目，用 4 个针就完成了所有的工作(1 针发出、2 针接收、3 针供电、4 针地线)，相比 ATA 接口标准的 80 芯数据线来说，其数据线显得更加趋于标准化。SATA 1.0 定义的数据传输速率可达 150 MB/s，SATA 2.0 的数据传输速率达到 300 MB/s，2007 年推出的 SATA 3.0 标准可实现 600 MB/s 的最高数据传输速率。

(3) SCSI 硬盘。SCSI(Small Computer System Interface，小型计算机系统接口)是与 IDE(ATA)完全不同的接口，IDE 接口是普通 PC 的标准接口，而 SCSI 并不是专门为硬盘设计的接口，是一种广泛应用于小型机上的高速数据传输技术。SCSI 接口具有应用范围广、多任务、带宽大、性能高、CPU 占用率低等特点，其可靠性和数据传输速率很高，Ultra 320/SCSI 所支持的最大总线速度为 320 MB/s。SCSI 还具有良好的扩展性以及热插拔等优点，但较高的价格使得它很难如 IDE 硬盘般普及，因此 SCSI 硬盘主要应用于中、高端服务器和高档工作站中。

(4) SAS 硬盘。SAS(Serial Attached SCSI)即串行连接 SCSI，是新一代的 SCSI 技术。和现在流行的 Serial ATA(SATA)硬盘相同，SAS 硬盘也是采用串行技术以获得更高的传输速度，并通过缩短连接线改善内部空间等。SAS 是并行 SCSI 接口之后开发出的全新接口，此接口的设计是为了改善存储系统的效能、可用性和扩充性，并且提供与 SATA 硬盘的兼容性。SAS 的接口技术可以向下兼容 SATA。和传统并行 SCSI 接口比较起来，SAS 不仅在接口速度上得到显著提升(现在主流 Ultra 320 SCSI 速度为 320 MB/s，而 SAS 起步速度就达到 300 MB/s，未来会达到 600 MB/s 甚至更多)，而且由于采用了串行线缆，不仅可以实现更长的连接距离，还能够提高抗干扰能力，并且这种细细的线缆还可以显著改善机箱内部的散热情况。在系统中，每一个 SAS 端口最多可以连接 16 256 个外部设备。SAS 的接口也做了较大的改进，它同时提供了 3.5 英寸和 2.5 英寸的接口，因此能够适合不同服务器环境的需求。

(5) 光纤通道 FC 硬盘。光纤通道(Fibre Channel，FC)和 SCSI 接口一样，最初也不是为硬盘设计开发的接口技术，是专门为网络系统设计的，但随着存储系统对速度的需求，才逐渐应用到硬盘系统中。光纤通道硬盘是为提高多硬盘存储系统的速度和灵活性才开发的，它的出现大大提高了多硬盘系统的通信速度。FC 硬盘由于通过光学物理通道进行工作，因此也称为光纤硬盘，它支持铜线物理通道。光纤硬盘以其优越的性能、稳定的传输，在企业存储高端应用中担当着重要角色。光纤通道的主要特性有可热插拔、高速带宽、远程连接、连接设备数量大等。最早普及使用的光纤接口带宽为 1 Gb，随后 2 Gb 带宽光纤产品统治市场已经长达三年时间。现在最新的带宽标准是 4 Gb，目前厂商都已经推出 4 Gb 相关新品。

### 2. RAID 磁盘阵列技术

RAID(Redundant Array of Inexpensive Disks)中文简称为廉价磁盘冗余阵列，是一种把多块独立的硬盘(物理硬盘)按不同的方式组合起来形成一个硬盘组(逻辑硬盘)，从而提供比单个硬盘更高的存储性能和数据备份技术。组成磁盘阵列的不同方式称为 RAID 级别(RAID Levels)。数据备份的功能是在用户数据一旦发生损坏后，利用备份信息可以使损坏数据得以恢复，从而保障了用户数据的安全性。在用户看起来，组成的磁盘组就像是一个硬盘，用户可以对它进行分区、格式化等。总的来说，对磁盘阵列的操作与单个硬盘一样；不同的是磁盘阵列的存储速度要比单个硬盘高很多，而且可以提供自动数据备份。

RAID 技术分为几种不同的等级，分别可以提供不同的速度、安全性和性价比。根据实际情况选择适当的 RAID 级别可以满足用户对存储系统可用性、性能和容量的要求。RAID 级别主要有 RAID 0～RAID 6 等，目前企业中常用的是 RAID 10(RAID 0+1 组合)、RAID 5、RAID 6 等。

#### 1) RAID 0

RAID 0 并不能算是真正的 RAID，它没有数据冗余功能。RAID 0 连续地分割数据并并行地读/写于多个磁盘上，因此具有很高的数据传输速率。但它在提高性能的同时并没有提供数据可靠性，如果一个磁盘失效，将影响整个数据。RAID 0 不可应用于需要数据高可用性的关键应用。RAID 0 的存储方式和工作原理如图 5-64 所示。

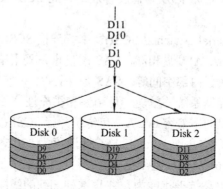

图 5-64　RAID 0

#### 2) RAID 1

RAID 1 磁盘阵列是一种镜像磁盘阵列，其原理是将一块硬盘的数据以相同位置指向另一块硬盘的位置。RAID 1 又称为 Mirror 或 Mirroring，它的宗旨是最大限度地保证用户数据的可用性和可修复性。RAID 1 的操作方式是把用户写入硬盘的数据百分之百地自动复制到另外一个硬盘上。由于对存储的数据进行百分之百的备份，在所有 RAID 级别中，RAID 1 提供最高的数据安全保障。同样，由于数据的百分之百备份，备份数据占了总存储空间的一半，因而，Mirror 的磁盘空间利用率低，存储成本高。Mirror 虽不能提高存储性能，但具有高数据安全性，尤其适用于存放重要数据，如服务器和数据库存储等领域。RAID 1 的存储方式和工作原理如图 5-65 所示。

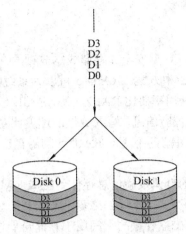

图 5-65  RAID1 磁盘镜像

3) RAID 10

RAID 0+1 也被称为 RAID 10 标准，实际是将 RAID 0 和 RAID 1 标准结合的产物，是在连续地以位或字节为单位分割数据并且并行读/写多个磁盘的同时，为每一块磁盘作磁盘镜像进行冗余。RAID 10 的优点是同时拥有 RAID 0 的超凡速度和 RAID 1 的数据高可靠性，但是 CPU 占用率同样也更高，而且磁盘的利用率比较低。RAID 10 的存储方式和工作原理如图 5-66 所示。

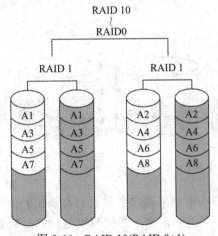

图 5-66  RAID 10(RAID 0+1)

4) RAID 3

RAID 3 是把数据分成多个"块"，按照一定的容错算法，存放在第 $N+1$ 个硬盘上，实际数据占用的有效空间为 $N$ 个硬盘的空间总和，而第 $N+1$ 个硬盘上存储的数据是校验容错信息。当这 $N+1$ 个硬盘中的一个硬盘出现故障时，从其他 $N$ 个硬盘中的数据也可以恢复原始数据，这样，仅使用这 $N$ 个硬盘也可以带故障继续工作；当更换一个新硬盘后，系统可以重新恢复完整的校验容错信息。由于在一个硬盘阵列中，多于一个硬盘同时出现故障率的概率很小，所以一般情况下，使用 RAID 3 安全性是可以得到保障的。与 RAID 0 相比，RAID 3 读/写速度相对较慢，比较适合大文件类型且安全性要求较高的应用，如视频编辑、硬盘播出机、大型数据库等。

**5) RAID 5**

RAID 5 是一种存储性能、数据安全和存储成本兼顾的存储解决方案。RAID 5 可以理解为是 RAID 0 和 RAID 1 的折中方案。RAID 5 可以为系统提供数据安全保障，但保障程度要比 RAID 1，而磁盘空间利用率要比 RAID 1 高。RAID 5 具有和 RAID 0 相近似的数据读取速度，只是多了一个奇偶校验信息，写入数据的速度比对单个磁盘进行写入操作稍慢。同时由于多个数据对应一个奇偶校验信息，RAID 5 的磁盘空间利用率要比 RAID 1 高，存储成本相对较低。

RAID 5 把数据和相对应的奇偶校验信息存储到组成 RAID 5 的各个磁盘上，并且奇偶校验信息和相对应的数据分别存储于不同的磁盘上，其中任意 $N-1$ 块磁盘上都存储完整的数据，也就是说有相当于一块磁盘容量的空间用于存储奇偶校验信息。因此当 RAID 5 的一个磁盘发生损坏后，不会影响数据的完整性，从而保证了数据的安全。当损坏的磁盘被替换后，RAID 还会自动利用剩下奇偶校验信息去重建此磁盘上的数据，来保持 RAID 5 的高可靠性。RAID 5 的存储方式和工作原理如图 5-67 所示。

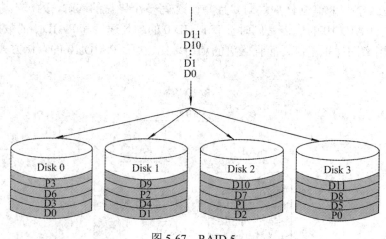

图 5-67　RAID 5

**6) RAID 6**

与 RAID 5 相比，RAID 6 增加了第二个独立的奇偶校验信息块。两个独立的奇偶系统使用不同的算法，数据的可靠性非常高，即使两块磁盘同时失效也不会影响数据的使用。但由于 RAID 6 需要分配给奇偶校验信息更大的磁盘空间，因此相对于 RAID 5 有更大的"写损失"。

**3. 存储连接技术**

根据磁盘或磁盘阵列与主机、网络的连接方式，存储系统分为下面几种主要类型。

**1) DAS 直接附属存储**

DAS(Direct Attached Storage，直接附属存储)被定义为直接连接在各种服务器或客户端扩展接口下的数据存储设备，它依赖于服务器，其本身是硬件的堆叠，不带有任何存储操作系统。直连式存储与主机之间的连接通常采用 SCSI 连接，带宽为 10 MB/s、20 MB/s、40 MB/s、80 MB/s 等，随着服务器 CPU 的处理能力越来越强，存储硬盘空间越来越大，阵列的硬盘数量越来越多，SCSI 通道将会成为 I/O 瓶颈。另外，服务器主机 SCSI ID 资源有限，能够建立的 SCSI 通道连接有限。DAS 存储的连接方式如图 5-68 所示。

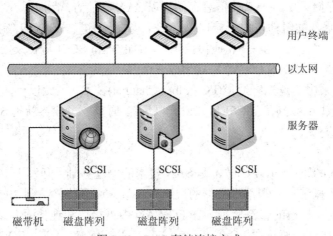

图 5-68　DAS 存储连接方式

2) NAS 网络附属存储

NAS(Network Attached Storage，网络附属存储)是一种专业的网络文件存储及文件备份设备，或称为网络直联存储设备、网络磁盘阵列。

NAS 是基于 LAN(局域网)的连接方式，按照 TCP/IP 协议进行通信，以文件的 I/O(输入/输出)方式进行数据传输。一个 NAS 里面包括核心处理器、文件服务管理工具、一个或者多个用于数据存储的硬盘驱动器。NAS 可以应用在任何的网络环境当中。主服务器和客户端可以非常方便地在 NAS 上存取任意格式的文件，包括 SMB 格式(Windows)、NFS 格式(Unix，Linux)和 CIFS 格式等。NAS 系统可以根据服务器或者客户端计算机发出的指令，完成对内存文件的管理。NAS 的存储连接方式如图 5-69 所示。

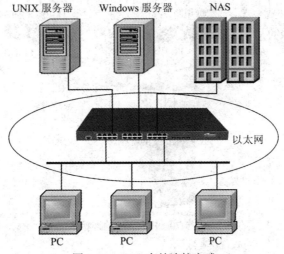

图 5-69　NAS 存储连接方式

3) SAN 存储区域网络

SAN(Storage Area Network，存储区域网络)是通过专用高速网将一个或多个网络存储设备和服务器连接起来的专用高速存储系统。SAN 在最基本的层次上定义为互连存储设备和服务器的专用光纤通道网络，它在这些设备之间提供端到端的通信，并允许多台服务器独立地访问同一个存储设备。未来的信息存储将以 SAN 存储方式为主。

SAN 由三个基本的组件构成：接口(如 SCSI、光纤通道、ESCON 等)、连接设备(交换设备、网关、路由器、集线器等)和通信控制协议(如 IP 和 SCSI 等)。这三个组件再加上附加的存储设备和独立的 SAN 服务器，就构成一个 SAN 系统。

早期的 SAN 采用的是光纤通道(FC，Fiber Channel)技术，因此以前的 SAN 多指采用光纤通道的存储局域网络，到了 iSCSI 协议出现以后，为了区分，业界就把 SAN 分为 FC SAN 和 IP SAN。

(1) FC SAN。

光纤通道(Fibre Channel，FC)技术是 SAN 技术的物理基础，开发于 1988 年，最早用来提高硬盘协议的传输带宽，侧重于数据的快速、高效、可靠传输。到 20 世纪 90 年代末，FC SAN 开始得到大规模的广泛应用。在 FC SAN 中，接口和连接设备均采用光纤通道，FC 光纤通道拥有自己的协议层 FC-0、FC-1、FC-2、FC-3、FC-4 等，FC-0 定义物理介质的界面、电缆，FC-1 定义编码或解码信号，FC-2 定义帧、流控制和服务质量，FC-3 定义数据加密和压缩，FC-4 定义了光纤通道和上层应用之间的接口。光纤通道的主要部分实际上是 FC-2，因此，光纤通道也常被称为"二层协议"或者"类以太网协议"。FC SAN 的连接如图 5-70 所示。

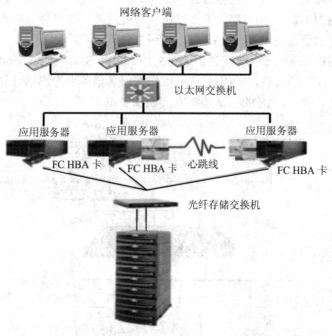

图 5-70 FC SAN 的连接

(2) IP SAN。

ISCSI(Internet Small Computer System Interface，Internet 小型计算机系统接口)是一种基于 TCP/IP 的存储协议，采用 ISCSI 协议的 SAN 称为 IP SAN。iSCSI 可以实现在 IP 网络上运行 SCSI 协议，用来建立和管理 IP 存储设备、主机和客户机等之间的相互连接，并创建存储区域网络(SAN)。ISCSI 使得 SCSI 协议应用于高速数据传输网络成为可能,这种传输以数据块级别(block-level)在多个数据存储网络间进行。基于 iSCSI 的存储系统只需要不多的投资便可实现 SAN 存储功能,甚至直接利用现有的 TCP/IP 网络。相对于以往的网络存储技术,IP SAN 解决了开放性、容量、传输速度、兼容性、安全性等问题,其优越的性能使其备受关注与青睐。IP SAN 的连接如图 5-71 所示。

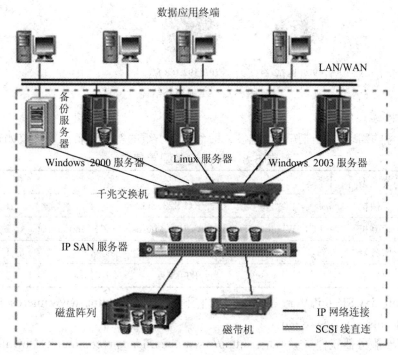

图 5-71　IP SAN 的连接

### 4. Openfiler 存储管理软件

Openfiler 是一个由 rPath Linux 驱动的操作系统,可以在单一框架中提供基于文件的网络连接存储(NAS)和基于块的存储区域网(SAN)。它是由 GNU General Public License version 2 授权的自由软件,它的软件接口使用开放源码的第三方软件。

Openfiler 支持的网络协议包括 NFS、SMB/CIFS、HTTP/WebDAV、FTP 和 iSCS (initiator 和 target)。Openfiler 支持的网络目录包括 NIS、LDAP(支持 SMB/CIFS 密码加密)、Active Directory(本地和混合模式)、基于 Windows NT 的域控制器和 Hesiod。认证协议包括 Kerberos 5。Openfiler 支持基于卷的分区技术(如本地文件系统的 ext3、JFS 和 XFS 格式)、实时快照、磁盘配额管理、统一标准的接口,使得为各种网络文件系统协议分配共享资源变得更容易。

## 五、任务实施

### 1. 实施规划

◇ 实训拓扑结构

根据任务的需求与分析,实训的拓扑结构如图 5-72 所示,以 PC1、PC2 模拟公司客户计算机,SANServer 模拟存储服务器。

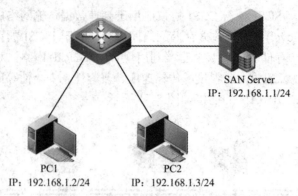

SAN Server
IP：192.168.1.1/24

PC1
IP：192.168.1.2/24

PC2
IP：192.168.1.3/24

图 5-72　实训拓扑结构

◇　实训设备

根据任务的需求和实训拓扑结构图，每个实训小组的实训设备配置建议如表 5-8 所示。

表 5-8　实训设备配置清单

| 类　型 | 型　号 | 数　量 |
|---|---|---|
| 交换机 | 锐捷 RG-S2328G | 1 |
| 计算机 | PC，Windows 7/ Windows 10，Microsoft iSCSI Initiator | 2 |
| 服务器 | Server，Openfiler | 1 |
| 双绞线 | RJ-45 | 3 |

Microsoft iSCSI Initiator 客户端软件下载网址：http://www.microsoft.com/en-us/downlo-ad/details.aspx?id=18986。

Openfiler 服务器软件下载网址：http://www.openfiler.com/community/download/。

2. 实施步骤

(1) 根据实训拓扑结构图进行交换机、计算机的线缆连接，配置 PC1、PC2 的 IP 地址，在 PC1、PC2 上运行 Microsoft iSCSI Initiator 客户端软件安装包，按照安装向导完成安装，计算机桌面上将生成 Microsoft iSCSI Initiator 的快捷图标。

(2) SANServer 上安装 Openfiler。

① 将 Openfiler 安装盘放入计算机，通过光盘引导后进入 Openfiler 安装界面，选择安装语言之后将出现选择硬盘分区，此处选择 "Automatically partition"(自动分区)，如图 5-73 所示。

Automatic Partitioning sets partitions based on the selected
installation type. You also can customize the partitions once
they have been created.

The manual disk partitioning tool, Disk Druid, allows you to
create partitions in an interactive environment. You can set the
file system types, mount points, partition sizes, and more.

◉ Automatically partition
○ Manually partition with Disk Druid

图 5-73　选择自动分区

② 单击"Next"按钮，在如图 5-74 所示页面配置自动分区，此处选择"Remove all partitions on this system"(移除计算机上的所有分区)。

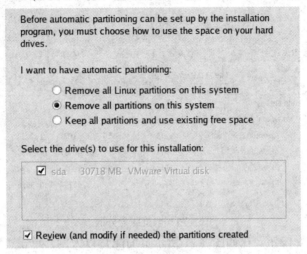

图 5-74　移除分区

③ 单击"Next"按钮，在如图 5-75 所示页面配置虚拟磁盘空间，系统默认自动将所有空间分配给 Openfiler 系统。

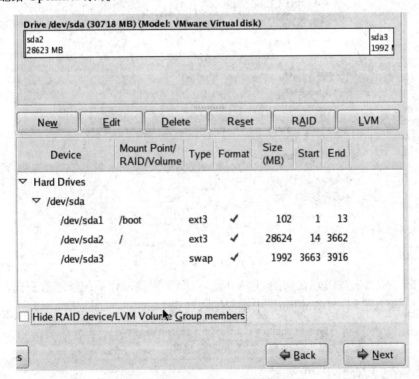

图 5-75　配置磁盘空间

④ 为了能使用该磁盘上的空间作为存储空间，需调整默认的磁盘分区大小，选择"sda2"后单击"Edit"按钮编辑其大小，将 Openfiler 系统的磁盘空间缩小为"4096M"，预留出空余的空间作为存储空间，如图 5-76 所示。

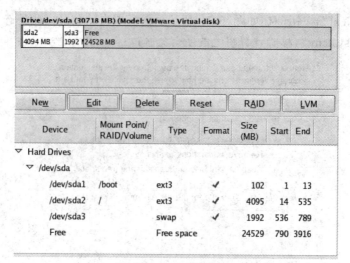

图 5-76　调整磁盘分区

⑤ 单击"Next"按钮，在如图 5-77 所示页面配置以太网，单击"Edit"按钮，配置网卡 IP 地址"192.168.1.1/24"，单击"确定"按钮后配置主机名、网关和 DNS 服务器。

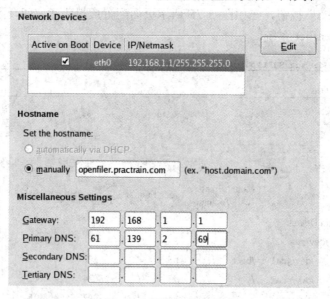

图 5-77　网络参数配置

⑥ 单击"Next"按钮，在如图 5-78 所示页面配置该操作系统管理员密码，在"Root Password"中输入密码，"Confirm"中重复输入密码。

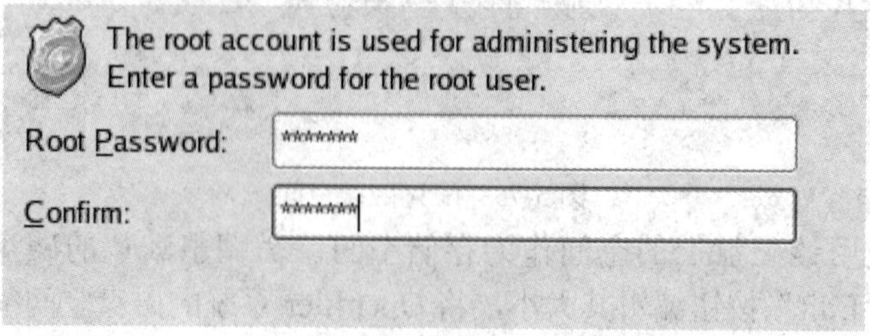

图 5-78　设定 Root 账号密码

⑦　单击"Next"按钮进行系统安装，系统安装完成后重启计算机。

安装完成后 Openfiler 将变为一台具有存储管理功能的系统，可为 NAS、ISCSI 服务器提供网络存储服务。

(3)　SANServer 上分区、卷组、卷的操作。

Openfiler 可将本机磁盘剩余的空间(或另外增加的磁盘)通过磁盘的分区、卷组、卷、RAID 等操作提供存储空间，再通过开启各种服务来提供各种网络存储服务。

①　在 PC1 上打开 IE 浏览器，输入"https://192.168.1.1:446"，登录到 Openfiler 网页管理界面，默认用户名为"openfiler"，密码为"password"。

②　单击页面上方的主菜单栏"volumes"，选择页面右边菜单"Block Devices"，然后选择需要管理的硬盘，如图 5-79 所示。

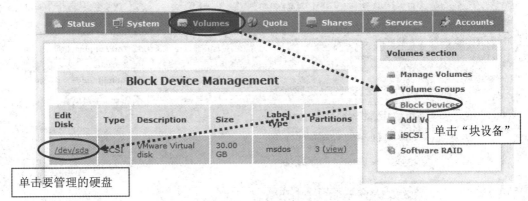

图 5-79　选择磁盘

③　在如图 5-80 所示页面选择需要创建的分区的模式，然后单击"Create"按钮。

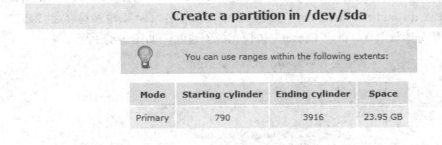

图 5-80　创建分区

④　完成创建分区后将创建卷组。卷组是由一个或多个物理卷组成的，实现了文件系统存储空间可跨越磁盘。当卷组所在的文件系统空间不足时，只需要将新的磁盘添加进卷组，即可不断地进行扩充。

在如图 5-81 所示页面单击主菜单栏"volumes"后，选择页面右边菜单"Volume Groups"，在"Volume group name"对话框中输入"iscsi-test"，并勾选"/dev/sda4"后，单击"Add volume group"按钮将分区加入卷。

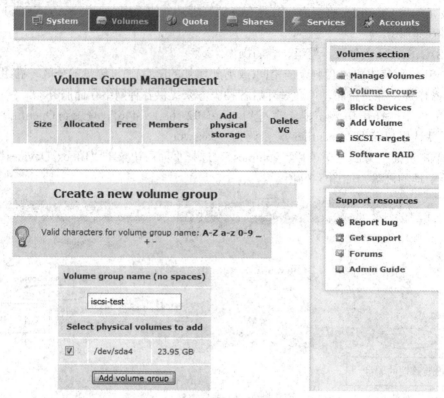

图 5-81  创建卷组

⑤ 接下来需要创建 iscsi 逻辑卷。单击主菜单栏"Volumes",选择页面右边菜单"Add Volume",在"Create a volume in "iscsi-test""对话框中输入卷名"test",输入卷容量"24512"此处将所有容量都分给该卷,单击"Create"按钮完成创建卷,如图 5-82 所示。

### Create a volume in "iscsi-test"

| | |
|---|---|
| Volume Name (*no spaces*. Valid characters [a-z,A-Z,0-9]): | test |
| Volume Description: | |
| Required Space (MB): | 24512 |
| Filesystem / Volume type: | iSCSI |

Create

图 5-82  创建卷

(4) SANServer 上 iSCSI 配置。

在配置了存储服务所需要的卷后,需要将该卷作为 iSCSI 目标提供网络访问。

① 单击主菜单栏"Services",将"iSCSI target server"状态设置为"Enabled",系统默认为"Disable",如图 5-83 所示。

## Manage Services

| Service Name | Status | Modification |
|---|---|---|
| SMB / CIFS server | Disabled | Enable |
| NFSv3 server | Disabled | Enable |
| HTTP / WebDAV server | Disabled | Enable |
| FTP server | Disabled | Enable |
| iSCSI target server | Enabled | Disable |
| Rsync server | Disabled | Enable |
| UPS server | Disabled | Enable |
| LDAP server | Disabled | Enable |
| ACPI daemon | Enabled | Disable |
| iSCSI initiator | Enabled | Disable |

图 5-83　开启 iSCSI target server 服务

② 单击主菜单栏 "Volumes"，选择页面右边菜单 "iSCSI Targets"，在 "Add new iSCSI Target" 对话框中单击 "Add"，系统会自动产生一个 iSCSI 目标节点(Target IQN)，如图 5-84 所示。

## Add new iSCSI Target

| Target IQN | Add |
|---|---|
| iqn.2006-01.com.openfiler:tsn.16372dbee80 | Add |

## Select iSCSI Target

💡　Please select an iSCSI target to display and/or edit.

iqn.2006-01.com.openfiler:tsn.33d11cdac308 ▾　Change

图 5-84　新建 iSCSI Target 节点

③ 将预先设置好的卷映射到 iSCSI 目标节点，单击二级菜单中的"LUN Mapping"菜单，在图 5-85 所示对话框中单击"Map"按钮，映射"target"。

 No LUNs mapped to this target

**Map New LUN to Target: "iqn.2006-01.com.openfiler:tsn.33d11cdac308"**

| Name | LUN Path | R/W Mode | SCSI Serial No. | SCSI Id. | Transfer Mode | Map LUN |
|------|----------|----------|-----------------|----------|---------------|---------|
| test | /dev/iscsi-test/test | write-thru ▼ | LHTzot-1q0I-AIuV | LHTzot-1q0I-AIuV | blockio ▼ | Map |

图 5-85　映射卷到 iSCSI 目标节点

⇨ **提示**：在二级菜单"Network ACL"和"CHAP Authentication"栏里可设置允许用户访问的 IP 子网和 CHAP 账号。

(5) 在客户端连接 iSCSI 服务器。

① 在 PC1 上双击"Microsoft iSCSI Initiator"打开属性框，单击"Discovery"选项卡，在"Target Portals"区中单击"Add"按钮，输入 iSCSI Target 服务器 IP 地址，如图 5-86 所示。

② 单击"Targets"选项卡，在"Taregets"区中单击"Log On"按钮，连接目标，如图 5-87 所示。

图 5-86　添加 iSCSI 目标

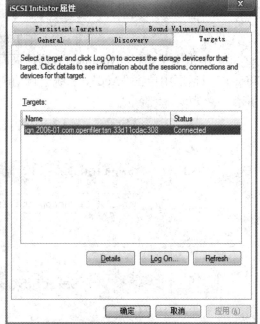

图 5-87　连接 iSCSI 目标

③ 单击"确定"按钮后完成 iSCSI 目标的连接。同样在 PC2 上也连接 iSCSI 目标。

④ 连接 iSCSI 目标成功后，客户端可将该目标作为计算机的一个磁盘来使用。在 PC1 上打开"计算机管理"，展开存储的"磁盘管理"，系统会扫描到连接的 iSCSI 目标作为新

磁盘。可与本地磁盘一样进行初始化和格式化磁盘操作，为磁盘分配卷标和驱动器号，如图 5-88 所示。在 PC2 上打开"磁盘管理"，也可看见新的磁盘，也可为磁盘分配卷标和驱动器号。

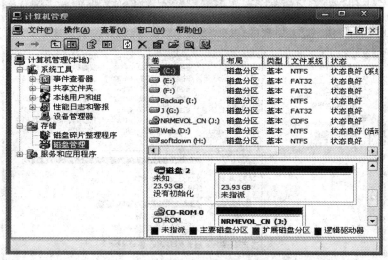

图 5-88　管理新加入的 iSCSI 磁盘

## 六、任务验收

### 1. 设备验收

根据实训拓扑结构图检查交换机、计算机的线缆连接，检查 PC1、PC2、SANServer 的 IP 地址，检查各计算机之间的网络连通性。

### 2. 配置验收

(1) 查看 iSCSI 服务状态配置。

在 PC1 或 PC2 上打开 IE 浏览器，输入"https://192.168.1.1:446"，输入"openfiler"账号密码后登录到 Openfiler 网页管理界面首页，选择右侧"status section"下面的"iSCSI Targets"查看当前 iSCSI 的连接状态，如图 5-89 所示。

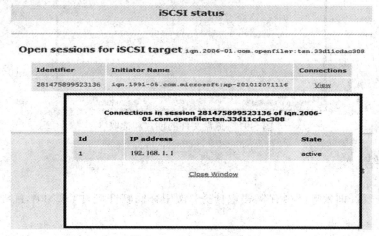

图 5-89　iSCSI 连接状态

(2) 查看客户端磁盘连接状态。

在 PC1 上打开磁盘管理，查看新增加的 iSCSI 磁盘(磁盘 2)的状态，如图 5-90 所示。

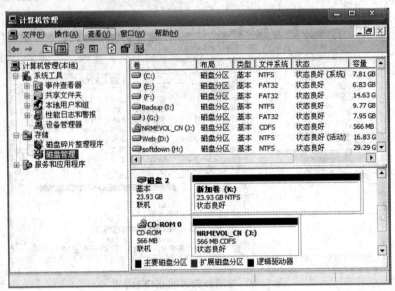

图 5-90　查看磁盘状态

## 3. 功能验收

在 PC1 上向新磁盘中创建和读取文件，在 PC2 上也能进行同样操作，如图 5-91 所示。

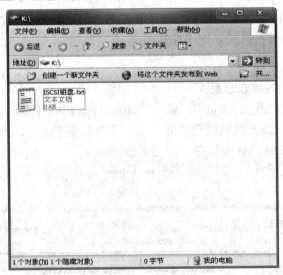

图 5-91　磁盘文件的创建和读取

## 七、任务总结

针对某科技咨询公司网络存储建设任务，使用存储软件进行 iSCSI 配置等方面的实训。

## ⊠ 教学目标

通过网络管理软件对企业网中的交换设备、路由设备、服务器等各种网络设备进行检测和管理的案例，以各实训任务的内容和需求为背景，以完成企业网络管理技术为实训目标，通过任务方式模拟网络管理技术的典型应用和实施过程，以帮助学生理解网络管理技术的典型应用，具备管理企业网络的能力。

## ⊠ 教学要求

本章各环节的关联知识与对学生的能力要求见下表：

| 任 务 要 点 | 能 力 要 求 | 关 联 知 识 |
|---|---|---|
| 企业网设备 SNMP 配置 | 掌握网络设备 SNMP 配置方法 | (1) SNMP 管理技术；<br>(2) SNMP 配置命令 |
| 企业网设备运行状态监测 | 掌握使用 IPSentry 监测网络设备运行情况 | (1) 端口监测；<br>(2) IPSentry 网络状态监控软件 |
| 企业网线路流量监测 | 掌握使用 PRTG 监控网线路流量 | (1) 网络带宽；<br>(2) PRTG 线路流量监测系统 |
| 公司远程管理实现 | (1) 掌握 Windows 远程桌面管理；<br>(2) 了解 Radmin 实现远程管理 | (1) 计算机远程管理；<br>(2) 远程管理软件 |

## ⊠ 重点难点

> 网络设备 SNMP 配置；
> IPSentry 的安装与配置；
> PRTG 的安装与配置；
> Windows 远程桌面的配置。

# 任务一　企业网设备 SNMP 配置

## 一、任务描述

　　某企业网采用层次化结构，整个网络分为核心层、汇聚层和接入层。办公网络具有较多的交换机和多台服务器，现需要对这些网络设备进行远程管理，为下一步的综合网络管理提供基础。

## 二、任务目标

　　**目标**：本任务针对企业网的路由器、交换机和服务器等相关网络设备进行 SNMP 功能配置。

　　**目的**：通过本任务进行路由器、交换机和服务器 SNMP 功能配置，以帮助读者了解常用网络设备 SNMP 配置方法，并具备灵活应用能力。

## 三、需求分析

### 1. 任务需求

　　该企业办公区分布于两层楼中，共有 6 个部门，每个部门配置不同数量的计算机。办公网络已组建完毕，且该企业网包含了多台服务器，用于对内、对外提供相关的网络服务。要求能通过网络管理技术和管理系统对该企业网络内主要设备进行管理。根据实地考察，办公区的网络结构如图 6-1 所示。

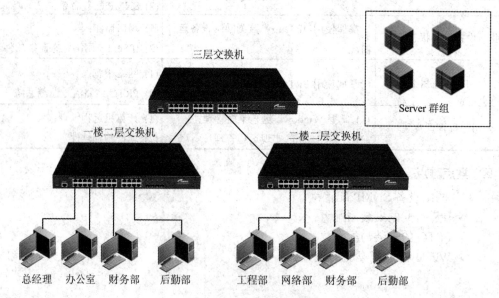

图 6-1　办公区的网络结构

该企业网的主要设备如表 6-1 所示。

表 6-1　企业网主要设备

| 设备类型 | 设备名称/型号 | IP 地址 | 运行业务 | 用途 |
|---|---|---|---|---|
| 三层交换机 | 锐捷 RG-3760 | 10.10.8.6 | 核心交换机 | 交换 |
| 二层交换机 | 锐捷 RG-S2328G | 10.10.8.10 | 汇聚交换机 | 交换 |
| 二层交换机 | 锐捷 RG-S2328G | 10.10.10.7 | 汇聚交换机 | 交换 |
| 服务器 | Dell 1420 | 10.10.8.28 | Web | 网站 |

### 2. 需求分析

需求 1：能通过网络管理系统对网络服务器进行管理。

分析 1：对网络服务器配置 SNMP 功能。

需求 2：能通过网络管理系统对路由器、交换机进行管理。

分析 2：对路由器、交换机配置 SNMP 功能。

需求 3：当路由器、交换机出现故障时，能自动报警。

分析 3：对路由器、交换机配置 SNMP Trap 功能。

## 四、知识链接

### 1. 网络管理

一个企业的网络往往包含着若干个子系统，集成了多种网络操作系统及网络软件，使用不同公司生产的网络设备和通信设备，网络管理作为一项重要技术，是保障安全、可靠、高效和稳定运行网络的必要手段。

一般来讲，网络管理是指监督、组织和控制网络通信服务以及信息处理所必需的各种活动的总称。由于网络系统的复杂性、开放性，要保证网络能够持续、稳定和安全、可靠、高效地运行，使网络能够充分发挥其作用，就必须实施一系列的管理措施。

网络管理的主要任务是收集、监控网络中各种活动和各种资源的使用情况，如设备和设施的工作参数、工作状态信息，并将收集的情况及时通知管理员进行处理，从而使网络的性能达到最优，以实现对网络的管理。

具体来说，网络管理包含两大任务：一是对网络运行状态的监测，二是对网络运行状态进行控制。通过对网络运行状态的监测可以了解网络当前的运行状态是否正常，是否存在瓶颈和潜在的危机；通过对网络运行状态的控制可以对网络状态进行合理的调节，提高性能，保证服务质量。

按照国际标准化组织(ISO)的定义，网络管理是指规划、监督、设计和控制网络资源的使用和网络的各种活动，以使网络的性能达到最优。

网络管理标准中定义了网络管理的 5 大功能：配置管理、性能管理、故障管理、安全管理和计费管理。事实上，网络管理还应该包括其他一些功能，比如网络规划、网络操作人员的管理等。网络管理员通过网络管理程序对网络上的资源进行集中化管理的操作。一台设备所支持的管理程度反映了该设备的可管理性及可操作性。

1) 配置管理

配置管理是最基本的网络管理功能，它负责监测和控制网络的配置状态。具体地讲，就是在网络的建立、扩充、改造以及开展工作的过程中，对网络的拓扑结构、资源配备、使用状态等配置信息进行监测和修改。配置管理主要有资源清单管理、资源提供、业务提供及网络拓扑结构服务等功能。

2) 性能管理

性能管理保证有效运营网络和提供约定的服务质量，在保证各种业务服务质量的同时，尽量提高网络资源利用率。性能管理包括性能检测功能、性能分析和性能管理控制功能。从性能管理中获得的性能检测和分析结果是网络规划和资源提供的重要根据，因为这些结果能够反映当前(或即将发生)的资源不足。

3) 故障管理

故障管理的作用是迅速发现、定位和排除网络故障，动态维护网络的有效性。故障管理的主要功能有告警监测、故障定位、测试、业务恢复以及修复等，同时还要维护故障目标。在网络的监测和测试中，故障管理会参考配置管理的资源清单来识别网络元素。当维护状态发生变化，或者故障设备被替换，以及通过网络重组迂回故障时，要对配置 MIB(管理信息库)中的有关数据进行修改。

4) 安全管理

安全管理的作用是提供信息的保密、认证和完整性保护机制，使网络中的服务数据和系统免受侵扰和破坏。安全管理主要包括风险分析、安全服务、告警、日志和报告功能以及网络管理系统保护功能。

安全管理与其他管理功能有着密切的关系：

(1) 安全管理要调用配置管理中的系统服务，对网络中的安全设施进行控制和维护。

(2) 发现网络安全方面的故障时，要向故障管理通报安全故障事件以便进行故障诊断和恢复。

(3) 权限管理是安全管理的重要组成部分，在企业网络中，对各种权限(VLAN 访问权限、文件服务器访问权限、Internet 访问权限等)的划分非常重要。

5) 计费管理

计费管理的作用是正确计算和收取用户使用网络服务的费用，进行网络资源利用率的统计和网络成本效益的核算。计费管理的目标是衡量网络的利用率，以便一个或一组用户可以按规则利用网络资源，这样的规则使网络故障降低到最小(因为网络资源可以根据其能力的大小而合理地分配)，也使所有用户对网络的访问更加公平。为了实现合理的计费，计费管理必须和性能管理相结合。

2. 网络管理协议

网络管理系统中最重要的部分是网络管理协议，它定义了网络管理者与被管理者之间进行通信的语法和规则。在网络管理协议产生以前，管理者要学习各种不同网络设备获取数据的方法，因为即使是相同功能的设备，各个生产厂家使用的收集数据的方法也可能不一样。这种状况已不能适应网络互连的发展需要。

SNMP 协议体系包括三个主要组成部分：管理信息库(MIB)、管理信息结构(SMI)和简单网络管理协议(SNMP)。

SNMP(Simple Network Management Protocol，简单网络管理协议)是基于 TCP/IP 的 Internet 网络管理标准，是最广泛的一种网络管理协议，它被设计成一个应用层协议而成为 TCP/IP 协议族的一部分。SNMP 采用的是无连接的信息传输方式，通过用户数据报协议 (UDP)来实现，因而带给网络系统的负载很低。总的来讲，SNMP 具有以下一些特点：

(1) SNMP 易于实现。

(2) SNMP 是被广泛接纳并被通信设备厂家使用的工业标准。

(3) SNMP 被设计成与协议无关，因此它可在 IP、IPX、AppleTalk、OSI 以及其他传输协议上使用。

(4) SNMP 保证管理信息在任意两点间传送，只要 IP 可达且无防火墙限制。

(5) SNMP 定义基本的功能集用于收集被管设备的数据。

(6) SNMP 目前有三个版本 v1、v2、v3，其中 v1、v2 应用普遍。

(7) SNMP 是开放的免费产品。

(8) SNMP 具有很多详细的文档资料。

(9) SNMP 可用于控制各种设备。

目前，几乎所有的网络设备生产厂家都实现了对 SNMP 的支持。SNMP 成为一种从网络上的设备收集管理信息的公用通信协议。设备的管理者收集这些信息并记录在管理信息库(MIB)中。这些信息报告设备的特性、数据吞吐量、通信超载和错误等。MIB 有公共的格式，所以来自多个厂商的 SNMP 管理工具都可以收集 MIB 信息，在管理控制台上呈现给系统管理员。

通过将 SNMP 嵌入数据通信设备，如路由器、交换机或集线器中，就可以通过一个中心站管理这些设备，并以图形方式查看信息。

SNMP 管理模型有三个基本组成部分：管理代理(Agent)、管理进程(Manager)和管理信息库(MIB)。SNMP 的模型如图 6-2 所示。

图 6-2　SNMP 模型

管理代理一般位于被管设备之中，当管理进程需对被管设备执行操作时，管理进行向管理代理发送操作指令，管理代理通过对被管设备执行相关操作，并将信息反馈给管理进程，从而完成了管理进程对被管设备的管理。管理进程与管理代理之间的信息交换通过管理协议实现，因此，一些关键的网络设备(如路由器、交换机等)提供这一管理代理，又称为 SNMP 代理，以便通过 SNMP 管理站进行管理。SNMP 通过 Get 操作获得被管设备的状态信息及回应信息；通过 Set 操作来控制被管设备，以上功能均通过轮询实现，即管理进程定时向被管设备的代理进程发送查询状态的信息，以维持网络资源的实时监控。

### 3. 配置命令

交换机、路由器关于 SNMP 配置的相关命令与对应关系如表 6-2 所示。

**表 6-2  SNMP 配置命令**

| 功　能 | 锐捷、Cisco 系列交换机 | | H3C 系列交换机 | |
| --- | --- | --- | --- | --- |
| | 配置模式 | 基本命令 | 配置视图 | 基本命令 |
| 启用 SNMP 功能并设置读/写团体号 | 全局模式 | Ruijie(config)#SNMP-server community public rw | 系统视图 | [H3C]SNMP-agent community read public |
| 启用 SNMP TRAP 功能 | | Ruijie(config)#SNMP-server enable traps | | [H3C] SNMP-agent trap enable |
| 设置接收 SNMP TRAP 数据主机 | | Ruijie(config)#SNMP-server host 192.168.2.3 private | | [H3C] SNMP-agent target-host trap address udp-domain 192.168.10.254 params securityname public v1 |
| 设置触发 TRAP 事件 | | Ruijie(config)#SNMP-server enable traps SNMP authentication coldstart | | [H3C] SNMP-agent trap enable standard coldstart |

## 五、任务实施

### 1. 实施规划

◇ 实训拓扑结构

根据任务的需求与分析，实训的拓扑结构如图 6-3 所示，以 SWA 模拟该企业网的交换机，Web 服务器模拟该企业网络服务器，验证机模拟该企业网络管理员计算机。

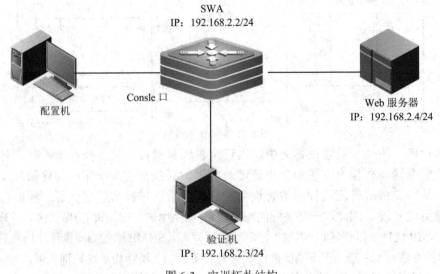

图 6-3  实训拓扑结构

◇ 实训设备

根据任务的需求和实训拓扑结构图，每个实训小组的实训设备配置建议如表 6-3 所示。

**表 6-3 实训设备配置清单**

| 类 型 | 型 号 | 数 量 |
|---|---|---|
| 交换机 | 锐捷 RG-S3760(含配置线) | 1 |
| 计算机 | PC，Windows XP | 2 |
| 服务器 | PC，Windows Server 2003 | 1 |
| 双绞线 | RJ-45 | 3 |
| 软件 | SNMP Tester、receive_trap | 1 |

◇ IP 地址规划

根据实训需求，相关设备的 IP 地址规划如表 6-4 所示。

**表 6-4 IP 地址规划**

| 设备类型 | 设备名称/型号 | IP 地址 |
|---|---|---|
| 计算机 | 验证机 | 192.168.2.3/24 |
| 服务器 | Web 服务器 | 192.168.2.4/24 |
| 交换机 | SWA | 192.168.2.2/24 |

**2. 实施步骤**

(1) 根据实训拓扑结构图进行交换机、计算机等网络设备的线缆连接，配置 PC、服务器的 IP 地址，搭建好实训环境。

(2) 安装和配置服务器 SNMP 功能。

① 在 Web 服务器上通过"开始"菜单打开"添加删除程序"对话框，再选择"添加/删除 Windows 组件"，选中"管理和监视工具"，如图 6-4 所示。

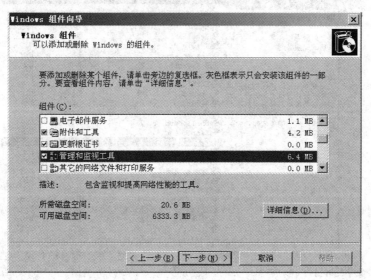

图 6-4 "管理和监视工具"组件

② 单击"详细信息"按钮弹出"管理和监视工具"对话框,在组件列表中选中"简单网络管理协议(SNMP)",如图 6-5 所示。

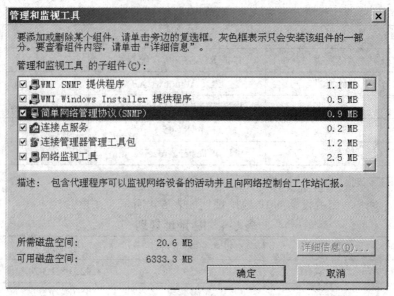

图 6-5　"管理和监视工具"的子组件

③ 在"管理和监视工具"对话框中单击"确定"按钮,即开始进行 SNMP 协议的安装。再单击"确定"按钮,完成 SNMP 协议安装。

④ 通过"开始"菜单选择"程序"→"计算机管理"→"服务",打开"服务"对话框,找到 SNMP Service 协议,如图 6-6 所示。

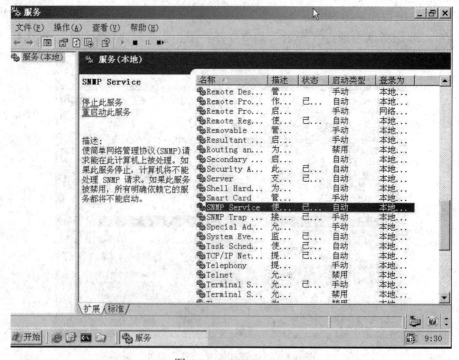

图 6-6　SNMP Service

⑤ 双击"SNMP Service"，打开"SNMP Service 的属性"对话框，如图 6-7 所示。

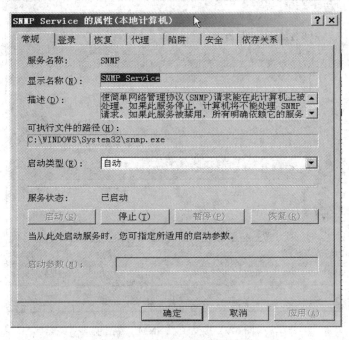

图 6-7　SNMP Service 的属性

⑥ 选中"安全"标签，在"安全"选项卡中选择"添加"按钮，设置 SNMP 团体权限和团体号，此处将"团体权限"设置为"只读"，"团体名称"设置为"public"，选择"添加"按钮即完成团体和权限的设置，如图 6-8 所示。

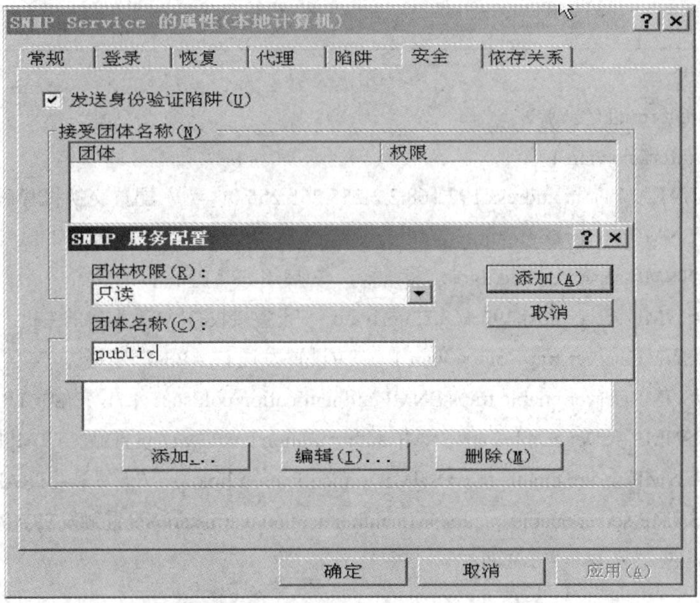

图 6-8　设置 SNMP 团体和权限

⑦ 设置该台服务器接受来自哪些主机的 SNMP 数据，此处选择"接受来自任何主机的 SNMP 数据包"，如图 6-9 所示。

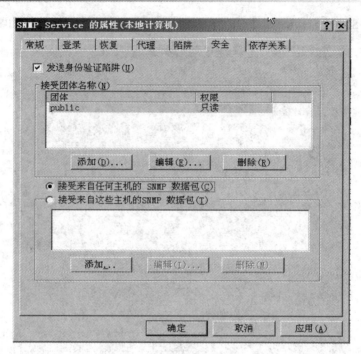

图 6-9 接受主机 SNMP 数据包

(3) 配置交换机的 SNMP 功能。

在配置机上使用计算机 Windows 操作系统的"超级终端"组件，通过串口连接到交换机的配置界面，其中超级终端串口的属性设置还原为默认值(每秒位数为"9600"，数据位为"8"，奇偶校验为"无"，数据流控制为"无")。

在 SWA 上进行 SNMP 功能配置，主要配置清单如下：

```
SWA>enable
SWA#configure terminal
SWA(config)#interface vlan 1
SWA(config-if-VLAN 1)#ip address 192.168.2.2 255.255.255.0   // 配置交换机管理地址
SWA(config)#SNMP-server community public rw        //启用SNMP功能并配置SNMP读写团体号
SWA(config)#SNMP-server enable traps               //启用TRAP功能
SWA(config)#SNMP-server host 192.168.2.3 private   //设置接收TRAP数据包的主机地址和团体号
SWA(config)#SNMP-server trap-source vlan 1         //设置发送TRAP的源地址
SWA(config)#SNMP-server enable traps SNMP authentication coldstart   //设置触发TRAP的事件为冷启动
SWA(config)#SNMP-server enable traps SNMP authentication linkdown //设置触发TRAP的事件为链路关闭
SWA(config)#SNMP-server enable traps SNMP authentication linkup    //设置触发TRAP的事件为链路启用
SWA(config)#SNMP-server enable traps SNMP authentication warmstart //设置触发TRAP的事件为热启动
SWA(config)#exit
SWA#write
```

(4) 验证机安装 SNMP 测试软件。

在验证机上安装 SNMP Tester、receive_trap 软件，以验证 SNMP 的配置。

## 六、任务验收

### 1. 设备验收

根据实训拓扑结构图查看交换机、服务器等设备的连接情况。

### 2. 配置验收

在 Web 服务器上查看 SNMP 的配置情况。

在 SWA 上通过 show snmp 命令查看当前的 SNMP 配置。

### 3. 功能验收

(1) 服务器 SNMP 功能验收。

在验证机上运行 SNMP Tester 软件，并进行 SNMP Tester 的设置，如图 6-10 所示。

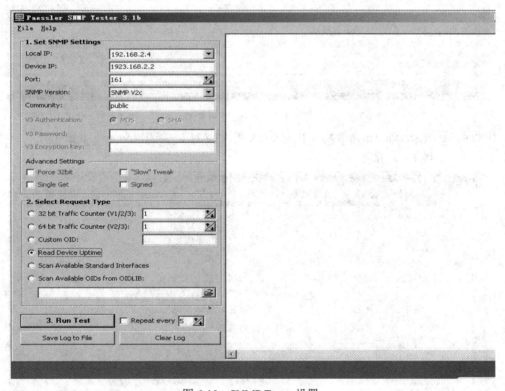

图 6-10　SNMP Tester 设置

在"Device IP"栏输入服务器的 IP 地址，单击"3. Run Test"按钮，即可读出该服务器的相关 SNMP 信息。

(2) 交换机 SNMP 基本功能验收。

交换机 SNMP 基本功能验收步骤与服务器 SNMP 功能验收相同，只是在"Device IP"栏输入交换机的 IP 地址。

(3) 交换机 SNMP Trap 功能验收。

在验证机上运行 receive_trap 软件，并通过"控制"菜单选择"开始"选项，开启 receive_trap 接受 Trap 数据包的功能，如图 6-11 所示。

receive_trap
控制 设置
开始
停止
退出
类型
扩展信息
时间戳
信息1
信息2
信息3
trap版本
QQ:3373294

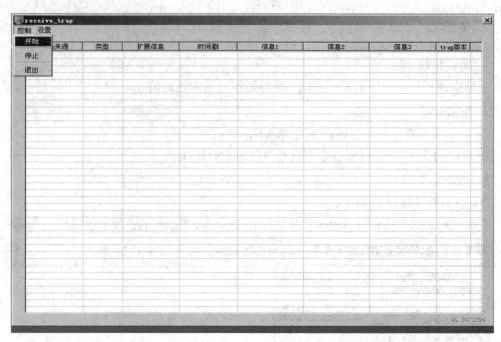

图 6-11 receive_trap 配置

此时，通过 shutdown 命令将交换机 SwA 的 VLAN 1 关闭，receive_trap 程序将接收到报警信息，如图 6-12 所示。

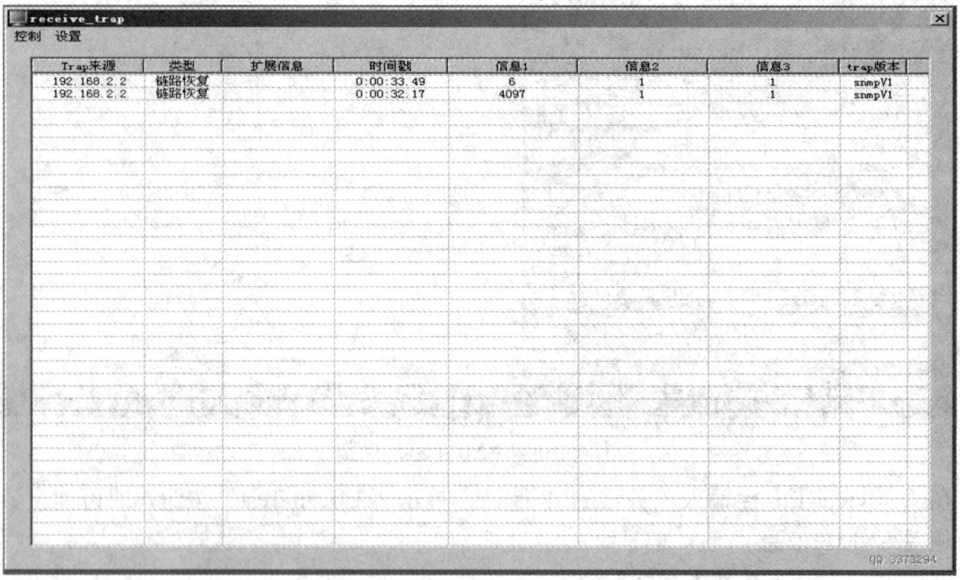

receive_trap
控制 设置
Trap来源 类型 扩展信息 时间戳 信息1 信息2 信息3 trap版本
192.168.2.2 链路恢复 0:00:33.49 6 1 1 snmpV1
192.168.2.2 链路恢复 0:00:32.17 4097 1 1 snmpV1
QQ:3373294

图 6-12 接收 Trap 报警信息

## 七、任务总结

针对某公司办公区内部网络的网络管理系统的建设进行了服务器 SNMP 配置、交换机 SNMP 基本配置、交换机 SNMP Trap 配置等方面的实训。

# 任务二　企业网设备运行状态监测

## 一、任务描述

　　某企业网采用层次化结构，整个网络分为核心层、汇聚层和接入层，同时为企业员工提供了多种网络服务，办公园区网具有较多的交换机和多台服务器，现在需要实时监控各主要交换设备和服务器设备的运行状态。

## 二、任务目标

　　**目标**：本任务针对企业网的交换设备和服务器的运行状态进行监控，能实时监控各设备的运行状态，出现异常时给出告警。

　　**目的**：本任务利用 IPSentry 软件对网络设备的运行情况进行实时监控，以帮助读者了解常用的网络设备运行状态监控的思路以及 IPSentry 的使用方法，并具备灵活运用的能力。

## 三、需求分析

### 1. 任务需求

　　该企业办公区分布于两层楼中，共 6 个部门，每个部门配置不同数量的计算机。办公网络已组建完毕，且该企业网络使用了多台服务器，用于对内、对外提供相关的网络服务。要求通过相关网络管理技术实时监控主要网络设备的运行情况。根据实地考察，该企业网络结构图如图 6-1 所示。

　　该企业办公区网络的主要设备如表 6-5 所示。

表 6-5　企业办公区网络的主要设备

| 设备类型 | 设备名称/型号 | IP 地址 | 运行业务 | 用途 |
|---|---|---|---|---|
| 三层交换机 | 锐捷 RG-S3760 | 10.10.8.6 | 核心交换机 | 交换 |
| 二层交换机 | 锐捷 RG-S2328G | 10.10.8.10 | 核心交换机 | 交换 |
| 二层交换机 | 锐捷 RG-S2328G | 10.10.10.7 | 汇聚交换机 | 交换 |
| 服务器 | DELL 1420 | 10.10.8.28 | Web | 网站 |

### 2. 需求分析

　　需求 1：在不改动原有拓扑结构的情况下，对办公网的主要设备进行监控，应不影响设备的运行可靠性和稳定性，不会导致网络故障和效率低下。

　　需求 2：采用先进的网络管理技术对网络设备的实时运行状态进行监控，能管理不同厂家和类型的设备，并在出现故障时进行告警。

分析：使用 IPSentry 网络监测软件对企业网设备和线路进行监控。

## 四、知识链接

### 1. 端口监测

TCP/IP 体系中的传输层是整个网络体系结构的关键层之一，它向上面的应用层提供通信服务。传输层有两个不同的协议：用户数据报协议(User Datagram Protocol，UDP)和传输控制协议(Transmission Control Protocol，TCP)。

UDP 在传送数据之前不需要先建立连接。对方的传输层在收到 UDP 报文后，不需要给出任何确认。虽然 UDP 不提供可靠交付，但在某些情况下它是一种最有效的工作方式。UDP 适用于多次、少量、实时性要求高的数据传输业务。

TCP 提供面向连接的服务，不提供广播或多播服务。由于 TCP 要提供可靠的、面向连接的传输服务，因此不可避免地增加了许多开销，这不仅使协议数据单元的首部增大很多，还要占用许多的处理器资源。TCP 适用于一次传送大批量数据的业务。

端口是应用程序在传输层传送数据时的标识，用来标志应用层的进程。端口的作用就是让应用层的各种应用进程都能将其数据通过端口向下交付给传输层，并让传输层知道将报文段中的数据向上通过端口交付给应用层相应的进程。端口在应用进程的通信中所起的作用如图 6-13 所示。

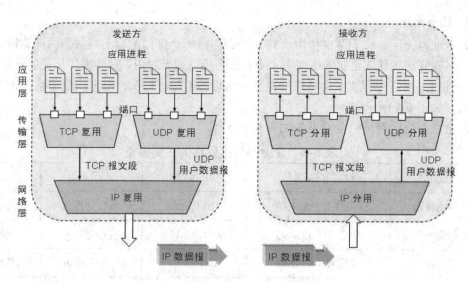

图 6-13  端口在进程的通信中所起的作用

端口用一个 16 bit 端口号进行标志。端口号只具有本地意义，即端口号只是为了标志本计算机应用层中的各进程。在因特网中，不同计算机的相同端口号是没有联系的。

根据服务类型的不同，端口分为两种，一种是 TCP 端口，一种是 UDP 端口，分别对应传输层的两种协议(TCP、UDP)。

端口号的分配是一个重要问题，有两种基本分配方式：

(1) 熟知端口，由 ICANN(互联网名称与数字地址分配机构)负责分配给一些常用的应用层程序固定使用的端口，其数值一般为 0~1023。常见的服务和端口对应关系如表 6-6 所示。

表 6-6    常见的服务和端口对应关系

| 应用程序 | FTP | TELNET | SMTP | DNS | HTTP | SNMP | RIP |
|---|---|---|---|---|---|---|---|
| 服务类型 | TCP | TCP | TCP | UDP | TCP | UDP | UDP |
| 端口号 | 21 | 23 | 25 | 53 | 80 | 161 | 520 |

(2) 一般端口，用来随时分配给请求通信的客户进程，一般指数值大于 1024 的端口号。

端口监测通过与远程主机的不同端口建立连接或通信，并记录目标主机给予的回答，通过这种方法，可以搜集到目标主机的各种有用的信息，并通过对一些熟知端口的监测获取主机上运行服务的状态，从而达到远程监控网络运行状态的目的。

**2. IPSentry 网络状态监控软件**

IPSentry 是一款网络状态监控软件，它周期性地轮询检测网络节点的通断或主机上运行的业务，自动产生 HTML 格式的检测结果，并按日期记录 log 文件。这些 log 文件可以被导入到数据库中，按任意时间段做出网络统计报表。IPSentry 能实时检测网络设备的各类服务和通断情况，当某服务停止或网络中断时，该软件会通过 E-mail、声音或运行其他软件来发出提醒和通知。

## 五、任务实施

**1. 实施规划**

◇ 实训拓扑结构

根据任务的需求与分析，实训的拓扑结构如图 6-14 所示，以 SWA 模拟该企业网的主交换机，SWB、SWC 模拟部门交换机，Web 服务器模拟该企业网的服务器，验证机模拟该企业网络管理员计算机。

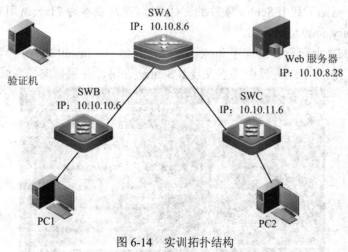

图 6-14    实训拓扑结构

◇ 实训设备

根据任务的需求和实训拓扑结构图，每个实训小组的实训设备配置建议如表 6-7 所示。

表 6-7　实训设备配置清单

| 类　型 | 型　号 | 数　量 |
|---|---|---|
| 交换机 | 锐捷 RG-S3760 | 1 |
| 交换机 | 锐捷 RG-S2328G | 2 |
| 计算机 | PC，Windows XP | 3 |
| 服务器 | PC，Windows Server 2003 | 1 |
| 软件 | IPSentry 5.1.1 | 1 |
| 双绞线 | RJ-45 | 若干 |

◇　监控参数

企业网需要的监控网络设备的主要参数配置如表 6-8 所示。

表 6-8　企业网监控设备参数

| 设备类型 | 设备名称/型号 | IP 地址 | 监控业务 | 监控参数 |
|---|---|---|---|---|
| 三层核心交换机 | 锐捷 RG-S3760 | 10.10.8.6 | 通断情况 | ping |
| 二层汇聚交换机 | 锐捷 RG-S2328G | 10.10.10.6 | 通断情况 | ping |
| 二层汇聚交换机 | 锐捷 RG-S2328G | 10.10.11.6 | 通断情况 | ping |
| 服务器 | PC Windows Server 2003 | 10.10.8.28 | Web | TCP:80 |

**2. 实施步骤**

(1) 根据实训拓扑结构图进行交换机、计算机等网络设备的线缆连接，配置 PC、服务器等的 IP 地址，配置交换机的 VLAN、IP、路由等参数，连通整个网络，搭建好实训环境。具体配置步骤可参考第 5 章。

(2) 正确配置需要监控的网络设备的 SNMP 协议，具体配置步骤参考本章任务一。

(3) 安装 IPSentry。

从 IPSentry 网站下载 IPSentry 软件的评估版本(评估版本为 21 天试用期)，下载站点为 http://www.ipsentry.com/download。

在 PC1 或 PC2 上运行安装程序 ipssetup.exe，并单击"Install IPSentry"按钮进行安装，如图 6-15 所示。在接下来的界面同意安装 IPSentry 许可，并根据向导完成安装。

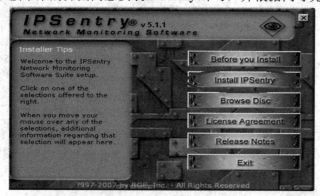

图 6-15　安装 IPSentry

(4) 配置 IPSentry 的监控参数。

① 启动 IPSentry 配置选项，选择 "Action" 菜单栏，如图 6-16 所示。

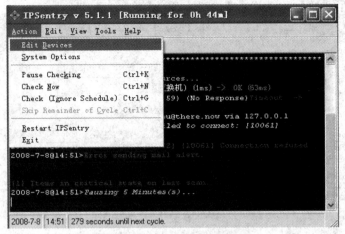

图 6-16 启动 IPSentry 配置选项

② 选择 "Edit Devices"，根据监控的对象添加各监控项。选择 "Network Monitor" 下面的 "PING"，如图 6-17 所示，以监控设备的通断情况。如果需要监控其他服务可根据实际情况进行选择，例如监控各种网络服务、磁盘空间、Windows 服务等。

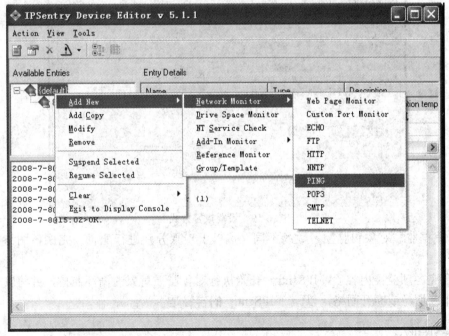

图 6-17 添加 PING 监控项

⇨ 提示：如要选择监控其他内容(磁盘空间、Windows 服务等)，需要输入 SNMP 参数或具有权限的操作系统账号。

③ 添加第一台要监控的设备，设置 PING 的监控参数(类型、名称、IP 地址、端口等)，如图 6-18 所示。

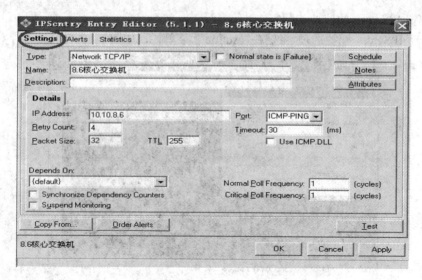

图 6-18  配置 PING 的监控参数

④ 选择"Alerts"选项卡设置报警方式。第一栏为音频报警，也可选择其他报警方式(短信、邮件、程序、日志等)，如图 6-19 所示。

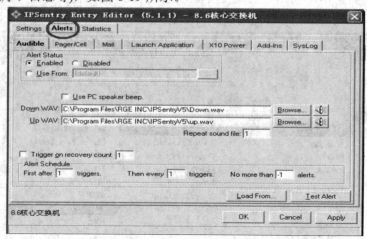

图 6-19  设置报警方式

⑤ 根据监控对象和监控参数的不同，按以上步骤分别进行配置，完成各网络设备的添加。

配置完各项监控内容后，IPSentry 开始执行对各监控对象的循环监控，并将其中的监控目标中断服务或断开网络，以验证 IPSentry 的告警是否执行。

# 六、任务验收

## 1. 设备验收

根据实训拓扑结构图查看交换机、服务器等设备的连接情况，确认各设备连通。

## 2. 配置验收

在安装了 IPSentry 软件的计算机上查看配置情况，检查各监控目标的状态。

### 3. 功能验收

根据核心交换机的 ping 参数监控配置进行功能验收。在图 6-18 的界面单击"Test"按钮检查监控对象是否正常进行，如果正常，"Alert Test"对话框将显示"Alert OK"，即达到配置效果，如图 6-20 所示。

图 6-20 核心交换机状态验收效果

断开监控对象的连线或服务，IPSentry 监控主机界面将显示报警，并以声音方式发出告警。

## 七、任务总结

针对企业网设备运行状态监测的建设进行了各主要监控设备的配置和验收，达到了通过运用网络管理软件对网络设备运行状态进行监测，保障网络的正常运行和性能优化。

## 任务三 企业网线路流量监测

## 一、任务描述

某企业网采用层次化结构，整个网络分为核心层、汇聚层和接入层，同时为企业员工提供了多种网络服务。办公网具有较多的交换机和多台服务器，需要实时监测主要线路的流量情况。

## 二、任务目标

**目标：**本任务针对办公网交换设备的线路流量进行监控，能实时监控各主要线路的流量状态，以便能及时调整和优化网络带宽。

**目的：**通过本任务利用 PRTG 软件对交换机的线路流量进行监控，实时监控各线路的流量状态，以帮助读者了解常用的网络线路流量监控的思路，掌握 PRTG 的使用方法，并具备灵活应用的能力。

## 三、需求分析

### 1. 任务需求

该企业办公区分布于两层楼中，共 6 个部门，每个部门配置不同数量的计算机。办公网络已组建完毕，且该企业网络构建了多台服务器，用于对内、对外提供相关的网络服务。要求能通过相关网络管理技术和产品对网络内主要线路流量进行实时监控，以便为网络管理员优化网络提供依据。根据实地考察，该企业网络结构图如图 6-1 所示。

该任务需要监控企业网主要线路的流量情况，各线路具体情况如表 6-9 所示。

表 6-9　企业网主干线路表

| 线路类型 | 发起端设备(IP) | 发起端口 | 对端设备(IP) | 对端设备口 | 对端位置 |
| --- | --- | --- | --- | --- | --- |
| 双绞线 | 10.10.8.6 | Port 1/0/1 | 10.10.10.6 | Port 24 | 一楼 |
| 双绞线 | 10.10.8.6 | Port 1/0/2 | 10.10.11.6 | Port 25 | 二楼 |
| 双绞线 | 10.10.8.6 | Port 1/0/24 | 10.10.9.28 | | Web 服务器 |

### 2. 需求分析

需求：采用先进的网络管理技术对线路中的流量进行监控和管理，监控实时运行状态，能管理不同厂家和类型的设备，并在出现故障时进行告警。

分析：使用 PRTG 网络监测软件对网络设备和线路进行监控和管理。

## 四、知识链接

### 1. 网络带宽

网络带宽指网络设备的接口或线路在一个固定的时间内(1 s)能通过的最大位数据。网络带宽作为衡量网络使用情况的一个重要指标，日益受到人们的普遍关注。它不仅是政府或单位制订网络通信发展策略的重要依据，也是互联网用户和单位选择互联网接入服务商的主要因素之一。由于网络带宽、网络流量和网络数据传输速率的计算方法相同，且单位都采用 bit/s(位每秒)，因此在日常生活中，将网络带宽与网络流量、网络数据传输速率视为相同。

在通信和计算机领域，应特别注意计算机中的数量以字节作为度量单位，1 字节(Byte) = 8 位(bit)，同时注意数量单位"千""兆""吉"等的英文缩写所代表的数值，其中，"千字节"的"千"用大写 K 表示，它等于 $2^{10}$，即 1024，而不是 1000。

在实际应用中，下载软件时常常看到诸如下载速度显示为 128 KB(KB/s)、256 KB/s 等宽带速率大小字样，因为 ISP 提供的线路带宽使用的单位是比特(bit)，而一般下载软件显示的是字节(1 B = 8 bit)，所以要通过换算才能得到实际值。以 2M 带宽为例，按照下面换算公式换算：

$$2 \text{ Mb/s} = 2 \times 1024 \text{ Kb/s} = 2 \times \frac{1024}{8} \text{KB/s} = 256 \text{ KB/s}$$

## 2. PRTG

PRTG(Paessler Router Traffic Grapher，线路流量监测系统)是一款功能强大的，可通过路由器、交换机等设备上的 SNMP 协议取得流量信息并产生图形报表的软件，它可以产生企业内部网络相关设备(包括服务器、路由器、交换机、网络终端设备等)的网络流量图形化报表，并能够对这些报表进行统计和绘制，帮助网络管理员找到企业网络存在的问题，分析网络的升级方向。PRTG 可以将图形、图表以网页的形式反馈出来，以实现远程管理，查看和维护网络流量的目的。

# 五、任务实施

## 1. 实施规划

◇ 实训拓扑结构

根据任务的需求与分析，实训的拓扑结构如图 6-21 所示，以 SWA 模拟该企业网的主交换机，Web 服务器模拟该企业网的服务器。

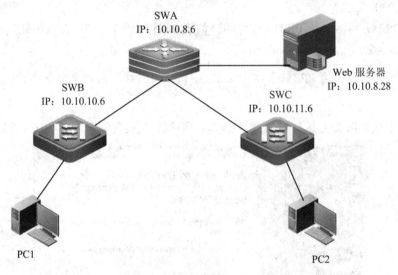

图 6-21　实训拓扑结构

◇ 实训设备

根据任务的需求和实训拓扑结构图，每个实训小组的实训设备配置建议如表 6-10 所示。

表 6-10　实训设备配置清单

| 类　型 | 型　号 | 数　量 |
| --- | --- | --- |
| 交换机 | 锐捷 RG-S3760 | 1 |
| 交换机 | 锐捷 RG-S2328G | 2 |
| 计算机 | PC，Windows XP | 2 |
| 服务器 | PC，Windows 2003 | 1 |
| 软件 | PRTG | 1 |
| 双绞线 | RJ-45 | 若干 |

◇ 参数规划

企业网需要监控的主干线路参数配置如表 6-11 所示。

表 6-11　企业网主干线路参数配置表

| 线路类型 | 发起端设备(IP) | 发起端口 | 对端设备(IP) | 对端设备口 | 对端位置 |
|---|---|---|---|---|---|
| 双绞线 | 10.10.8.6 | Port 1/0/1 | 10.10.10.6 | Port 1/0/1 | 一楼 |
| 双绞线 | 10.10.8.6 | Port 1/0/2 | 10.10.11.6 | Port 1/0/1 | 二楼 |
| 双绞线 | 10.10.8.6 | Port 1/0/24 | 10.10.8.28 | | Web 服务器 |

**2. 实施步骤**

(1) 根据实训拓扑结构图进行交换机、计算机等网络设备的线缆连接，配置 PC、服务器等的 IP 地址，配置交换机的 VLAN、IP、路由等参数，连通整个网络，搭建好实训环境。具体配置步骤可参考第 5 章。

(2) 正确配置需要监控的网络设备的 SNMP 协议和参数，配置步骤参考本章任务一。

(3) 安装 PRTG。

① 从 PRTG 网站下载 PRTG 软件的评估版本(评估版本为 30 天试用期)，下载站点为 http://www.paessler.com/prtg/download。

**说明**：本任务采用的 PRTG 版本为 v6.0.5，PRTG 网站下载的最新版本的安装和配置界面会有所不同。

② 在 PC1 或 PC2 上运行解压缩后的安装程序，进入安装向导，如图 6-22 所示。

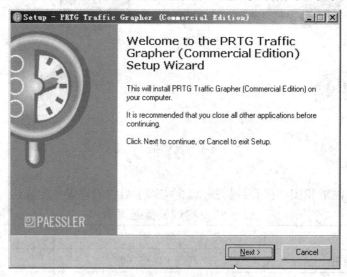

图 6-22　安装向导

③ 单击"Next"按钮进入下一对话框，选择接受安装协议。

④ 单击"Next"按钮进入下一对话框，选择安装目录和组件。

⑤ 单击"Next"按钮，选择需要额外安装的 PRTG 任务，选择第一个单选按钮，默认 PRTG 可提供 Web 服务访问，如图 6-23 所示。

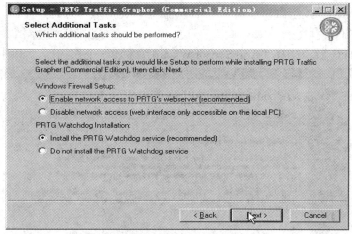

图 6-23　需要额外安装的 PRTG 任务

⑥ 单击 "Next" 按钮完成安装，如图 6-24 所示。

图 6-24　完成安装向导

⑦ 单击 "Finish" 按钮启动 PRTG，选择版本的类型。若是免费测试版本默认第一项，如果购买了正式版本则选择其他项输入产品序列号，如图 6-25 所示。

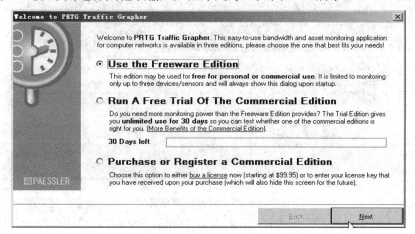

图 6-25　版本选择

⑧ 单击"Next"按钮后再单击"Finish"按钮，完成版本选择。

(4) 配置 PRTG。

① 启动 PRTG 后，选择"Add Sensor Wizard"添加一个扫描器，如图 6-26 所示。

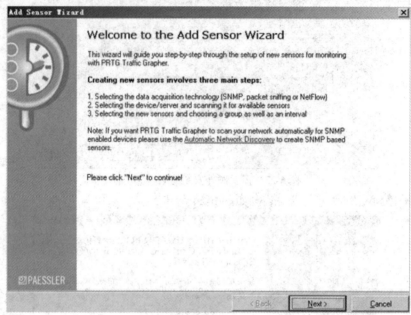

图 6-26　添加一个扫描器

② 在图 6-27 所示页面选择"SNMP"，单击"Next"按钮。

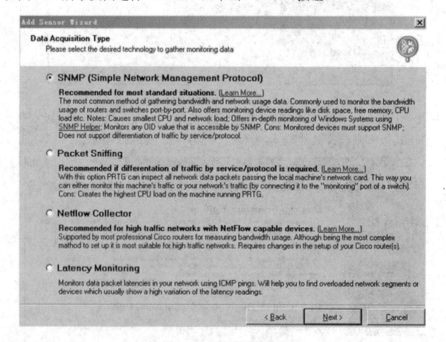

图 6-27　选择管理协议

③ 在 SNMP 传感器类型里选择"Standard Traffic Sensor"，单击"Next"按钮，如图 6-28 所示。

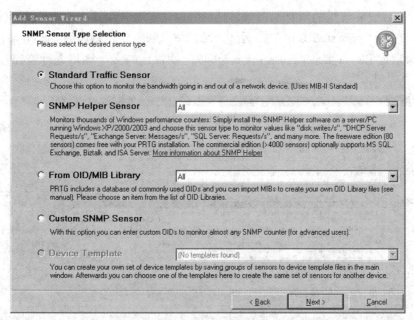

图 6-28　选择标准 SNMP 扫描器

④ 在图 6-29 所示设备选择窗口中对要监控的设备参数进行设置,包括 Device Name(设备名)、设备的 IP 地址或域名、SNMP 版本、SNMP 端口等。该图中输入名称为"中心交换机",IP 地址为"10.10.8.6",单击"Next"按钮。

图 6-29　监控的设备参数

连接成功后会出现选择交换机端口的窗口,从"Port Selection"窗口的上方可以看到已经读取目标设备的 SNMP 相关信息、IOS 信息以及存在的端口。

在"Add Sensor Wizard"对话框的"Select the value to monitor"下拉菜单中可以设置要监控的信息,包括带宽、广播数据包、非广播数据包、每分钟错误信息数等。在中间列表框中显示出目标设备连接的所有端口，包括已经连接设备的和没有连接任何网线的，通过Connected 和 Not Connected 来区分，另外，端口信息和速度也将详细显示出来。通过勾选某个端口来指定 PRTG 要监控的端口，也可以一次性选择多个端口进行监控，如图 6-30 所示。

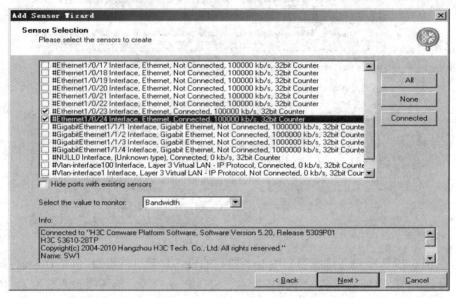

图 6-30　选择监控端口

⑤ 单击"Next"保存扫描器名称，设置扫描间隔、扫描器生成的图表信息(包括自动建立新图表、实时绘制图表)，绘制 5 分钟平均图、1 小时平均图、1 天平均图等。

⑥ 设置完毕后返回 PRTG 的监视控制台，可以看到刚才选择的设备上对应的几个端口的流量信息，每个端口对应一张详细流量图，横坐标是对应的时间，纵坐标是数据占用的带宽大小。单击每个图标选择详细信息即可看到更清楚的统计(输出数据流量总和与输入数据流量总和都有具体的统计和显示，详细到每 5 分钟)。

⑦ 继续添加监视器监控其他设备的线路，按照上述步骤再添加其他需要监控设备的监视器。

⑧ 在 PRTG 中可以通过其自带的页面发布工具把绘制出来的信息以网页的形式展现，显示信息也是实时变化的，实现了数据的同步更新。在主界面右边一列中找到 configuring the web server，启动 Web Server 设置窗口配置 Web 发布参数。

⑨ 通过"http://IP 地址:端口号"访问 PRTG 所绘制的信息图，所有设置好的扫描器监控端口信息都会显示出来，根据项目需求选择相应设备和线路即可查看线路流量状况。

## 六、任务验收

### 1. 设备验收

根据实训拓扑结构图查看交换机、服务器等设备的连接情况，确认各设备连通。

### 2. 配置验收

在安装了 PRTG 软件的计算机上查看配置情况，检查各项监控目标是否正常。

### 3. 功能验收

在 PRTG 上查看添加的交换机端口的流量记录。以 Port 1/0/1、Port 1/0/24 为例，如图 6-31 和图 6-32 所示。

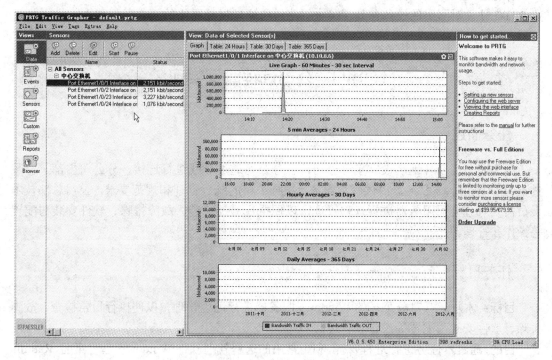

图 6-31　端口 1 流量图

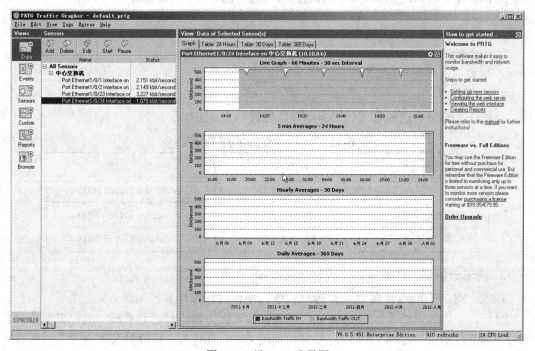

图 6-32　端口 24 流量图

## 七、任务总结

针对企业网线路流量监测的建设进行了各主要监控设备的配置和验收，以及安装和配置 PRTG 软件对网络的设备和其端口进行流量监测，保障网络的正常运行和性能优化。

# 任务四　公司远程管理实现

## 一、任务描述

某集团公司在各地区设立了分公司，各分公司通过专线进行连接，分公司内部具有数量不等的 Windows 服务器提供网络服务。根据公司的统一管理和规范要求，公司总部技术人员需要对分公司服务器进行远程管理，以便执行日常检查、故障排除、软件安装与配置等操作和管理。

## 二、任务目标

**目标**：本项目针对分公司的 Windows 服务器进行远程管理，以便执行日常检查、故障排除、软件安装与配置等操作和管理。

**目的**：通过本任务进行远程管理，利用常用的远程管理软件 Windows 远程桌面、Radmin 实现远程管理，以帮助读者了解常用的远程管理方法，熟练掌握远程管理软件，并能灵活运用。

## 三、需求分析

### 1. 任务需求

经调查，分公司需要管理的服务器数据如表 6-12 表所示。

表 6-12　远程需管理的服务器数据

| 服务器类型 | IP 地址 | 操作系统 |
| --- | --- | --- |
| 数据库服务器 | 192.168.5.1 | Windows Server 2003 |
| 邮件服务器 | 192.168.5.2 | Windows Server 2000 |
| 域控制器 | 192.168.5.3 | Windows Server 2003 |

### 2. 需求分析

需求：对 Windows 服务器进行远程管理，便于远程操作和控制服务器。

分析：使用远程桌面、Radmin 远程管理软件对服务器进行远程管理。远程桌面具有简单易用和简化的连接操作。Radmin 安装和使用简单，在速度、可靠性及安全性方面都有其显著的特点。

## 四、知识链接

### 1. 远程管理

远程管理是计算机使用特定的软件或服务，通过网络对远程的计算机进行管理、控制，并将远程计算机的桌面、网络、磁盘等信息在本地机器显示，达到能操作和管理远程计算机的功能。通过远程管理能比较方便地实现远程办公、远程技术支持、远程交流、远程维护和管理等多种需求。

远程管理一般支持的网络方式为 LAN、WAN、拨号方式、互联网方式。此外，有的远程管理软件还支持通过串口、并口、红外端口对远程机进行控制。传统的远程管理软件一般使用 NETBEUI、NETBIOS、IPX/SPX、TCP/IP 等协议来实现远程控制，随着网络技术的发展，目前很多远程管理软件提供通过 Web 页面以 Java 技术来控制远程计算机，这样可以实现不同操作系统下的远程管理。

远程管理软件一般分两个部分：一部分是客户端程序 Client，另一部分是服务器端程序 Server。在使用前需要将客户端程序安装到主控端计算机上，将服务器端程序安装到被控端计算机上。远程管理软件的控制过程一般是先在主控端计算机上执行客户端程序，像一个普通的客户一样向被控端计算机中的服务器端程序发出信号，建立一个特殊的远程服务连接，然后通过这个远程服务连接使用各种远程控制功能发送控制命令，控制被控端计算机中的各种应用程序。这种远程控制方式为基于远程服务的远程控制。

通过远程控制软件，可以进行很多方面的远程控制：① 获取目标计算机屏幕图像、窗口及进程列表；② 记录并提取远端键盘事件(击键序列，即监视远端键盘输入的内容)；③ 可以打开、关闭目标计算机的任意目录并实现资源共享；④ 提取拨号网络及普通程序的密码；⑤ 激活、中止远端程序进程；⑥ 管理远端计算机的文件和文件夹；⑦ 关闭或者重新启动远端计算机中的操作系统；⑧ 修改 Windows 注册表；⑨ 通过远端计算机上、下载文件和捕获音频、视频信号；等等。

### 2. 远程管理软件

#### 1) Windows 远程桌面

Windows 远程桌面是一种终端服务技术，使用远程桌面可以从运行 Windows 操作系统的任何客户机来运行远程 Windows XP Professional 或 Windows Server 2003 计算机上的应用程序。终端服务使用 RDP 协议(远程桌面协议)客户端连接，使用终端服务的客户可以在远程以图形界面的方式访问服务器，并且可以调用服务器中的应用程序、组件、服务等，和操作本机系统一样。这样的访问方式不仅大大方便了各种各样的用户，而且提高了工作效率，并且能有效地节约企业的维护成本。

Windows XP 的远程桌面功能只能提供一个用户使用计算机，而 Windows 2003 终端服务提供的远程桌面功能则可供多用户同时使用。

⇨ 提示：Windows 远程桌面服务端默认采用 TCP 3389 端口提供连接，如果启用了防火墙，需在防火墙设置里允许"远程桌面"服务或 TCP 3389 端口通过。

2) Radmin 远程控制软件

Radmin 是一款安装和使用都很简单的远程控制软件，该软件是较理想的远程访问解决方案，可以从多个地点访问同一台计算机，并使用高级文件传输、远程关机、Telnet、操作系统集成的 NT 安全性系统支持以及其他功能。Radmin 在速度、可靠性及安全性方面都有其显著的特点。

## 五、任务实施

### 1. 实施规划

根据需求，规划分公司远程管理的参数如表 6-13 所示。

表 6-13 远程管理参数

| 计算机 | IP 地址 | 操作系统 | 远程管理方式 |
| --- | --- | --- | --- |
| 数据库服务器 | 192.168.5.1 | Windows Server 2003 | 远程桌面 |
| 邮件服务器 | 192.168.5.2 | Windows Server 2000 | 远程桌面 |
| 域控制器 | 192.168.5.3 | Windows Server 2003 | Radmin |
| 客户机 | 192.168.5.4 | Windows XP | 远程桌面、Radmin |

### 2. 实施步骤

(1) 进行交换机、计算机等网络设备的线缆连接，配置客户机、服务器的 IP 地址，连通整个网络，搭建好实训环境。

(2) 配置远程桌面服务端。

远程桌面为 Windows 系统自带的服务，不需要另外安装。

① 在需要被控制的服务器上通过"控制面板"双击"系统"选项，打开"系统属性"对话框。

② 在"系统属性"对话框选择"远程"选项卡，然后选中"允许用户远程连接到这台计算机"复选框，如图 6-33；单击"选择远程用户…"按钮，在图 6-34 所示对话框中添加或删除用户，选择添加具有远程控制权限的用户，单击"确定"按钮。

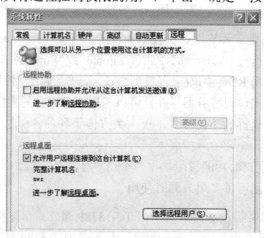

图 6-33 启用"远程桌面"

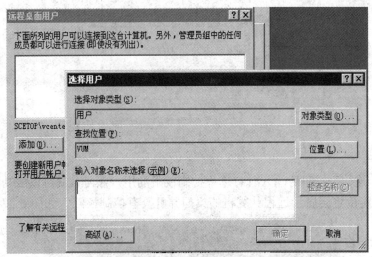

图 6-34　选择远程用户

③ 如果本机启用了 Windows 防火墙或安装了其他防火墙软件，需在防火墙设置的例外列表中选择"远程桌面"服务或相应端口，如图 6-35 所示。

图 6-35　Windows 防火墙设置

(3) 使用远程桌面客户端。

远程桌面连接程序已内置到 Windows XP/2003 的附件中，不用安装任何程序就可以使用远程桌面连接。

① 通过任务栏的"开始"菜单选择"程序"→"附件"→"通信"→"远程桌面连接"登录程序。

② 在"计算机"处输入开启了远程桌面功能的计算机 IP 地址，如图 6-36 所示。

图 6-36 远程登录界面

③ 单击"连接"按钮后输入具有远程控制权限的用户账号，就可以成功登录到该计算机，远程桌面连接将会显示远程计算机的桌面并且具有控制权限，如图 6-37 所示。

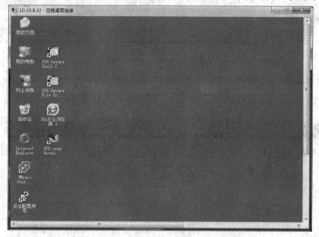

图 6-37 远程桌面登录后的桌面

(4) Radmin 安装配置。

① 从 Radmin 网站下载 Radmin 软件的评估版本(评估版本为 30 天试用期)，下载站点为 http://www.radmin.com/download，分别在服务器和客户机上均根据安装向导提示完成 Radmin 安装。

② 设置和启动 Radmin 服务端。先在服务器上设置 Radmin 的服务端，通过"开始"菜单选择"程序"，在"Remote Administrator"的"Radmin 设置"中设置服务端，如图 6-38 所示。

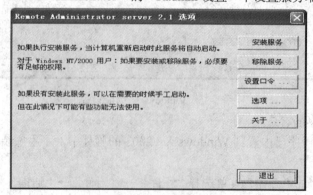

图 6-38 Remote Administrator 选项

③ 选择"安装服务"将 Radmin 作为操作系统服务运行，选择"设置口令"，在图 6-39

所示对话框设置远程管理口令。也可通过添加操作系统用户进行验证，如图 6-40 所示。

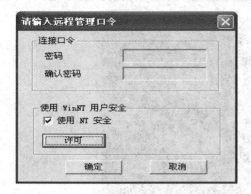 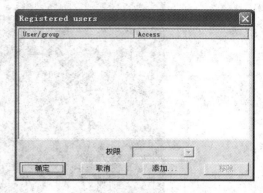

图 6-39　设置 Radmin 远程管理口令　　　　　图 6-40　添加操作系统用户

④ 通过"开始"菜单选择"Remote Administrator"→"开始服务"，运行 Radmin 服务端。

⑤ 在客户机上设置 Radmin 客户端。通过"开始"菜单选择"Remote Administrator"，打开 Remote Administrator viewer 连接器，接着选择"连接"菜单里的"新建"，弹出"新建连接"对话框，如图 6-41 所示。

图 6-41　新建连接项目

⑥ 输入连接名称、服务端 IP 地址、端口(使用默认端口 4899)后单击"确定"按钮，在图 6-42 所示页面双击新建立的项目名称即可连接上服务器端。连接成功后即可显示远程计算机桌面并可进行控制，如图 6-43 所示。

图 6-42　建好的连接项目

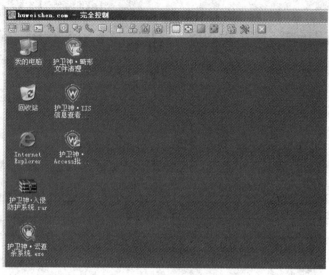

图 6-43　Radmin 远程计算机桌面

## 六、任务验收

### 1. 配置验收

查看计算机上的远程桌面、Radmin 配置情况。

### 2. 功能验收

在客户机上分别使用远程桌面、Radmin 连接服务器，能远程控制和操作服务器。

## 七、任务总结

针对公司服务器远程管理的建设进行了远程管理的配置和验收，达到了通过运用多种远程管理软件对服务器进行远程管理，提高了网络管理效率。

## ⊠ 教学目标

通过企业网络安全的案例，以各实训任务的内容和需求为背景，以完成企业网络安全管理为实训目标，通过任务方式模拟网络安全技术的一些典型应用和实施过程，帮助学生理解网络安全技术的典型应用，具备企业网络安全防护和实施的能力。

## ⊠ 教学要求

本章各环节的关联知识与对学生的能力要求见下表：

| 任 务 要 点 | 能 力 要 求 | 关 联 知 识 |
| --- | --- | --- |
| 集团公司安全访问互联网 | (1) 掌握防火墙基础配置、NAT 配置；<br>(2) 了解防火墙规则的配置 | (1) 防火墙技术；<br>(2) 防火墙工作模式 |
| 园区网接入层安全防护 | (1) 了解交换机安全防护技术；<br>(2) 了解安全策略的配置方法 | (1) 路由器与交换机的安全管理；<br>(2) 端口安全；<br>(3) ARP 检查；<br>(4) DHCP 监听；<br>(5) DAI(动态 ARP 监测) |
| 公司网络防毒系统的实施 | 掌握网络病毒防护系统的配置方法和具备实施能力 | (1) 计算机病毒防护；<br>(2) 网络病毒防护系统 |
| 移动用户访问企业网资源 | (1) 了解 VPN 的原理和功能；<br>(2) 了解 SSL VPN 配置方法，具备 VPN 实施的能力 | (1) VPN；<br>(2) SSL VPN |

## ⊠ 重点难点

- ➢ 防火墙基础配置、NAT 配置、规则配置；
- ➢ 交换机 ARP 检查、DHCP 监听、DAI；
- ➢ 网络病毒防护系统；
- ➢ SSL VPN 配置。

# 任务一 集团公司安全访问互联网

## 一、任务描述

某集团公司是一个高速发展的现代化企业，拥有数量较多的计算机，建立了多台服务器对外提供服务，目前内部上网采用的是代理服务器，对外提供服务的服务器采用的是双网卡。现公司计划采用 100 MHz 光纤宽带接入互联网，希望公司内部能稳定安全地访问互联网，同时还需要通过互联网提供公司的网站、邮件服务，并保障公司网络出口的安全性。

## 二、任务目标

**目标**：针对公司互联网出口的网络安全进行规划并实施。

**目的**：通过本任务进行防火墙配置的实训，以帮助读者掌握防火墙的基础配置、NAT 配置，了解防火墙规则的配置方法，具备应用防火墙的能力。

## 三、需求分析

### 1. 任务需求

集团公司内部能稳定安全地访问互联网，同时还需要通过互联网提供公司的网站、邮件服务。

### 2. 需求分析

需求 1：公司内部能稳定、安全地访问互联网。

分析 1：配置防火墙规则，使内部网络能够通过 NAT 转换访问外部网络。

需求 2：通过互联网提供公司的网站、邮件服务。

分析 2：配置防火墙规则，使外部网络能够通过端口映射转换访问内部服务器的服务。

## 四、知识链接

### 1. 防火墙

传统意义的防火墙被设计用于建筑物防止火灾蔓延的隔断墙。在网络上简单的防火墙可以只用路由器实现，复杂的可以用主机甚至一个子网来实现。设置防火墙目的都是为了在内部网与外部网之间设立唯一的通道，简化网络的安全管理。

防火墙是一种高级访问控制设备，置于不同安全域之间，是不同安全域之间的唯一通道，能根据企业有关的安全政策执行允许、拒绝、监视、记录进出网络的行为，如图 7-1 所示。防火墙是一个或一组系统，用于管理两个网络直接的访问控制及策略，所有从内部访问外部的数据流和外部访问内部的数据流均必须通过防火墙。只有被定义的数据流才可以通过防火墙，防火墙本身必须有很强的免疫力。

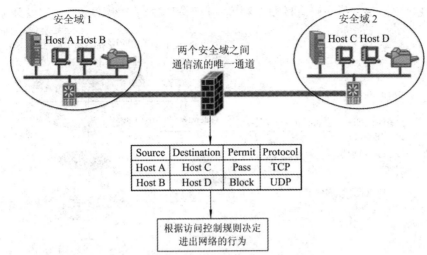

图 7-1　防火墙的用途示意

防火墙通常使用的安全控制手段主要有包过滤、状态检测、代理服务。

(1) 包过滤技术是一种简单、有效的安全控制技术，它通过在网络间相互连接的设备上加载允许、禁止来自某些特定的源地址、目的地址、TCP 端口号等规则，对通过设备的数据包进行检查，控制数据包进出内部网络。包过滤的最大优点是对用户透明、传输性能高，但由于安全控制层次在网络层、传输层，控制的力度也只限于源地址、目的地址和端口号，因而只能进行较为初步的安全控制，对于恶意的拥塞攻击、内存覆盖攻击或病毒等高层次的攻击手段，则无能为力。

(2) 状态检测是比包过滤更为有效的安全控制方法。对新建的应用连接，状态检测检查预先设置的安全规则，允许符合规则的连接通过，并在内存中记录下该连接的相关信息，生成状态表。对于该连接的后续数据包，只要符合状态表，就可以通过。这种防火墙摒弃了包过滤防火墙仅仅考察进出网络的数据包而不关心数据包状态的缺点，在防火墙的核心部分建立状态连接表，维护了连接，将进出网络的数据当成一个个的事件来处理。

(3) 代理服务防火墙是通过某个专用网络同互联网进行通信的，主要在应用层实现，也称应用网关防火墙。应用网关防火墙检查所有应用层的信息包，并将检查的内容信息放入决策过程，从而提高网络的安全性。代理服务防火墙是通过打破客户机/服务器模式实现的。每个客户机/服务器通信需要两个连接：一个是从客户端到防火墙的连接，另一个是从防火墙到服务器的连接。另外，每个代理需要一个不同的应用进程，或一个后台运行的服务程序，对每个新的应用必须添加针对此应用的服务程序，否则不能使用该服务。所以，代理服务防火墙具有可伸缩性差的缺点。

### 2. 防火墙工作模式

防火墙一般位于企业内部网络的出口，与互联网直接相连，是企业网络的第一道屏障。根据防火墙和内外网络的结构，防火墙具有透明模式、路由模式和混合模式三种工作模式。

#### 1) 透明模式

透明模式的防火墙就好像一台网桥，不改动其原有的网络拓扑结构，网络设备和所有计算机的设置(包括 IP 地址和网关)无须改变，同时解析所有通过它的数据包，既增加了网络的安全性，又降低了用户管理的复杂程度。透明模式的防火墙结构如图 7-2 所示。

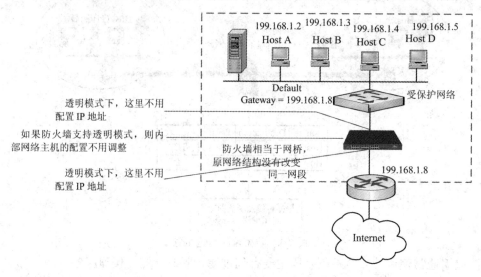

图 7-2　透明模式防火墙

2) 路由模式

传统防火墙一般工作于路由模式，该方式可以让处于不同网段的计算机通过路由转发的方式互相通信并可将内部私有 IP 地址转换为互联网地址。路由模式的防火墙结构如图 7-3 所示。

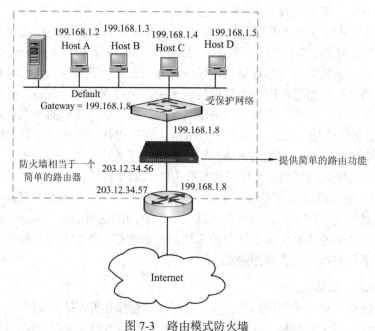

图 7-3　路由模式防火墙

3) 混合模式

在企业复杂的网络环境中常常需要使用透明及路由的混合模式。混合模式防火墙结构如图 7-4 所示。

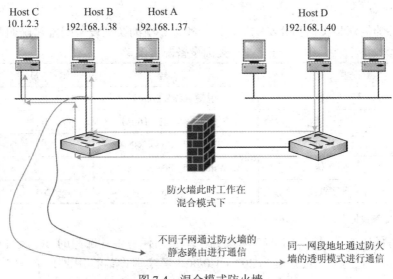

图 7-4　混合模式防火墙

# 五、任务实施

## 1. 实施规划

◇ 实训拓扑结构

根据任务的需求与分析，实训的拓扑结构如图 7-5 所示，以 PC1 模拟网络管理员的计算机进行配置和管理，PC2 模拟公司用户计算机，PC3 模拟互联网的机器，Server1 模拟公司 Web 服务器和邮件服务器。

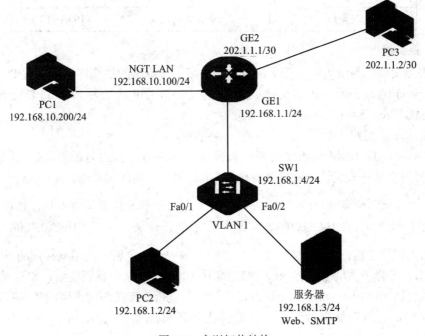

图 7-5　实训拓扑结构

◇ 实训设备

根据任务的需求和实训拓扑结构图，每个实训小组的实训设备配置建议如表 7-1 所示。

表 7-1  实训设备配置清单

| 类 型 | 型 号 | 数 量 |
|---|---|---|
| 交换机 | 锐捷 RG-S2328G | 1 |
| 防火墙 | 锐捷 RG-WALL160M | 1 |
| 计算机 | PC，Windows XP | 3 |
| 服务器 | Windows 2003 Server | 1 |
| 双绞线 | RJ-45 | 5 |

◇ IP 地址规划

根据任务的需求分析和 VLAN 的规划，本实训任务中各部门的 IP 地址网段规划为192.168.1.0/24，外部 IP 网段规划为 202.1.1.0/30，各实训设备的 IP 地址如表 7-2 所示。

表 7-2  实训设备 IP 地址规划

| 接口 | IP 地址 | 网关地址 |
|---|---|---|
| 防火墙GE1 | 192.168.1.1/24 | |
| 防火墙GE2 | 202.1.1.1/30 | |
| PC1 | 192.168.10.200/24 | |
| PC2 | 192.168.1.2/24 | 192.168.1.1 |
| PC3 | 202.1.1.2/30 | |
| 服务器 | 192.168.1.3/24 | 192.168.1.1 |
| 交换机 | 192.168.1.4/24 | 192.168.1.1 |

**2. 实施步骤**

(1) 根据实训拓扑结构图进行交换机、防火墙、计算机的线缆连接，配置 PC1、PC2、PC3 和 Server1 的 IP 地址，配置交换机 SW1 的 VLAN 1 IP 地址为 192.168.1.4。Server1 安装 IIS，配置 Web、SMTP 服务。

(2) 防火墙的初始化配置。

锐捷 RG-WALL160M 防火墙及相关系列可采用 Web 方式进行配置。初次配置时过程为：配置管理主机→安装认证管理员身份证书(文件)→开始配置管理。

⇨ 提示：防火墙的管理接口(MGM LAN 口)为专门用于管理和配置的接口，该接口的初始IP 地址为 192.168.10.100，管理主机的 IP 必须设置为 192.168.10.200/24。

① 配置管理主机：使用 PC1 作为管理防火墙的管理主机，使用双绞线将其连接到防火墙管理口。在管理主机上运行 ping 192.168.10.100，验证是否真正连通，如不能连通，请检查管理主机的 IP(192.168.10.200)是否设置正确，是否连接在与防火墙的管理接口上。

② 安装认证管理员身份证书：打开防火墙随机光盘中的 Admin Cert 目录，找到admin.p12 管理员证书文件，双击之将其打开并导入至 IE 浏览器，导入密码为 123456。

③ 在 PC1 上运行 IE 浏览器，在地址栏输入 "https://192.168.10.100:6666"，弹出图 7-6 所示对话框，提示接受 RG-WallAdmin 数字证书，单击 "确定" 按钮即可。

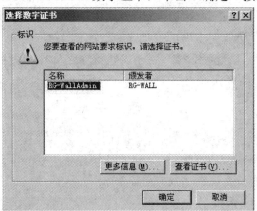

图 7-6　数字证书对话框

④ 系统提示输入管理员账号和口令，如图 7-7 所示。缺省情况下，管理员账号是 "admin"，输入密码 "firewall" 即可进入防火墙管理界面，如图 7-8 所示。防火墙管理界面左边为树形结构的菜单，右边为配置管理界面。

图 7-7　防火墙登录界面

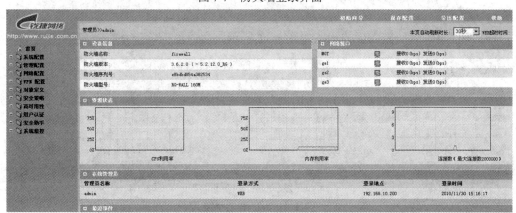

图 7-8　防火墙管理主界面

(3) 防火墙的接口 IP 配置。

① 在防火墙的配置页面，选择“网络配置”→“接口 IP”，单击“添加”按钮分别为接口添加 IP 地址。根据任务拓扑添加作为防火墙内部接口的 IP 地址。作为 LAN 口的接口可设为“允许所有主机 PING”，如图 7-9 所示。

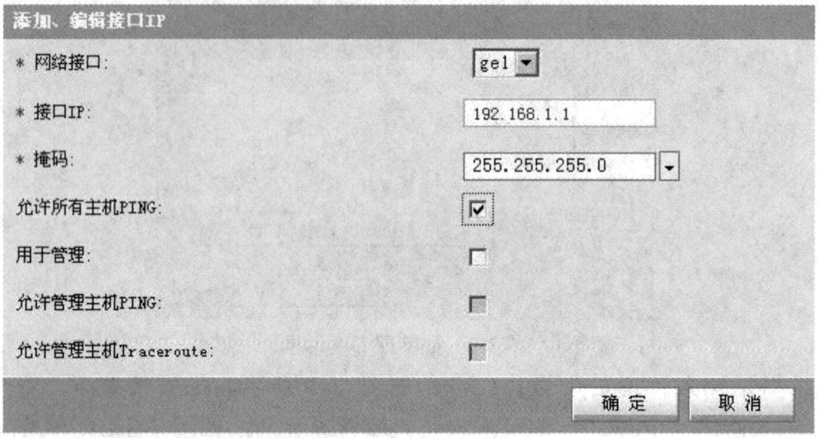


图 7-9　内部接口 IP 地址配置

② 根据任务拓扑添加作为防火墙外部接口的 IP 地址，如图 7-10 所示。

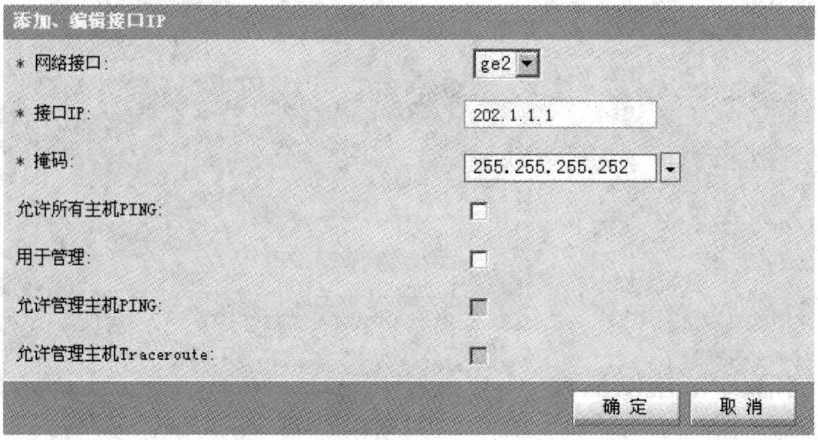


图 7-10　外部接口 IP 地址配置

接口配置 IP 地址完成后的状态如图 7-11 所示。

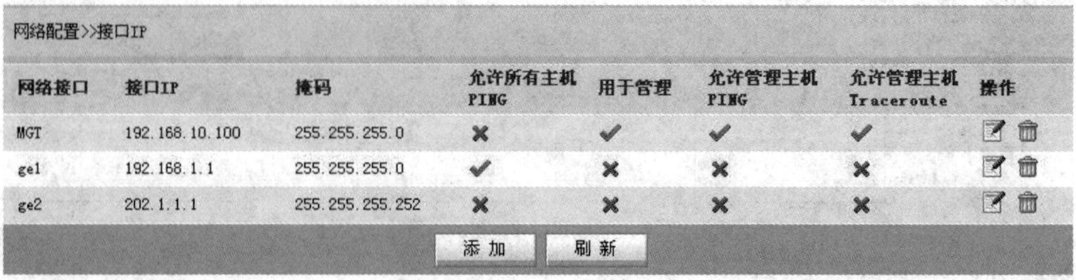
网络配置>>接口IP

| 网络接口 | 接口IP | 掩码 | 允许所有主机PING | 用于管理 | 允许管理主机PING | 允许管理主机Traceroute | 操作 |
|---|---|---|---|---|---|---|---|
| MGT | 192.168.10.100 | 255.255.255.0 | ✖ | ✔ | ✔ | ✔ | |
| ge1 | 192.168.1.1 | 255.255.255.0 | ✔ | ✖ | ✖ | ✖ | |
| ge2 | 202.1.1.1 | 255.255.255.252 | ✖ | ✖ | ✖ | ✖ | |

添 加　刷 新

图 7-11　接口 IP 地址配置状态

③ 增加接口 IP 后单击管理界面首页右上部的“保存配置”即可进行配置的保存。

(4) 对象的定义。

为了简化防火墙安全规则的定义和便于配置管理，引入了对象的定义，通过预先定义的地址、服务、代理、时间等对象，可将具有相同属性或一定范围的目标进行定义，在配置安全规则时可以方便地进行调用。图 7-12 为地址列表的定义，系统预定义的三个地址DMZ、Trust、Untrust 均为 0.0.0.0。

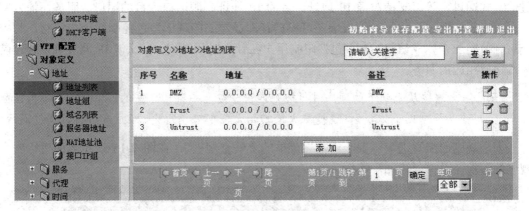

图 7-12　地址列表定义

在地址列表里添加内部局域网 IP 子网，如图 7-13 所示。

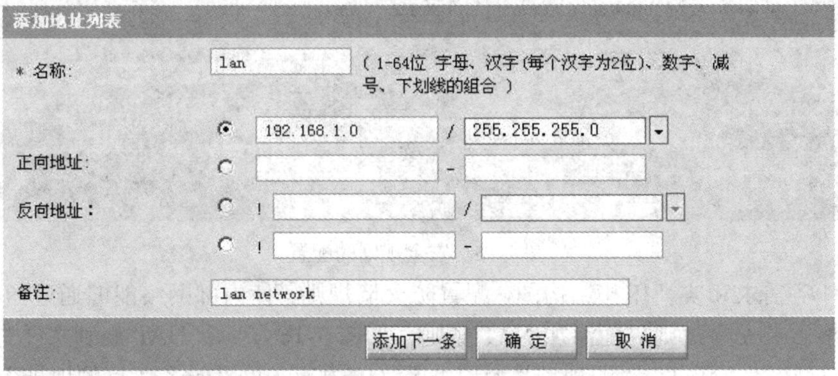

图 7-13　内部子网地址定义

在服务器地址里添加服务器地址 192.168.1.3，如图 7-14 所示。

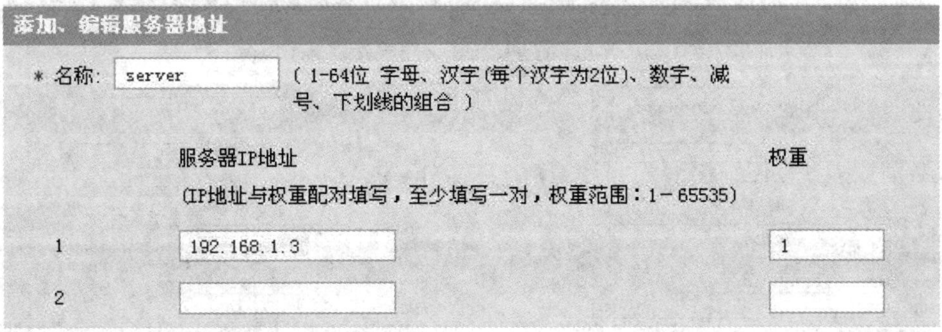

图 7-14　服务器地址定义

(5) 安全规则的配置。

安全策略是防火墙的核心功能，防火墙的所有访问控制均根据安全规则的设置完成。

安全规则主要包括包过滤规则、NAT 规则(网络地址转换)、IP 映射规则、端口映射规则等。

⇨ **提示**：防火墙的基本策略就是没有明确被允许的行为都是被禁止的。

根据管理员定义的安全规则完成数据帧的访问控制，规则策略包括"允许通过""禁止通过""NAT 方式通过""IP 映射方式通过""端口映射方式通过""代理方式通过""病毒过滤方式通过"等。支持对源 IP 地址、目的 IP 地址、源端口、目的端口、服务、流入网口、流出网口等进行控制。防火墙还可根据管理员定义的基于角色控制的用户策略，与安全规则策略配合完成访问控制，包括限制用户在什么时间访问、什么源 IP 地址可以通过防火墙访问相应的服务。

⇨ **提示**：防火墙按从上到下的顺序进行规则匹配，按上一条已匹配的规则执行，不再匹配该条规则以下的规则。锐捷防火墙初始无任何安全规则，即拒绝所有数据包通行。

安全规则的配置选取"安全策略"菜单的"安全规则"，在图 7-15 所示界面进行安全规则的添加，单击"添加"按钮。

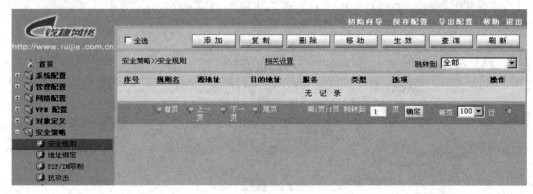

图 7-15　安全规则的配置

根据任务需求和实训拓扑结构图，配置防火墙规则，使内部网络能够通过 NAT 转换访问外部网络。在安全规则界面添加 NAT 规则，如图 7-16 所示。NAT 规则主要进行配置的内容有"类型"为"NAT"，"源地址"为预先定义的内部子网"lan"，"目的地址"为"any"，"服务"为"any"，"操作区"的"源地址转换"选取防火墙外部网络接口的 IP"202.1.1.1"。

图 7-16　NAT 规则配置

配置防火墙规则，使外部网络能够通过端口映射转换访问内部服务器 Server 的 Web、SMTP 服务。在安全规则界面添加端口映射规则，如图 7-17 所示。以配置 Web 服务映射为例，主要进行配置的内容有："类型"为"端口映射"，"源地址"为"any"，"公开地址"为防火墙的外部网络接口的 IP "202.1.1.1"，"对外服务"为"http"，"公开地址映射"为预先定义的服务器 Server 对象"server"，"对外服务映射"为"http"。

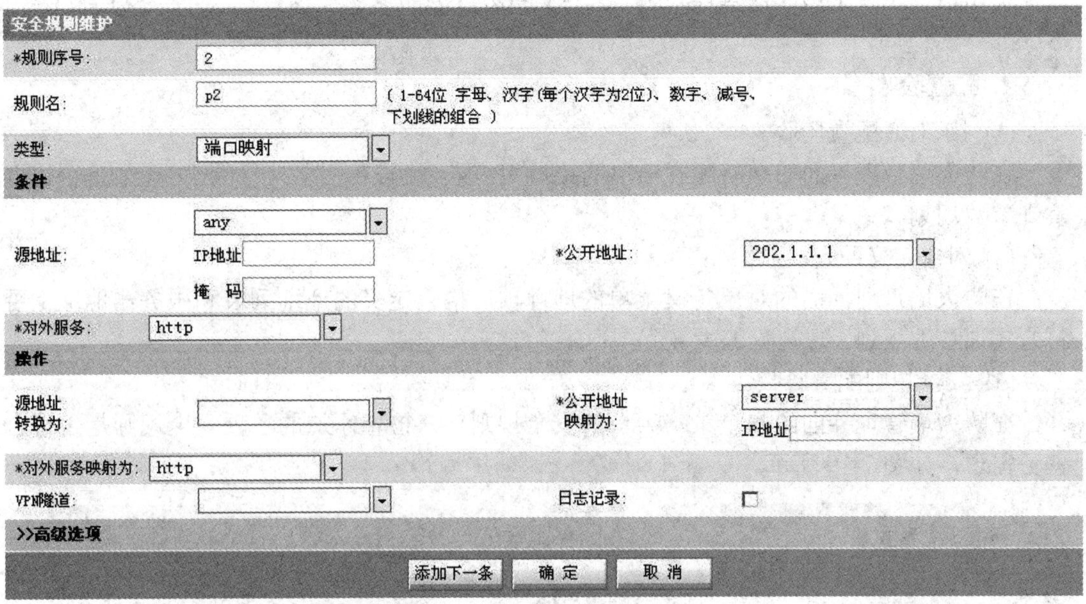

图 7-17　http 端口映射规则配置

对于 server1 的 SMTP 服务进行类似配置，再增加一条端口映射的安全规则，如图 7-18 所示。

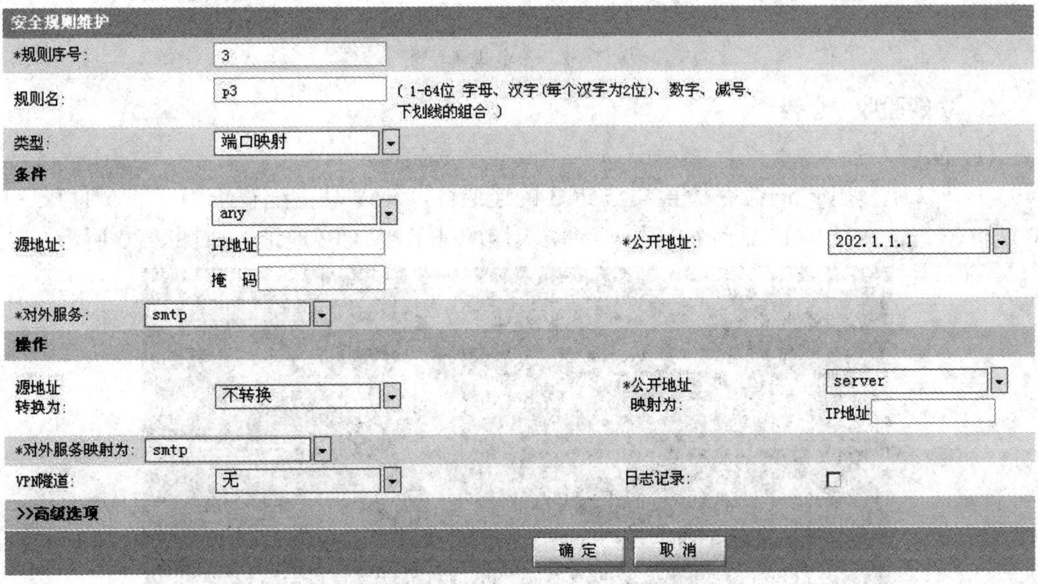

图 7-18　SMTP 端口映射规则配置

通过以上步骤，完成了防火墙的基本配置、对象定义、安全规则的配置，实现了任务的需求。

# 六、任务验收

## 1. 设备验收

根据实训拓扑结构图检查计算机、交换机、防火墙的线缆连接，检查 PC1、PC2、PC3、Server、防火墙的 IP 地址。

## 2. 配置验收

(1) 接口 IP 配置验收。

在防火墙管理界面的网络配置菜单的接口 IP 项，检查各网络接口的 IP 参数是否符合实训参数规划。

(2) 对象定义配置验收。

在防火墙管理界面的对象定义菜单的地址项，检查定义的地址列表和服务器地址是否符合实训参数规划。

(3) 安全规则配置验收。

在防火墙管理界面的安全策略菜单的安全规则项，检查添加的各项安全规则是否符合任务需求，如图 7-19 所示。

| 安全策略>>安全规则 | | | | 相关设置 | | | |
|---|---|---|---|---|---|---|---|
| 序号 | 规则名 | 源地址 | 目的地址 | | 服务 | 类型 | 选项 |
| ☐ 1 | p1 | lan | any | | any | NAT规则 | |
| ☐ 2 | p2 | any | 202.1.1.1 | | http | 端口映射 | |
| ☐ 3 | p3 | any | 202.1.1.1 | | smtp | 端口映射 | |

图 7-19　安全规则配置

## 3. 功能验收

(1) NAT 功能。

在 PC2 上使用 ping 命令检查其与 PC3 的连通性，NAT 功能配置正确应能连通 PC3 的 IP 地址，此时 PC2 的 IP 地址被转换成了防火墙的外部接口 IP 地址，如图 7-20 所示。

```
C:\>ping 202.1.1.2

Pinging 202.1.1.2 with 32 bytes of data:

Reply from 202.1.1.2: bytes=32 time<1ms TTL=128
Reply from 202.1.1.2: bytes=32 time<1ms TTL=128
Reply from 202.1.1.2: bytes=32 time<1ms TTL=128
Reply from 202.1.1.2: bytes=32 time<1ms TTL=128

Ping statistics for 202.1.1.2:
    Packets: Sent = 4, Received = 4, Lost = 0 (0% loss),
Approximate round trip times in milli-seconds:
    Minimum = 0ms, Maximum = 0ms, Average = 0ms
```

图 7-20　PC2 与 PC3 通过 NAT 连通

(2) 端口映射功能。

在 PC3 上访问 Server 上的 Web、SMTP 服务，在端口映射功能配置正确情况下，PC3 的内部 IP 地址和端口被映射为了防火墙的外部接口地址和端口，使用防火墙的外部接口地址和端口能访问 Server 上的 Web、SMTP 服务(例如：http://202.1.1.1)。此时可通过防火墙管理界面的"系统监控"菜单的"网络监控"项里的"实时监控"，查看端口映射的转换情况，如图 7-21 所示。图中"目的地址"202.1.1.1 的 TCP 80 端口(Web)和 TCP 25 端口(SMTP 服务)被转换映射为 Server 的 IP 地址 192.168.1.3 的 TCP 80 端口和 TCP 25 端口。

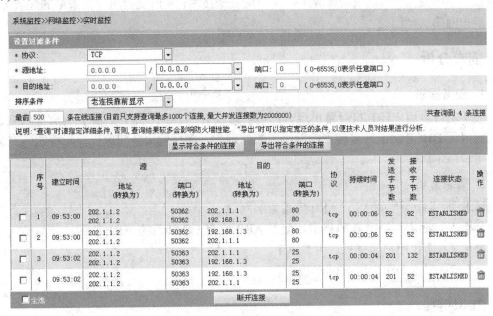

图 7-21　端口映射监控

## 七、任务总结

针对某集团公司互联网安全访问的任务进行了防火墙基础配置、安全规则配置等方面的实训。

## 任务二　园区网接入层安全防护

## 一、任务描述

某学院已完成了校园园区网的基本建设，采用 VLAN、生成树、路由等技术构建了稳定的三层园区网络结构，并通过 DHCP 分配客户端网络参数，全校约有 3000 台计算机通过约 150 台交换机连入校园网，需要稳定地访问校园网和互联网资源。在运行一段时间后发现，较多用户计算机经常出现网络中断现象，经检查发现在接入交换机层的客户端计算机有多种影响网络正常运行的现象，如修改 IP 和 MAC 地址、计算机病毒感染特别是 ARP

病毒、用户计算机启用了 DHCP 功能等，为保障校园网络的正常使用和稳定运行，需对该网络进行防护。

## 二、任务目标

**目标**：针对校园园区网接入层的网络安全进行防护的实施。

**目的**：通过本任务进行基于交换的安全策略的部署和实训，通过实施一些安全防护措施增强网络的安全性，以帮助读者了解交换机安全技术，了解交换机安全策略的配置方法，具备维护网络安全的能力。

## 三、需求分析

### 1. 任务需求

某学院较多用户计算机经常出现客户端被修改 IP 和 MAC 地址、计算机病毒感染、计算机启用了 DHCP 功能等多种影响网络中断的现象，需要解决各问题以保障校园网络的正常使用和稳定运行。

### 2. 需求分析

需求 1：防止计算机感染 ARP 病毒影响网络。

分析 1：采用防 ARP 欺骗技术，配置 ARP 检查、DAI(动态 ARP 监测)。

需求 2：防止用户计算机启用 DHCP。

分析 2：采用 DHCP Snooping 技术。

## 四、知识链接

网络安全的弱点主要分为安全策略定义的弱点和网络技术的弱点，网络技术的弱点主要分为 3 个基本类型：网络协议、操作系统和网络设备。网络协议的弱点涉及使用这些协议的应用程序的弱点，最普遍和使用最多的协议是 TCP/IP 协议族，包括 IP、TCP、ICMP、OSPF、IGRP、ARP、RARP 等多种协议，这些协议中有些协议存在的弱点可以被黑客所利用。操作系统的弱点是指计算机操作系统本身所存在的问题或技术缺陷，这些弱点可能令别有用心者或者计算机病毒取得管理员权限，进行安装程序、修改系统数据或创建用户等操作。网络设备的弱点是指存在于诸如路由器、交换机、防火墙和其他运行操作系统的网络设置中的安全弱点，涉及固化在这些设备中的安全机制，如口令、认证及安全特性。

### 1. 路由器与交换机的安全管理

路由器与交换机的安全管理主要分为终端访问控制、登录认证控制、SSH 服务和 ACL(访问控制列表)几个方面(ACL 相关内容见第 4 章，以下仅对终端访问控制、登录认证控制和 SSH 服务进行介绍)。

(1) 终端访问控制。控制网络上的终端访问路由器、交换机的一个简单办法就是使用口令保护和划分特权级别。口令可以控制对网络设备的访问，特权级别可以在用户登录成功后控制其可以使用的命令。口令保护采用的主要措施是使用加密口令，使明文的口令变成密文的形式。划分特权级别采用给不同的级别设置口令，不同的授权级别使用不同的命令集合，从而限制登录用户的操作权限。

(2) 登录认证控制。除了口令保护和本地认证外，可以启用 AAA 认证模式，利用 RADIUS 服务器对用户登录时的用户名和密码进行控制，路由器、交换机将加密后的用户信息发送到 RADIUS 服务器上进行验证。服务器统一配置用户的用户名、密码和访问策略等信息，便于管理和控制用户访问，从而提高用户信息的安全性。

(3) SSH 服务。SSH(Secure Shell)是建立在应用层和传输层基础上的安全协议，是目前较可靠、专为远程登录会话和其他网络服务提供的安全性协议。利用 SSH 协议可以有效防止远程管理过程中的信息泄露问题。SSH 连接所提供的功能类似于 Telnet 连接，与 Telnet 不同的是基于该连接所有的传输都是加密的，以保证用户远程登录网络设备时不受例如 IP 地址欺骗、明文密码窃取等攻击，提供安全的信息保障和严格的认证功能。

### 2. 端口安全

交换机的端口安全机制是工作在交换机二层端口上的一个安全特性，主要有以下两个功能：

(1) 只允许特定 MAC 地址的设备通过本交换机接入到网络中，从而防止用户将非法或未授权的设备接入网络。

(2) 限制端口接入的设备数量，防止用户将过多的设备接入到网络中。

当交换机的一个端口被配置为安全端口后，交换机将检查从此端口收到的帧的源 MAC 地址，并检查在此端口配置的允许 MAC 地址和最大安全地址数。

⇨ 提示：要配置安全特性的交换机端口必须是 Access 端口，不能是 VLAN 的 Trunk 端口或聚合端口(Aggregate Port)。

### 3. ARP 检查

ARP 检查是交换机中防范 ARP 欺骗攻击的一个安全特性。ARP 欺骗攻击存在的原因，究其根本在于 ARP 协议本身的不完善，通信双方的交互流程缺乏一个授信机制，使得非法的攻击者能够介入到正常的 ARP 交互中进行欺骗。

ARP 检查是查看交换机端口所收到的 ARP 报文中嵌入的 IP 地址是否与配置的安全地址符合，如果不符合则将其视为非法的 ARP 报文。当启用了端口的 ARP 检查功能后，交换机将检查攻击者发送的 ARP 应答报文，如果 ARP 应答报文中嵌入的 IP 地址与被攻击者的实际 IP 地址不同，交换机就将其视为非法 ARP 报文并将其丢弃。

⇨ 提示：交换机的端口要具有防范 ARP 欺骗的功能，首先要启用端口安全特性。

### 4. DHCP 监听

DHCP 是在网络中提供动态地址分配服务的协议，采用 DHCP Server 可以自动为用户设置网络 IP 地址、掩码、网关、DNS 等网络参数，简化了用户网络设置，提高了管理效率。但由于 DHCP 自身的协议和运作机制，通常服务器和客户端没有认证机制，它也会被攻击者利用，产生网络安全问题。利用 DHCP 攻击的方式有两种：

(1) DHCP 欺骗。攻击者可以在网络中私自架设非法的 DHCP 服务器，客户端将有可能从非法的 DHCP 服务器获取网络参数，导致客户端不能正常访问网络资源。网络上如果存在多台 DHCP 服务器将会给网络造成混乱。这种现象被称为 DHCP 欺骗或 Rogue(无赖) DHCP 攻击。

(2) DHCP DoS(Denial of Service，拒绝服务)攻击。攻击者通过发送大量的欺骗 DHCP Discover 报文向 DHCP 服务器请求 IP 地址，导致 DHCP 服务器中的地址迅速耗尽，使其无法正常为客户端分配 IP 参数，造成客户端网络中断。

DHCP 监听(DHCP Snooping)是交换机的一种安全特性，它能通过过滤网络中接入的非法 DHCP 服务器发送的 DHCP 报文增强网络安全性。DHCP 监听还可以检查 DHCP 客户端发送的 DHCP 报文的合法性，防止 DHCP DoS 攻击。交换机通过开启 DHCP 监听特性，从 DHCP 报文中提取关键信息(包括 IP 地址、MAC 地址、VLAN 号、端口号、租期等)，并把这些信息保存到 DHCP 监听绑定表中。DHCP 监听只将交换机连接到合法 DHCP 服务器的端口设置为信任端口，其他端口设置为非信任端口，限制用户端口(非信任端口)只能够发送 DHCP 请求，丢弃来自用户端口的所有其他 DHCP 报文，例如 DHCP Offer 报文等。而且，并非所有来自用户端口的 DHCP 请求都被允许通过，交换机还会比较 DHCP 请求报文里的源 MAC 地址和报文内容里的 DHCP 客户机的硬件地址，只有这两者相同的请求报文才会被转发；否则将被丢弃。

### 5. DAI(动态 ARP 监测)

DAI 是一种用于在动态地址分配环境中防止 ARP 欺骗攻击的安全特性，前节介绍的 ARP 检查主要用于静态 IP 地址，需要预先在交换机的所有端口手工配置安全 IP 地址，当客户端的 IP 地址改变时，需要手工修改端口的配置。在使用 DHCP 分配 IP 地址的环境下或移动性很强的网络中，很难为 ARP 检查配置安全 IP 地址。

DAI 部署的前提条件是需要 DHCP 环境的支持，同时还需要 DHCP 监听特性。DAI 检查 ARP 报文合法性的依据就是 DHCP 监听绑定表，DHCP 监听绑定表中存有客户端 IP 地址、MAC 地址、连接的端口等信息，通过这些信息，DAI 可以检查 ARP 报文的合法性，或者是否来自正确的端口。DAI 与 DHCP 监听一样，也将端口分为信任(Trust)与非信任(Untrust)端口。对于信任端口，DAI 将不检查收到的 ARP 报文给予放行；对于非信任端口，DAI 检查收到的所有 ARP 报文，并根据 DHCP 监听表项检查 ARP 报文的合法性。

### 6. 配置命令

锐捷、H3C 系列交换机均提供了端口安全、ARP 检查(H3C 为端口绑定)、DHCP 侦听、DAI(H3C 为 ARP 入侵检测)等接入安全特性，相关的主要配置命令如表 7-3 所示。

**表 7-3　交换机接入安全特性命令**

| 功　能 | 锐捷系列交换机 | | H3C 系列交换机 | |
| --- | --- | --- | --- | --- |
| | 配置模式 | 基本命令 | 配置视图 | 基本命令 |
| 启用端口安全 | 端口配置模式 | Ruijie(config-if)#switchport port-security | 系统视图 | [H3C] port-security enable |
| 设置允许的最大安全地址数 | | Ruijie(config-if)#switchport port-security maximum 10 | 端口配置视图 | [H3C-Ethernet1/0/1]port-security max-mac-count 10 |
| 手工指定静态安全地址 | | Ruijie(config-if)#switchport mac-address 0001.0001.0001 | | [H3C-Ethernet1/0/1] mac-address security 0001-0001-0001 |

续表

| 功　能 | 锐捷系列交换机 | | H3C系列交换机 | |
| --- | --- | --- | --- | --- |
| | 配置模式 | 基本命令 | 配置视图 | 基本命令 |
| 地址违规操作(安全地址数达到最大值后的处理方式) | 端口配置模式 | Ruijie(config-if)#switchport port-secruity violation {protect | restrict | shutdown} | 端口配置视图 | [H3C -Ethernet1/0/1] port-security intrusion-mode { blockmac | disableport | disableport-temporarily } |
| 启用 ARP 检查功能 | 全局配置模式 | Ruijie(config)#port-security arp-check | | |
| 配置安全地址绑定 | 端口配置模式 | Ruijie(config-if)# switchport port-secruity mac-address 001.0001.0001 ip-address 192.168.1.1 | 端口配置视图 | [H3C-Ethernet1/0/1]am user-bind mac-addr 0001-0001-0001 ip-addr 192.168.1.1 |
| 启用 DHCP Snooping | 全局配置模式 | Ruijie(config)#ip dhcp snooping | 系统视图 | [H3C] dhcp-snooping |
| 设置信任端口 | 端口配置模式 | Ruijie(config-if)# ip dhcp snooping trust | 端口配置视图 | [H3C-Ethernet1/0/1] dhcp-snooping trust |
| DHCP Snooping MAC 验证 | | Ruijie(config)#ip dhcp snooping verify mac-addess | | [H3C-Ethernet1/0/1]ip check source ip-address mac-address |
| 启用 DAI(或 ARP 入侵检测) | 全局配置模式 | Ruijie(config)#ip arp inspection | 系统视图 | [H3C] dhcp-snooping |
| 开启 VLAN 的 ARP 检测 | 全局配置模式 | Ruijie(config)#ip arp inspection vlan 1 | VLAN 视图 | [H3-vlan1] arp detection enable |
| 设置 DAI 的信任端口 | 端口配置模式 | Ruijie(config-if)# ip arp inspection trust | 端口视图 | [H3C-Ethernet1/0/1] arp detection trust |

# 五、任务实施

## 1. 实施规划

◇ 实训拓扑结构

根据任务的需求与分析，实训的拓扑结构如图 7-22 所示，SWA 模拟校园网接入层交换机，SWB 模拟汇聚层交换机，以 PC1、PC2 模拟校园网普通客户端，PC3 作为 DHCP 服务器。在 PC1 上运行 Windows ARP Spoofer 软件模拟 ARP 欺骗。

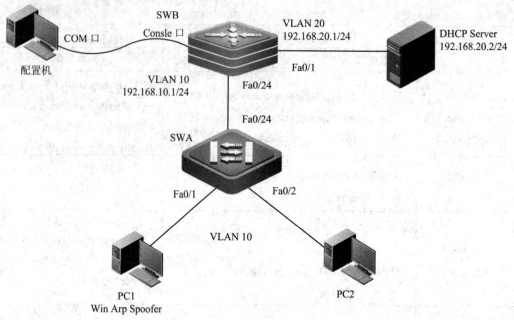

图 7-22 实训拓扑结构

◇ 实训设备

根据任务的需求和实训拓扑结构图，每个实训小组的实训设备配置建议如表 7-4 所示。

表 7-4　实训设备配置清单

| 类　型 | 型　号 | 数　量 |
|---|---|---|
| 交换机 | 锐捷 RG-S3760 | 1 |
| 交换机 | 锐捷 RG-S2328G | 1 |
| 计算机 | PC，Windows 2003 | 4 |
| 双绞线 | RJ-45 | 4 |
| 模拟 ARP 欺骗攻击软件 | Windows ARP Spoofer | 1 |

◇ VLAN 规划与端口分配

根据任务的需求和内容，交换机 SWA 新划分 1 个 VLAN：VLAN 10；交换机 SWB 上新划分 2 个 VLAN：VLAN 10、VLAN 20，其中 VLAN 20 用于连接 DHCP 服务器。具体 VLAN 与交换机端口的规划如表 7-5 所示。

表 7-5　VLAN 与交换机端口的规划

| 交换机 | VLAN | 交换机端口 |
|---|---|---|
| SWA | 10 | Fa0/1～Fa0/5<br>Fa0/24 Trunk |
| SWB | 10 | Fa0/24 Trunk |
| SWB | 20 | Fa0/1 |

◇ IP 地址规划

IP 地址规划应充分考虑可实施性，便于记忆和管理，并考虑未来可扩展性，根据任务的需求分析和 VLAN 的规划，192.168.10.1 为 VLAN 10 地址，192.168.20.1 为 VLAN 20 地址，如表 7-6 所示。

表 7-6　实训设备 IP 地址规划

| 接口 | IP地址 | 网关地址 |
| --- | --- | --- |
| VLAN 10 | 192.168.10.1/24 | |
| VLAN 20 | 192.168.20.1/24 | |
| DHCP Server | 192.168.20.2/24 | 192.168.20.1 |
| PC1 | 192.168.10.2/24 | 192.168.10.1 |
| PC2 | 192.168.10.3/24 | 192.168.10.1 |

**2. 实施步骤**

(1) 根据实训拓扑结构图进行交换机、计算机的线缆连接，根据 IP 地址规划表配置 DHCP 服务器、PC1、PC2 的 IP 地址，使计算机通过串口连接到交换机的配置界面。

(2) ARP 欺骗攻击模拟。

① 在 PC1 上安装 Windows ARP Spoofer 软件，安装完成后在"Options"对话框的"Adapter"选项卡中选择网卡，WinArp ARP Spoofer 会显示网卡的 IP 地址、掩码、网关、MAC 地址以及网关的 MAC 地址信息，如图 7-23 所示。

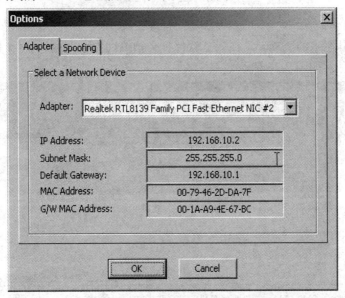

图 7-23　Windows ARP Spoofer 网卡选择

② 在 WinArpSpoofer 界面中选择"Spoofing"选项卡，如图 7-24 显示。在"Spoofing"选项卡中，去掉"Act as a Router (or Gateway) while spoofing."选项，如图 7-25 所示。配置完毕后单击"OK"按钮。

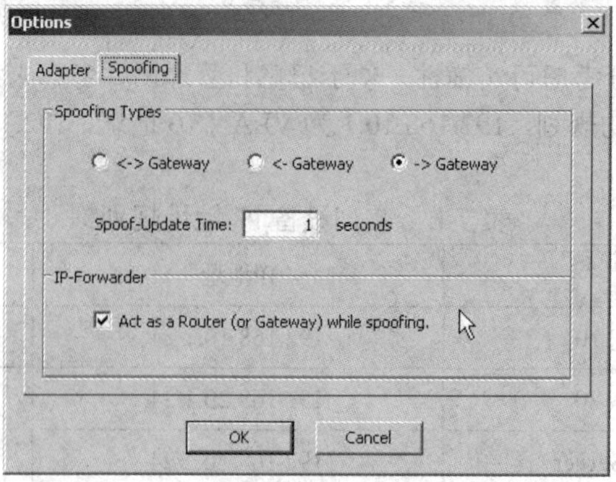

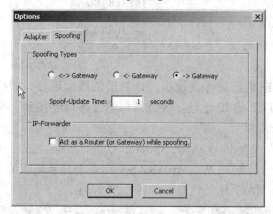

图 7-24 "Spoofing"选项卡

图 7-25 IP-Forwarder 选项

③ 单击工具栏中的"Scan"按钮，软件将会扫描网络中的主机，并获取其 IP 地址、MAC 地址等信息，如图 7-26 所示。

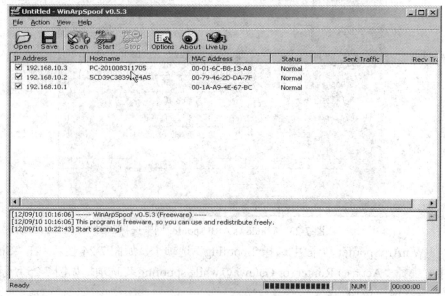

图 7-26 主机 ARP 扫描

④ 单击工具栏中的"Start"按钮,开始进行 ARP 欺骗攻击,如图 7-27 所示。

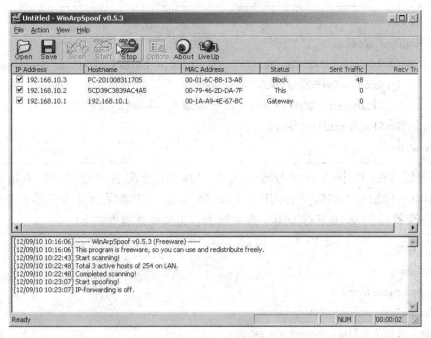

图 7-27　ARP 欺骗攻击

在 PC2 上的命令提示符里运行 ping 192.168.10.1,发现无法 ping 通,如图 7-28 所示。

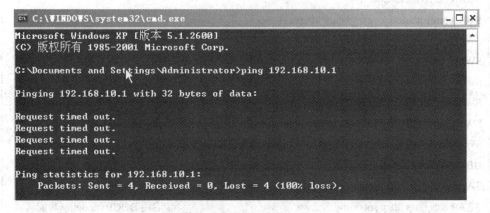

图 7-28　ping 192.168.10.1

查看 PC2 的 ARP 缓存,可以看到 PC2 收到了伪造的 ARP 应答报文后,更新了 ARP 表,其中 192.168.10.1 的 ARP 条目为错误的绑定,如图 7-29 所示。

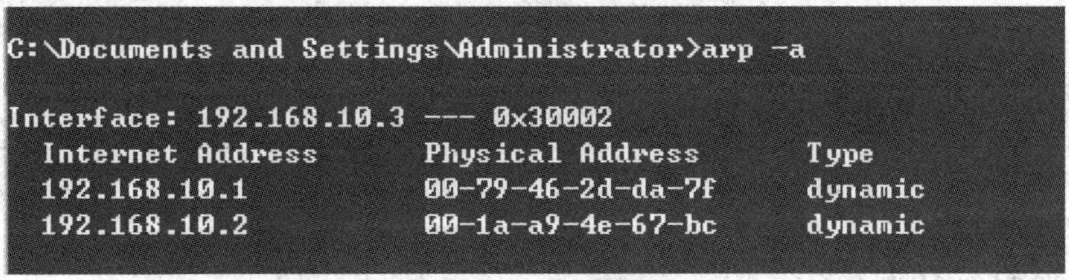

```
C:\Documents and Settings\Administrator>arp -a

Interface: 192.168.10.3 --- 0x30002
  Internet Address      Physical Address      Type
  192.168.10.1          00-79-46-2d-da-7f     dynamic
  192.168.10.2          00-1a-a9-4e-67-bc     dynamic
```

图 7-29　错误的 ARP 缓存记录

(3) 在交换机 SWA 上配置 DAI。配置清单如下：

```
SWA>enable
SWA#configure terminal
SWA(config)#ip arp inspection vlan 10          //在 VLAN 10 上启用 DAI
SWA(config)#interface fastEthernet 0/24
SWA(config-if-FastEthernet 0/24)#ip arp inspection trust     //将 Fa0/24 设置成监控信任端口
SWA(config-if-FastEthernet 0/24)#end
SWA#write
```

(4) 配置 DHCP 服务器作用域，为 VLAN 10 分配客户端的 IP 地址池范围为 192.168.10.3～192.168.10.20，网关 IP 为 192.168.10.1。具体配置方法参考第 5 章任务一。

(5) 在交换机 SWA 上进行 DHCP 监听配置，主要配置清单如下：

```
初始化配置：
Ruijie>enable
Ruijie#configure terminal
Ruijie(config)#hostname SWA
VLAN、接口信息配置：
SWA(config)#vlan 10
SWA(config-vlan)#exit
SWA(config)#interface range fastEthernet 0/1-5
SWA(config-if-range)#switchport mode access
SWA(config-if-range)#switchport access vlan 10
SWA(config-if-range)#exit
SWA(config)#interface fastEthernet 0/24
SWA(config-if-FastEthernet 0/24)#switchport mode trunk      //将端口 Fa0/24 设置为 Trunk 口
SWA(config-if-FastEthernet 0/24)#switchport trunk allowed vlan all
DHCP 监听配置：
SWA(config-if-FastEthernet 0/24)#exit
SWA(config)#ip dhcp snooping                              //启用 DHCP snooping 功能
SWA(config)#interface fastEthernet 0/24
SWA(config-if-FastEthernet 0/24)#ip dhcp snooping trust          //将端口 Fa0/24 设置成信任
SWA(config-if-FastEthernet 0/24)#end
SWA#write
```

(6) 在交换机 SWB 上进行 DHCP 中继、监听配置，主要配置清单如下：

```
初始化配置：
Ruijie>enable
Ruijie#configure terminal
```

```
Ruijie(config)#hostname SWB
```

**VLAN、接口信息配置：**

```
SWB(config)#vlan 10
SWB(config-vlan)#vlan 20
SWB(config-vlan)#exit
SWB(config)#interface fastEthernet 0/1
SWB(config-if-FastEthernet 0/1)#switchport mode access
SWB(config-if-FastEthernet 0/1)#switchport access vlan 20
SWB(config-if-FastEthernet 0/1)#exit
SWB(config)#interface vlan 10
SWB(config-if-VLAN 10)#ip address 192.168.10.1 255.255.255.0
SWB(config-if-VLAN 10)#no shutdown
SWB(config-if-VLAN 10)#exit
SWB(config)#interface vlan 20
SWB(config-if-VLAN 20)#ip address 192.168.20.1 255.255.255.0
SWB(config-if-VLAN 20)#no shutdown
SWB(config-if-VLAN 20)#exit
SWB(config)#interface fastEthernet 0/24
SWB(config-if-FastEthernet 0/24)#switchport mode trunk
SWB(config-if-FastEthernet 0/24)#switchport trunk allowed vlan all
SWB(config-if-FastEthernet 0/24)#exit
```

**DHCP 监听、中继配置：**

```
SWB(config)#ip dhcp snooping                            //启用 DHCP snooping 功能
SWB(config)#interface fastEthernet 0/1
SWB(config-if-FastEthernet 0/1)#ip dhcp snooping trust    //将端口 Fa0/1 设置成信任
SWB(config)#interface fastEthernet 0/24
SWB(config-if-FastEthernet 0/24)#ip dhcp snooping trust   //将端口 Fa0/24 设置成信任
SWB(config-if-FastEthernet 0/24)#exit
SWB(config)#service dhcp                                //启用 DHCP 中继代理
SWB(config)#interface vlan 10
SWB(config-if-VLAN 10)#ip helper-address 192.168.20.2    //指定 DHCP 服务器地址
SWB(config-if-VLAN 10)#end
SWB#write
```

# 六、任务验收

## 1. 设备验收

根据实训拓扑结构图检查交换机、计算机的线缆连接，检查 PC1、PC2、DHCP Server 的 IP 地址。

## 2. 配置验收

(1) 在交换机 SWA 上查看 DHCP 监听绑定信息。主要信息如下：

```
SWA#show ip dhcp snooping binding

Total number of bindings: 2

MacAddress              IpAddress           Lease(sec)      Type                    VLAN    Interface
------------------------ ------------------- --------------- ----------------------- -------- -----------------
0079.462d.da7f          192.168.10.2        690924          dhcp-snooping           10      FastEthernet 0/4
0001.6cb8.13a8          192.168.10.3        690959          dhcp-snooping           10      FastEthernet 0/2
```

(2) 在交换机 SWA 上通过运行 show running-config 查看交换机当前配置信息和 DAI 配置信息。

## 3. 功能验收

(1) DAI 功能验收。

在 SWA 上配置了 DAI 功能后，在 PC2 命令提示符中先用"arp -d"命令清除 PC2 中错误的 ARP 缓存信息。PC1 一直运行 Windows ARP Spoofer 软件进行 ARP 欺骗，此时再在 PC2 上运行 ping 命令 ping 192.168.10.1，此时能 ping 通，如图 7-30 所示。

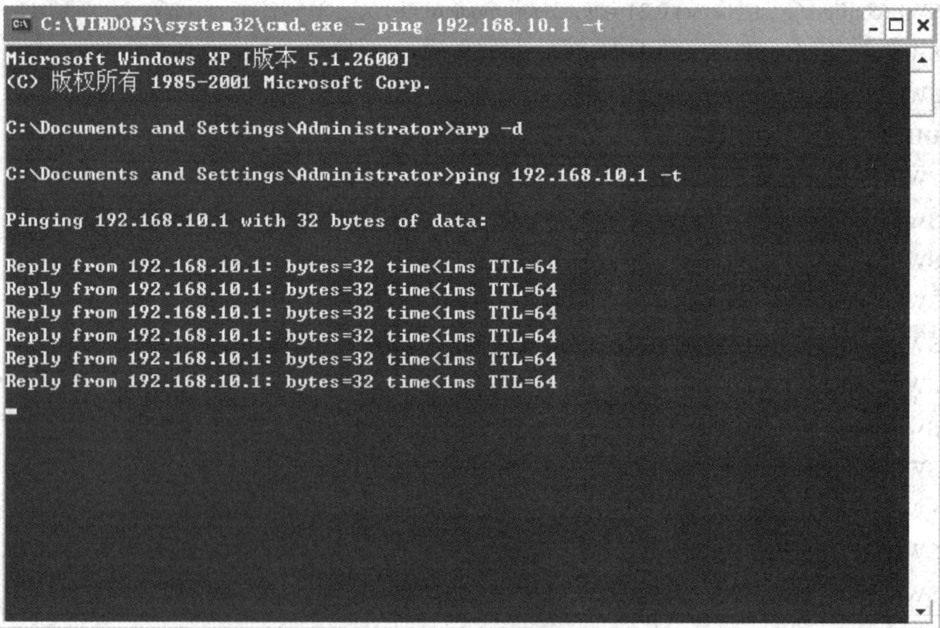

图 7-30  DAI 功能验证

(2) DHCP Snooping 功能验收。

在 PC1、PC2 上分别运行"ipconfig /all"命令，查看 PC 获取的 IP 等参数。PC1、PC2 分别能获取到 192.168.10.2、192.168.10.3 的 IP 地址。图 7-31 所示为 PC1 获取到的 IP 地址。

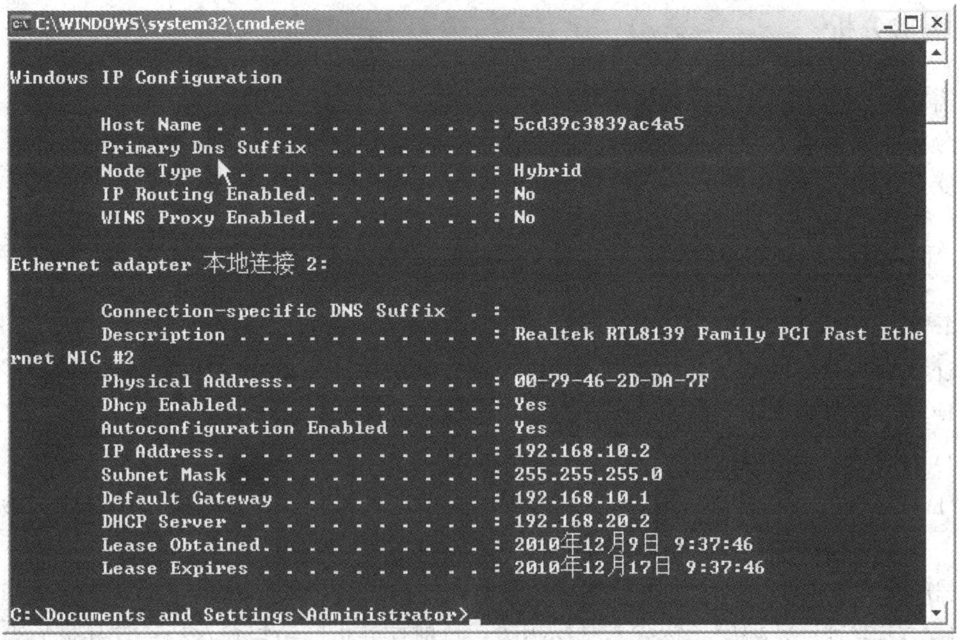

```
C:\WINDOWS\system32\cmd.exe                                        _| □| x|

Windows IP Configuration

        Host Name . . . . . . . . . . . : 5cd39c3839ac4a5
        Primary Dns Suffix . . . . . . :
        Node Type . . . . . . . . . . . : Hybrid
        IP Routing Enabled. . . . . . . : No
        WINS Proxy Enabled. . . . . . . : No

Ethernet adapter 本地连接 2:

        Connection-specific DNS Suffix  . :
        Description . . . . . . . . . . : Realtek RTL8139 Family PCI Fast Ethe
rnet NIC #2
        Physical Address. . . . . . . . : 00-79-46-2D-DA-7F
        Dhcp Enabled. . . . . . . . . . : Yes
        Autoconfiguration Enabled . . . : Yes
        IP Address. . . . . . . . . . . : 192.168.10.2
        Subnet Mask . . . . . . . . . . : 255.255.255.0
        Default Gateway . . . . . . . . : 192.168.10.1
        DHCP Server . . . . . . . . . . : 192.168.20.2
        Lease Obtained. . . . . . . . . : 2010年12月9日 9:37:46
        Lease Expires . . . . . . . . . : 2010年12月17日 9:37:46

C:\Documents and Settings\Administrator>
```

图 7-31　启用 DHCP Snooping 获得的 IP 地址

在 PC1、PC2 上分别运行 ping 命令，能 ping 通网关 192.168.10.1。使用 "arp -a" 命令查看 PC 本地的 ARP 缓存，可以看到正确的网关与 MAC 地址绑定。

## 七、任务总结

针对校园园区网接入层安全的建设进行了 DAI、DHCP 监听等配置及验证的实训。

# 任务三　公司网络防毒系统的实施

## 一、任务描述

某公司已经建立局域网并通过防火墙与互联网连接，并建立了多台服务器提供服务，公司拥有近 200 台员工计算机，员工计算机以及服务器上出现的计算机病毒和木马程序等威胁着公司网络的正常运行。为保障公司网络的正常使用和稳定运行，需要加强服务器和员工计算机的安全防护。

## 二、任务目标

**目标**：针对公司服务器和员工计算机进行安全防护的规划和实施。

**目的**：通过本任务进行网络病毒防护系统的安全实训，以帮助读者了解网络病毒防护系统的配置方法，具备防护网络病毒的能力。

## 三、需求分析

需求：公司全网计算机的安全防护。

分析：采用病毒网络防护系统，支持服务器和客户端计算机多种操作系统版本，统一部署安全策略。

## 四、知识链接

### 1. 计算机病毒防护

计算机病毒是指编制者在计算机程序中插入的破坏计算机功能或者破坏数据，影响计算机使用并且能够自我复制的一组计算机指令或者程序代码。

#### 1) 计算机病毒的主要特点

(1) 寄生性。计算机病毒寄生在其他程序之中，当执行这个程序时，病毒就起破坏作用，而在未启动这个程序之前，它是不易被人发觉的。

(2) 传染性。计算机病毒不但本身具有破坏性，更有害的是具有传染性，一旦病毒被复制或产生变种，其速度之快令人难以预防。目前计算机网络日益发达，计算机病毒可以在极短的时间内，通过像 Internet 这样的网络传遍世界。

(3) 隐蔽性。计算机病毒具有很强的隐蔽性，有的可以通过病毒软件检查出来，有的根本就查不出来，时隐时现、变化无常，这类病毒处理起来通常很困难。

(4) 破坏性。病毒可能会导致正常的程序无法运行，删除计算机内的文件或使其受到不同程度的损坏，甚至摧毁整个系统和数据，使之无法恢复，造成无可挽回的损失。

(5) 潜伏性。计算机病毒具有依附于其他媒体而寄生的能力，依靠病毒的寄生能力，病毒传染合法的程序和系统后不立即发作，而是悄悄隐藏起来，然后在用户不察觉的情况下进行传染。这样，病毒的潜伏性越好，它在系统中存在的时间也就越长，病毒传染的范围也越广，其危害性也越大。有些病毒像定时炸弹一样，让它什么时间发作是预先设计好的。比如黑色星期五病毒，不到预定时间一点都觉察不出来，等到条件具备的时候就对系统进行破坏。

#### 2) 计算机病毒防护

计算机病毒主要通过以下方面进行预防：

(1) 安装防病毒软件，开启病毒实时监控，定期升级防病毒软件病毒库。

(2) 不要随便打开不明来源的邮件附件或从互联网下载的未经杀毒处理的软件等。

(3) 尽量避免他人使用自己的计算机，使用新设备和新软件之前进行检查。

(4) 及时更新操作系统补丁和安全补丁。

(5) 建立系统恢复盘，定期备份文件。

### 2. 网络病毒防护系统

网络工作站的防护位于企业防毒体系中的最底层，对企业计算机用户而言，也是最后一道防、杀病毒的要塞。考虑到网络中的工作站数量少则几十台，多则数百上千台甚至更多，如果需要靠网管人员逐一到每台计算机上安装单机防病毒软件，费时费力，同时难以实施统一的防病毒策略，日后的维护和更新工作也十分繁琐。因此在企业中常需要使用防病毒软件的网络版，目前在企业中应用较广的国内外产品主要有 Symantec Endpoint Protection、Mcafee Virusscan、卡巴斯基网络版、趋势 Officescan、瑞星网络版等。

防毒软件网络版中的防病毒功能是通过客户机提供的，客户机向服务器报告并从服务器获取更新。通过防毒软件网络版控制台，管理员可以配置、监控和更新客户机。

### 3. Symantec Endpoint Protection 安全防护系统

Symantec Endpoint Protection 将赛门铁克(Symantec)公司的防病毒软件与高级威胁防御功能相结合，可以为笔记本、台式机和服务器提供无与伦比的恶意软件防护能力。它在一个代理和管理控制台中无缝集成了基本安全技术，从而不仅提高了防护能力，而且还有助于降低总拥有成本。它结合了病毒防护和高级威胁防护，能主动保护计算机的安全，使其不受已知和未知威胁的攻击。Symantec Endpoint Protection(以下简称 SEP)可防范恶意软件，例如病毒、蠕虫、特洛伊木马、间谍软件和广告软件，可为端点计算设备提供多层防护。

SEP 主要由 SEP Manager、SEP 客户端、Protection Center、LiveUpdate Server(可选)、中央隔离区(可选)等组件构成。SEP Manager 是管理服务器，用于管理连接至公司网络的客户端计算机。SEP Manager 包括控制台软件和服务器软件，前者用于协调及管理安全策略与客户端计算机，后者用于实现传出和传至客户端计算机及控制台的安全通信。

SEP 客户端在要防护的服务器、客户端计算机上运行，它会通过防病毒和防间谍软件扫描、防火墙、入侵防护系统及其他防护技术来保护计算机。例如，Protection Center 允许将多个受支持的 Symantec 安全产品的管理控制台集成到单一管理环境中；LiveUpdate Server 可从 Symantec LiveUpdate 服务器下载定义、特征和产品更新，并将更新派送至客户端计算机；中央隔离区从 SEP 客户端接收可疑文件及未修复的受感染条目，将示例转发到 Symantec 安全响应中心进行分析，如果是新的威胁，Symantec 安全响应中心会生成安全更新。

## 五、任务实施

### 1. 实施规划

◇ 实训拓扑结构

根据任务的需求与分析，本实训的拓扑结构如图 7-32 所示，以 PC1 模拟用户计算机，Server1 模拟公司的业务服务器，Server2 作为 Symantec Endpoint Protection 管理服务器，连通互联网。

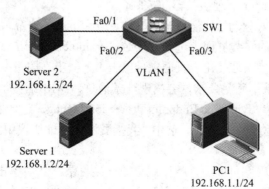

图 7-32　实训拓扑结构

◇ 实训设备

根据任务的需求和实训拓扑结构图，每个实训小组的实训设备配置建议如表 7-7 所示。其中作为 SEP 管理的服务器应至少配备 1 GHz CPU、1 G 内存、8 G 磁盘空间。

表 7-7　实训设备配置清单

| 类　型 | 型　号 | 数　量 |
|---|---|---|
| 交换机 | 锐捷 RG-S2328G | 1 |
| 服务器 | Windows 2003 Server | 2 |
| 计算机 | PC，Windows XP | 1 |
| 双绞线 | RJ-45 | 3 |
| 软件 | Symantec Endpoint Protection 11.0 | 1 |

◇ IP 地址规划

本实训任务中 IP 地址网段规划为 192.168.1.0/24，各实训设备的 IP 地址如表 7-8 所示。

表 7-8　实训设备 IP 地址规划

| 接　口 | IP 地址 |
|---|---|
| PC1 | 192.168.1.1/24 |
| Server1 | 192.168.1.2/24 |
| Server2 | 192.168.1.3/24 |

**2. 实施步骤**

(1) 根据实训拓扑结构图进行交换机、计算机的线缆连接，配置 PC1、Server1、Server2 的 IP 地址。Server2 必须安装 IIS 服务。Symantec Endpoint Protection 软件试用版可从网站下载：http://www.symantec.com/zh/cn/endpoint-protection/trialware。

Symantec Endpoint Protection Manager 的安装进程主要分成三个部分：安装管理服务器和控制台、配置管理服务器并创建数据库、创建并部署客户端软件。每个部分都会使用向导，当向导完成时，系统会显示提示，询问是否继续下一个向导。

Symantec Endpoint Protection Manager 的部署主要分成策略配置、管理组和客户端、LiveUpdate 更新等任务。

(2) 安装 SEP Manager 管理服务器和控制台。

① 将产品光盘插入驱动器，然后开始安装。若为下载的产品，请打开按照文件夹并双击 Setup.exe。在出现的安装界面上选择"安装 Symantec Endpoint Protection Manager"项。

② 在安装向导的"欢迎使用"页面上，单击"下一步"按钮，将会检查计算机是否满足系统最低要求。如果不满足要求，会出现一条消息，指出哪项资源不满足最低要求。单击"是"按钮继续安装 Symantec Endpoint Protection Manager，但性能可能会受到影响。

③ 在"授权许可协议"页面上，选中"我接受该许可证协议中的条款"，然后单击"下一步"按钮。

④ 在"目标文件夹"页面上，接受或更改安装目录，然后单击"下一步"按钮。

⑤ 在"选择网站"页面上，执行下列操作之一，如图 7-33 所示。

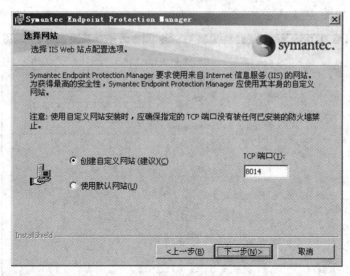

图 7-33 选择安装的网站及端口

• "创建自定义网站"，然后接受或更改"TCP 端口"。

⇨ **提示**：此设置建议用于大部分的安装，因为它不太可能与其他程序发生冲突。

• "使用默认网站"，此设置使用 IIS 的默认网站，不建议使用。

⑥ 单击"下一步"按钮，在"准备安装程序"页面上，单击"安装"按钮。

⑦ 安装完成并出现"安装向导完成"页面时，单击"完成"按钮，如图 7-34 所示。

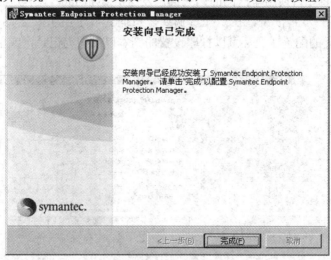

图 7-34 安装向导完成

等待"管理服务器配置向导"页面出现，这可能需要几秒钟时间。如果系统提示重新启动计算机，请重新启动计算机并登录，然后此向导会自动出现以供继续操作。

(3) 配置管理服务器并创建嵌入式数据库。

① 在"管理服务器配置向导"页面上，选择"简单"，再单击"下一步"按钮。

② 在出现的创建管理员账户页面输入并确认密码(6 个或更多个字符)，密码是用来登录 Symantec Endpoint Protection Manager 控制台的管理员账户密码。管理员的电子邮件地

址为可选输入，如图 7-35 所示。

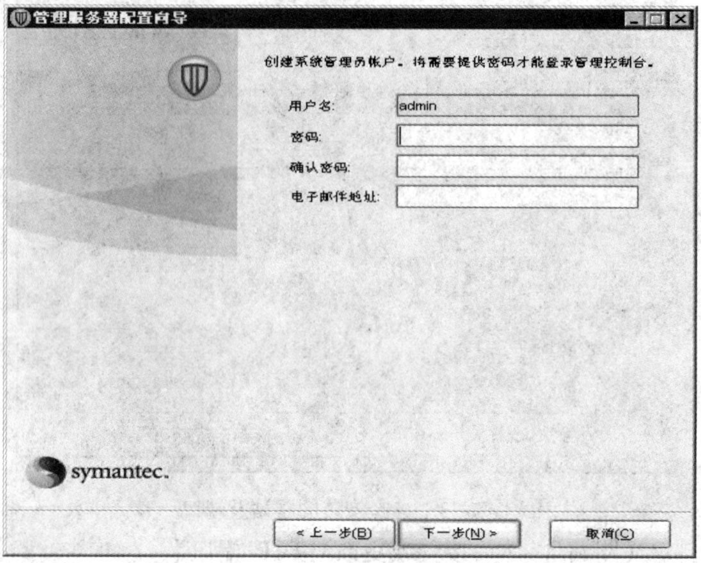

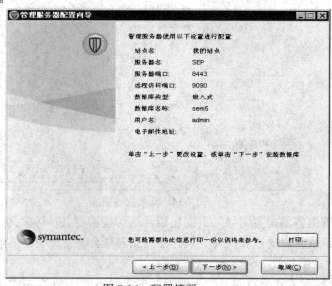

图 7-35　创建管理员账户

③ 单击"下一步"按钮，在"数据收集"页面上，执行下列操作之一：

· 若要让 Symantec Endpoint Protection 将如何使用本产品的相关信息发送给 Symantec，请选中相应复选框。

· 若要拒绝将如何使用本产品的相关信息发送给 Symantec，请取消选中相应复选框。

④ 单击"下一步"按钮，在"配置摘要"页面会显示用于安装 Symantec Endpoint Protection Manager 的配置情况。可以打印设置的副本以维护为记录，或单击"下一步"按钮，如图 7-36 所示。

图 7-36　配置摘要

等待安装程序创建数据库，这可能需要几分钟的时间。

⑤ 在图 7-37 所示的"管理服务器配置向导已完成"页面上，执行下列操作之一：

　　• 若要使用"迁移和部署向导"部署客户端软件，请选择"是"单选按钮，然后单击"完成"按钮。

　　• 若要先登录 Symantec Endpoint Protection Manager 控制台后再部署客户端软件，请选择"否"单选按钮，然后单击"完成"按钮。

　　⑥ 选择"否"单选按钮，单击"完成"按钮，完成管理服务器配置。

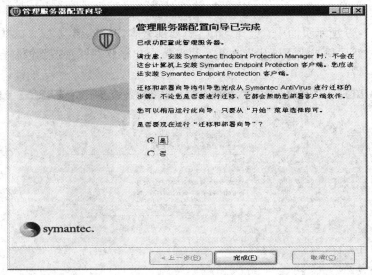

图 7-37　完成管理服务器配置

　　(4) 创建并部署客户端软件。

　　使用迁移和部署向导可以配置客户端软件包，然后可以选择显示推式部署向导，可以用它将客户端软件包部署至 Windows 计算机(需要客户端计算机的账号和权限)。也可以将制作的客户端软件包通过其他方式(例如拷贝、共享、FTP)在客户端进行安装。本任务以后者为例进行安装。

　　① 运行下列其中一项操作，启动"迁移和部署向导"，如图 7-38 所示。

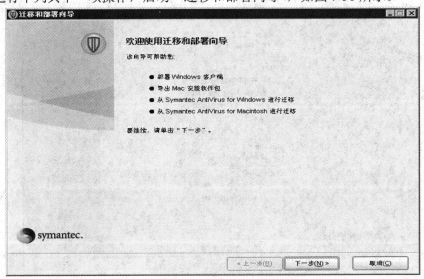

图 7-38　迁移和部署向导

· 在 Windows 的"开始"菜单上,通过"开始"菜单选择"程序"→"Symantec Endpoint Protection Manager"→"迁移和部署向导",具体路径可能会因使用的 Windows 版本而异。

· 在"管理服务器配置向导"的最后一个页面中,选择"是"单选按钮,然后单击"完成"按钮。

② 在"欢迎使用迁移和部署向导"页面中,单击"下一步"按钮。在"您选择何种操作"页面中,选中"部署 Windows 客户端",然后单击"下一步"按钮。

③ 在图 7-39 所示页面中,选择"指定您要部署客户端的新组名",在框中键入组名(例如 sepclient),然后单击"下一步"按钮。已部署客户端软件并登录到控制台后,可在控制台找到此组。

图 7-39 部署的客户端组名

④ 在图 7-40 所示页面中,取消选中不想安装的 Symantec Endpoint Protection 中任何类型的防护软件组件功能,然后单击"下一步"按钮。

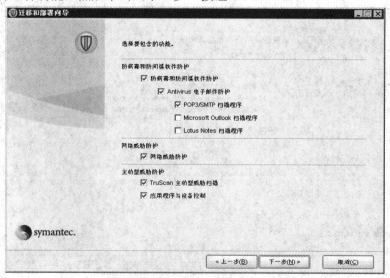

图 7-40 选择客户端包含的组件功能

⑤ 在图 7-41 所示页面中，选中您所需的软件包、文件及用户交互安装选项。单击"浏览"按钮，找到并选择要放置安装文件的目录，然后单击"打开"按钮。

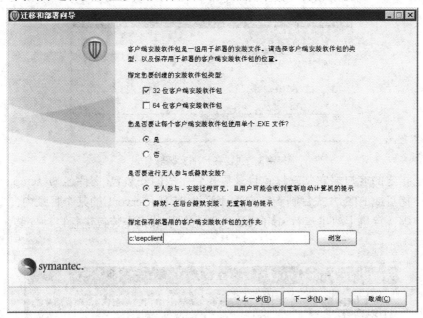

图 7-41　选择软件包安装选项

⑥ 单击"下一步"按钮，在创建客户端安装软件包页面中，运行下列其中一项操作：

· 选择"是"，然后单击"完成"按钮。在"推式部署向导"页面，远程将客户端安装包推送部署到客户端(需要客户端验证)。

· 选择"否"，然后单击"完成"按钮。

⑦ 选择"否，只要创建即可，我稍后会部署"，如图 7-42 所示。

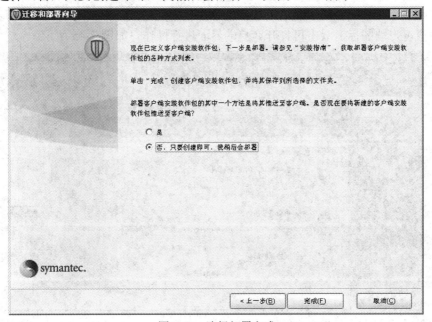

图 7-42　选择部署方式

⑧ 创建并导出组的安装软件包可能需要几分钟的时间，如图 7-43 所示。然后退出迁移和部署向导。

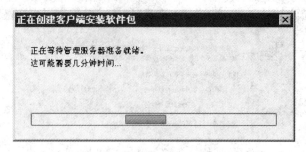

图 7-43  创建客户端安装软件包

在上面指定的客户端安装软件包目录里找到生成的安装包(文件名为 setup.exe)，将其通过共享、拷贝或 FTP 方式复制到客户端计算机 PC1、Server1 的某个目录内。

在客户端计算机上双击运行 setup.exe 文件进行安装，安装包进行自动安装，如图 7-44 所示。

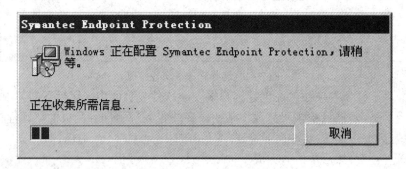

图 7-44  客户端自动安装

安装完成后，系统会提示重启动客户端计算机才能生效。重启动客户端计算机后，在右下角生成客户端图标，双击可打开客户端界面进行操作，如图 7-45 所示。

图 7-45  Symantec Endpoint Protection 客户端

↪ 提示：在 Symantec Endpoint Protection RU5 版本下，客户端软件依赖 System Event Notification Service 服务才能启动，如果客户端启动时出现 Symantec Management Client 服务不能启动的现象，请在服务里将 System Event Notification Service 服务的启动类型设为自动启动并启动该服务。

（5）Symantec Endpoint Protection Manager 控制台。

Symantec Endpoint Protection Manager 控制台提供了图形用户界面供管理员使用。可以使用控制台来管理安全策略、计算机、监控端点防护状态，以及创建和管理管理员账户。

在安装 Symantec Endpoint Protection 之后登录到 Symantec Endpoint Protection Manager 控制台。可以通过两种方式登录控制台：

· 本地登录，从安装管理服务器的计算机上通过"开始"菜单选择"程序"→"Symantec Endpoint Protection Manager"→"Symantec Endpoint Protection Manager 控制台"命令。

· 远程登录，在满足远程控制台的系统要求并且可网络连接至管理服务器的任何计算机上打开 IE 浏览器，然后在地址框中键入"http://192.168.1.3:9090"。在"Symantec Endpoint Protection Manager 控制台 Web 访问"页面，单击所需的控制台类型。

出现管理控制台登录界面后，使用安装时设定的管理员账户进行登录。登录后的界面如图 7-46 所示。管理控制台页面分为"主页""监视器""报告""策略""客户端"和"管理员"，按页划分执行相应的功能和任务。

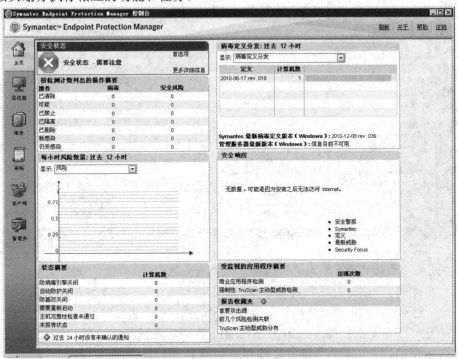

图 7-46　Symantec Endpoint Protection Manager 控制台主页

（6）策略配置。

Symantec Endpoint Protection 使用不同类型的安全策略来管理网络安全性。许多策略是在安装期间自动创建的。可以使用默认策略，也可以自定义策略以符合特定环境的需要。

策略可以为共享策略，也可以为非共享策略。共享策略应用于任何组和位置，如果创建共享策略，则可以在所有使用相应策略的组和位置将其编辑和替换；非共享策略应用于组中的特定位置，每个策略只能应用至一个位置。针对已经存在的特定位置可能需要特定的策略，在这种情况下，可以为该位置创建一个唯一的策略。要查看已有的策略或编辑、添加策略，选择控制台中"策略"即可。在"查看策略"下，选择任一策略类型，在"任务"下方，选择"编辑策略""删除策略""分配策略"以及"添加某一类型策略"等操作，如图 7-47 所示。当配置好新的策略后，一定要分配策略，这时候才将配置好的策略分配到指定的组，每次更改完策略后都要再次将策略分配到所要指定的组。共享策略主要包括防病毒和防间谍软件策略、防火墙策略、入侵防护策略、应用程序与设备控制策略、LiveUpdate 策略等。

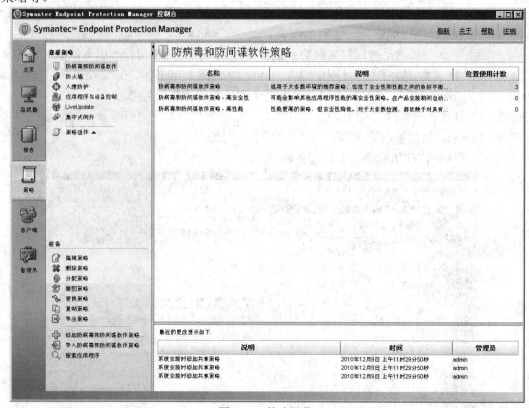

图 7-47 策略操作

"防病毒和防间谍软件策略"包括下列类型的选项：

· 自动防护扫描：持续扫描从计算机读取或写入计算机的文件和电子邮件数据是否有病毒或安全风险；病毒和安全风险可能包括间谍软件或广告软件。

· 管理员定义的扫描(调度和按需扫描)：检测病毒和安全风险。管理员定义的扫描会通过检查所有文件和进程(或部分文件和进程)来检测病毒和安全风险。管理员定义扫描还能够扫描内存及加载点。

· TruScan 主动型威胁扫描：使用启发式扫描查找与病毒和安全风险行为类似的行为。防病毒和防间谍软件扫描是检测已知的病毒和安全风险，而主动型威胁扫描则是检测未知的病毒和安全风险。

· 隔离：当前的病毒定义到达时，选择隔离策略，对客户端扫描到的病毒文件做隔离。

· 提交：指定将有关主动型威胁扫描检测的信息、自动防护或扫描检测的信息自动发送给 Symantec 安全响应中心。

· 其他：可以配置 Windows 安全中心与 SEP 是否一起工作、IE 浏览器防护，配置日志处理方法，配置不同类型的通知。

当安装 Symantec Endpoint Protection 时，控制台的策略列表中会显示若干防病毒和防间谍软件策略。可以修改这些预先配置的策略，也可以创建新的策略。图 7-48 所示为防病毒和防间谍软件策略配置界面，可根据实际需要进行配置。

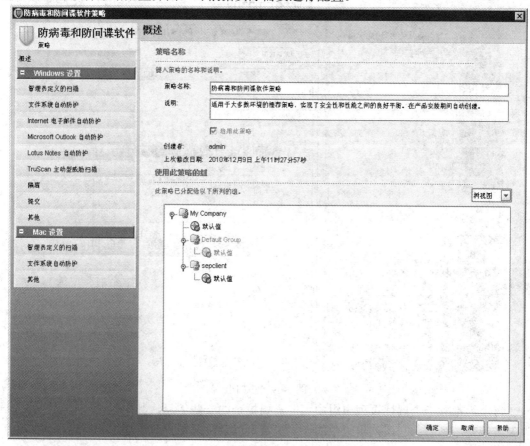

图 7-48　防病毒和防间谍软件策略配置

(7) 管理组和客户端。

在 Symantec Endpoint Protection Manager 中，将各个受管计算机组作为一个整体进行管理，组可作为客户端计算机的配置区。可应用类似的安全要求将计算机加入组中，方便管理网络安全。

Symantec Endpoint Protection Manager 包括下列默认组：

· MyCompany 组为顶层组或父组，它包括一个由子组构成的平面树。

· Default Group 为 MyCompany 的子组，除非客户端属于预先定义的组，否则首次向 Symantec Endpoint Protection Manager 注册时，会先分配到 DefaultGroup。不能在 Default Group 下创建子组，Default Group 不能重命名或者删除。

可以根据公司的组织结构搭配创建多个子组，亦可根据功能、角色、地理位置或单项准则的组合来确定组结构。

在控制台中选择"客户端"，在"查看客户端"区选择要添加新子组的组。在"客户端"选项卡中"任务"区单击"添加组"，在"添加 MyCompany 的组"对话框中键入组名称和描述，单击"确定"按钮，如图 7-49 所示。

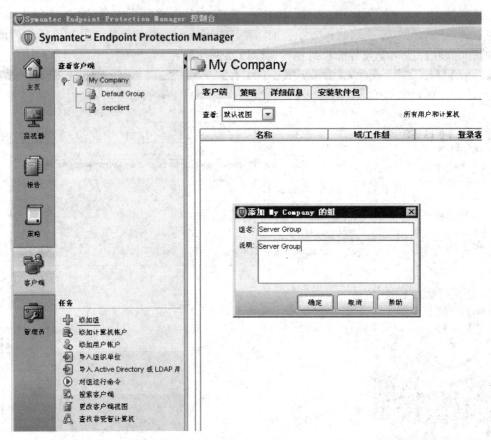

图 7-49　添加组

每个组都有一个属性页列出组中可能需要检查的一些信息，其中包括该组上次修改日期及其策略序列号；它还列出组中的计算机数量以及注册用户数。通过此对话框可禁止新客户端添加到组。

在组结构中，子组起初会自动从其父组继承位置、策略和设置。默认情况下，为每个组都启用了继承。可以禁用继承，以便为子组单独配置安全设置。如果在进行更改后又启用继承，则会覆盖子组设置中的所有更改。

在"客户端"页面的"查看客户端"区选择顶层组"My Company"以外的任何组，选择要对其禁用或启用继承的组。在"sepclient"组的"策略"选项卡上，执行下列其中一个操作，如图 7-50 所示。

• 若要禁用继承，请取消选中"从父组'My Company'继承策略和设置"。

• 若要启用继承，请选中"从父组'My Company'继承策略和设置"，然后在询问是否继续时单击"是"。

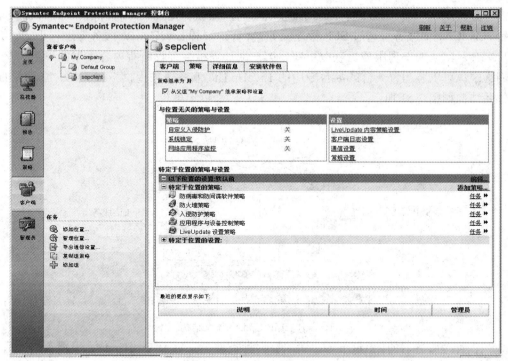

图 7-50  禁用与启用组的继承

在建立的"sepclient"组下，禁用继承的防病毒和防间谍软件策略，对其进行编辑，定义对客户端每周一上午 12:00 进行全盘扫描的步骤如下：

① 在"sepclient"组的策略下取消选中"从父组'My Company'继承策略和设置"。

② 双击"防病毒和防间谍软件策略"系统提示这是一个共享策略，单击"编辑共享"。

③ 在编辑的策略里的扫描选项选择"编辑"，修改扫描调度时间为每周一上午 12:00。

客户端是连接到网络并运行 Symantec Endpoint Protection 软件的任何网络设备。Symantec Endpoint Protection 客户端软件包会部署到网络中的各个设备，以对其进行保护。客户端软件可在客户端上执行下列功能：

· 连接到管理服务器以接收最新的策略与配置设置。

· 将各策略中的设置应用到计算机。

· 在计算机上更新最新内容以及病毒与安全风险定义。

· 将客户端信息记录在其日志中，以及将日志信息上载到管理服务器。

安装客户端软件前，应事先将计算机或用户分配到相应的组。安装客户端软件后，客户端将从客户端安装软件包中指定的组接收策略。在计算机上安装客户端安装软件包后，客户端计算机会成为此首选组的成员。

检查和设置相关安全策略，完成管理服务器上的策略配置，客户端会根据管理服务器上相应的策略和调度实施安全防护。通过 Symantec Endpoint Protection Manager 控制台的首页和监视器界面进行客户端状态的监控。

(8) LiveUpdate 更新。

Symantec LiveUpdate 是一种使用病毒定义、入侵检测特征、产品补丁程序等内容来更新客户端计算机的程序。LiveUpdate 可将内容更新后分发至客户端，或先发至服务器后再将内容分发至客户端。客户端会定期接收病毒与间谍软件定义、IPS 特征、产品软件等的更新。LiveUpdate 服务可通过 SEP 管理服务器、客户端和 LiveUpdate 服务器进行更新，SEP 客户端会从默认的管理服务器获取更新，客户端计算机会接收所有内容类型的更新。在大型网络中，可安装配置一台或多台专用的 LiveUpdate 服务器来提供下载更新。LiveUpdate 的体系结构如图 7-51 所示。

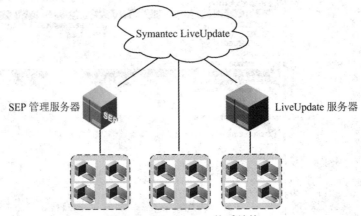

图 7-51　LiveUpdate 体系结构

　　SEP 管理服务器的 LiveUpdate 策略有两种类型：一种为 LiveUpdate 设置策略，另一种为 LiveUpdate 内容策略。LiveUpdate 设置策略可指定客户端要联系已进行检查更新的计算机，并控制客户端检查更新的频率。LiveUpdate 内容策略指定允许客户端检查和安装的更新类型。针对每种类型，可以指定客户端查看和安装最新的更新。此策略不能应用于组中的特定位置，只能在组级别应用。LiveUpdate 策略的配置如图 7-52 所示。

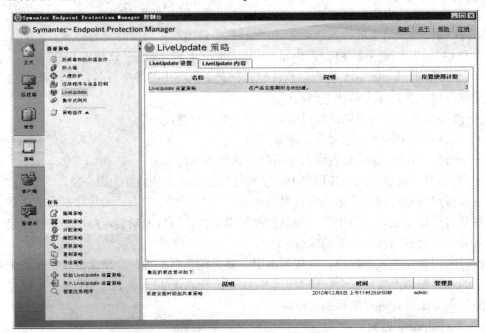

图 7-52　LiveUpdate 策略

修改 LiveUpdate 策略，将 LiveUpdate 调度更新频率由默认的 4 小时修改为连续。

## 六、任务验收

### 1. 设备验收

根据实训拓扑结构图检查验收交换机、计算机的线缆连接，检查 PC1、Server1、Server2 的 IP 地址。

### 2. 配置验收

(1) 安装验收。

检查 Server2 的 Symantec Endpoint Protection Manager 安装，通过浏览器访问 http://192.168.1.3:9090 能正常登录控制台界面，从管理控制台的客户端菜单项可看见 PC1、Server1、Server2 客户端软件安装正确并正常运行，选择客户端可查看其软件版本、病毒定义及相关属性等，如图 7-53 所示。

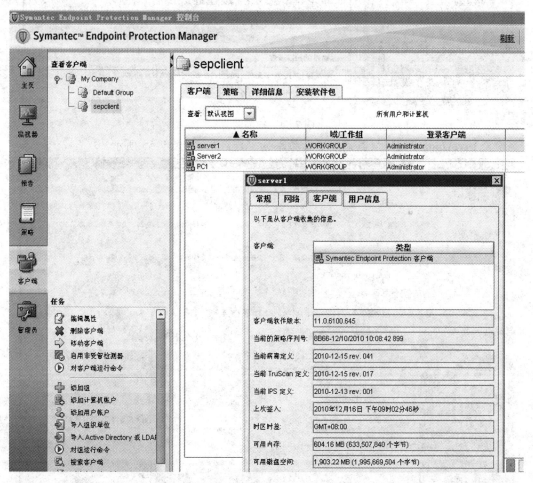

图 7-53　受管理的客户端属性

(2) 组及策略配置验收。

检查创建的 sepclient 组的防病毒和防间谍软件策略，其扫描调度时间为每周一上午 12:00，如图 7-54 所示。

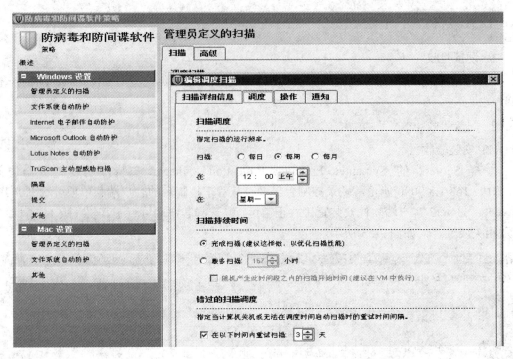

图 7-54　扫描调度

检查 LiveUpdate 策略，其调度更新频率为"连续"，如图 7-55 所示。

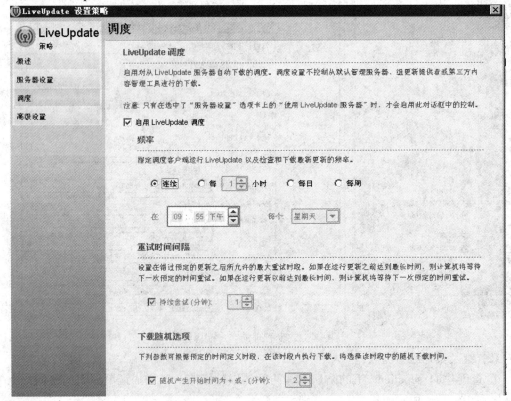

图 7-55　LiveUpdate 调度更新频率

### 3. 功能验收

(1) 客户端更新。

新安装的客户端防病毒和防间谍软件定义为过期，在客户端上单击"修复"。客户端将从管理服务器进行更新，更新完成后防病毒和防间谍软件定义将会与管理服务器的定义一致。从查看日志里能检查客户端更新的情况。

也可从管理服务器进行更新，在客户端菜单选项里，在需要更新的客户端单击鼠标右键，在下拉菜单中选择"对客户端运行命令"→"更新内容"，如图 7-56 所示，根据提示单击"确定"按钮。

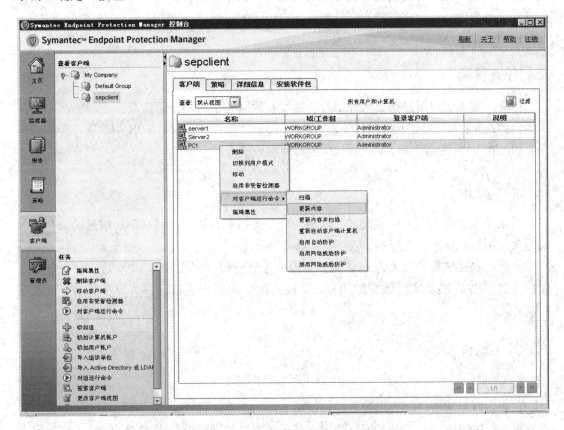

图 7-56 从管理服务器更新

在监视器菜单的"命令状态"里查看管理服务器发出的命令执行情况和状态。

(2) 客户端扫描。

扫描客户端计算机的安全威胁，与客户端更新类似，可从客户端界面的"扫描威胁"进行扫描，也可从管理服务器对客户端运行扫描命令，运行后查看扫描结果。

## 七、任务总结

针对某公司计算机和服务器的网络病毒防护的任务进行了网络病毒防护系统的安装、安全策略配置、组与客户端管理等方面的实训。

# 任务四　移动用户访问企业网资源

## 一、任务描述

某公司已经建立了企业网并通过防火墙与互联网连接，由于业务需要，公司经常有员工到外地出差，假期时员工在家也需要访问公司内部信息资源。针对这种情况，需要使出差及在家办公的公司用户都能通过互联网访问公司的内部资源，且在安全上要能提供认证、访问授权及审核功能。

## 二、任务目标

**目标**：要求实现用户在公司外部时能通过互联网安全访问公司资源。

**目的**：通过本任务进行 VPN 的安全实训，以帮助读者了解 SSL VPN 的功能，了解 VPN 设备的 SSL VPN 配置方法，具备 VPN 的具体实施能力。

## 三、需求分析

**需求**：企业员工在外要能通过互联网访问公司信息资源。公司内部的信息资源在防火墙内部，不能直接放在互联网上。

**分析**：员工需要通过互联网访问公司内部信息资源，采用 SSL VPN 是一种安全、方便的方式。SSL 既能实现数据的加密，又能实现访问用户的认证、访问资源的授权及审核功能。

## 四、知识链接

### 1. VPN

在企业网络配置中，要进行异地局域网之间的互连，传统的方法是租用 DDN(数字数据网)专线或帧中继，但这样的通信方案必然导致高昂的网络通信/维护费用。对于移动用户与远端个人用户而言，一般通过拨号线路(Internet)进入企业的局域网，而这样必然会带来安全上的隐患。

VPN(Virtual Private Network，虚拟专用网络)是一种通过公共网络(包括因特网、帧中继、ATM 等)在局域网之间或单点之间安全地传递数据的技术。

VPN 通过一个私有通道来创建一个安全的私有连接，将远程用户、公司分支机构、公司的业务伙伴等与企业网连接起来，形成一个扩展的公司企业网。VPN 通过一个公用网络(通常是因特网)建立一个临时的、安全的连接，是一条穿过公用网络的安全的、稳定的隧道。使用这条隧道可以对数据进行加密，达到安全使用私有网络的目的。

VPN 的网络结构如图 7-57 所示。

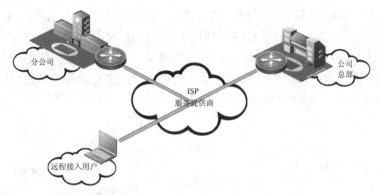

图 7-57　VPN 网络结构

1) VPN 的主要特点

VPN 主要采用了隧道技术、加解密技术、密钥管理技术、使用者与设备身份认证技术等实现。VPN 的主要特点如下：

(1) 安全保障。VPN 通过建立一个隧道，利用加密技术对传输数据进行加密，以保证数据的私有和安全性。

(2) 服务质量(QoS)保证。VPN 可以按不同要求提供不同等级的服务质量保证。VPN QoS 通过流量预测与流量控制策略，可以按照优先级实现带宽管理，使得各类数据能够被合理地先后发送，并预防阻塞的发生。

(3) 可扩充性和灵活性。VPN 能够支持通过 Intranet 和 Extranet 的任何类型的数据流，方便增加新的节点，支持多种类型的传输媒介，可以满足同时传输语音、图像和数据等高质量传输以及带宽增加的需求。

(4) 可管理性。从用户角度和运营商角度，VPN 能方便地进行管理、维护。VPN 管理主要包括安全管理、设备管理、配置管理、访问控制列表管理、QoS 管理等内容。

2) VPN 的分类

根据不同的划分标准，VPN 可以按协议和应用的不同进行划分：

(1) 按 VPN 的协议分类。VPN 的隧道协议主要有 PPTP、L2TP、IPSec 以及 SSL，其中 PPTP 和 L2TP 协议工作在 OSI 模型的第二层，又称为二层隧道协议；IPSec 是第三层隧道协议，是最常见的用于 LAN To LAN(网对网)的协议；SSL 协议是介于 HTTP 层及 TCP 层的安全协议。

(2) 按 VPN 的应用分类。VPN 的应用主要有：

• Access VPN(远程接入 VPN)：客户端到网关，使用公共网络作为骨干网在用户与网关设备之间传输 VPN 的数据流量。

• Intranet VPN(内联网 VPN)：网关到网关，通过公共网络或专用网络连接公司的资源。

• Extranet VPN(外联网 VPN)：与合作伙伴企业网构成 Extranet，将一个公司与另一个公司的资源进行连接。

VPN 的部署模式是指 VPN 设备部署到客户网络中的工作模式，不同的部署方式对企业的网络影响不同，具体以何种部署方式需要综合客户具体的网络环境和客户的功能需求而定。VPN 的部署模式一般分为网关模式和单臂模式。

网关模式时，SSL 设备工作层次与路由器或包过滤防火墙基本相当，具备基本的路由转发及 NAT 功能。一般在客户原有网络环境中添加部署 SSL 设备时不采用这种模式，因为这种部署模式需要对客户的网络环境做较大的改动，且客户网络环境规模比较小，用 SSL 设备替换原有部署在出口的路由器或防火墙，或者是客户在规划新网络建设时将 SSL 部署为网关模式。网关模式的典型网络结构如图 7-58 所示。

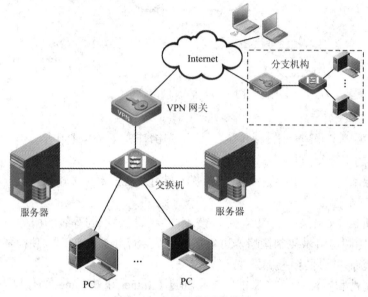

图 7-58　VPN 的网关模式

单臂模式时，SSL 设备工作模式与一台内网服务器基本相当，由前置设备将 SSL 服务对外发布，该模式下仅处理 VPN 数据。一般在客户原有网络环境中添加部署 SSL 设备时将采用这种模式，因为这种部署模式不需要变动客户的网络环境，哪怕设备宕机也不会影响网络。

单臂模式只需要连接 LAN 口到内网，防火墙、NAT、DHCP 等功能无法使用，如客户出口有前置防火墙或网络规模比较大时建议用此模式。单臂模式的典型网络结构如图 7-59 所示。

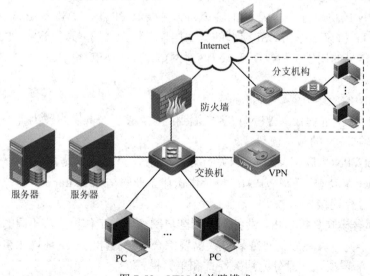

图 7-59　VPN 的单臂模式

## 2. SSL VPN

SSL VPN 是指采用 SSL(Security Socket Layer)协议来实现远程接入的一种新型 VPN 技术。SSL 协议是网景公司提出的基于 Web 应用的安全协议，它包括服务器认证、客户认证(可选)、SSL 链路上的数据完整性和保密性。对于内、外部应用来说，使用 SSL 可保证信息的真实性、完整性和保密性。目前 SSL 协议被广泛应用于各种浏览器中，也可以应用于 Outlook 等使用 TCP 协议传输数据的 C/S 应用。正因为 SSL 协议被内置于 IE 等浏览器中，使用 SSL 协议进行认证和数据加密的 SSL VPN 就可以免于安装客户端。相对于传统的 IPSec VPN 而言，SSL VPN 具有部署简单、无客户端、维护成本低、网络适应强、安全性高等优点，具体表现为以下几点：

(1) 适合点对点网络的连接；

(2) 无需手动安装任何 VPN 客户端软件；

(3) 兼容性好，支持各种操作系统和终端，不会与终端防火墙、杀毒软件冲突；

(4) 细致的访问权限控制。

目前各主流网络产品厂商(Cisco、H3C、锐捷、深信服)都有专用的 VPN 设备提供 SSL VPN、IPSec VPN，其中深信服是 IPSec VPN 和 SSL VPN 国家标准参与制定者，其 VPN 设备融合了 IPSec VPN 和 SSL VPN，在国内具有较高的市场占有率。

## 3. IPSec VPN

IPSec VPN 是指采用 IPSec 协议来实现远程接入的一种 VPN 技术。IPSec VPN 采用隧道模式来实现两个网络通过公共网络进行安全加密的连接。

IPSec 是一种开放标准的框架结构，特定的通信方之间在 IP 层通过加密和数据摘要等手段，来保证数据包在 Internet 上传输的私密性、完整性和真实性。

IPSec 协议工作在 OSI 模型的第三层，单独使用时适于保护基于 TCP 或 UDP 的协议。通常，通信双方都需要 IPSec 配置(称为 IPSec 策略)来设置选项，以允许两个系统对如何保护它们之间的通信达成协议。

IPSec 是一组协议套件，各种协议统称为 IPSec。IPSec 主要由两大部分组成：

(1) IKE (Internet Key Exchange，因特网密钥交换)协议，用于交换和管理 VPN 中使用的加密密钥，建立和维护安全联盟的服务；

(2) 保护分组流的协议，包括加密分组流的封装安全载荷协议(ESP 协议)或认证头协议(AH 协议)，用于保证数据的机密性、来源可靠性(认证)、无连接的完整性，并提供抗重播服务。

### 1) 安全联盟(SA)

安全联盟(Security Association，SA)是 IPSec 的基础，也是 IPSec 的本质。SA 是通信对等体间对某些要素的约定，例如，使用哪种协议(AH、ESP，还是两者结合使用)、协议的操作模式(传输模式和隧道模式)、密码算法(DES 和 3DES)、特定流中保护数据的共享密钥以及密钥的生存周期等。通过 SA，IPSec 能够对不同的数据流提供不同级别的安全保护。例如，某个组织的安全策略可能规定来自特定子网的数据流应同时使用 AH 和 ESP 进行保护，并使用 3DES(三重数据加密标准)进行加密。

安全联盟是单向的，两个对等体之间的双向通信最少需要两个安全联盟来分别对两个方向的数据流进行安全保护。同时，如果希望同时使用 AH 和 ESP 来保护对等体间的数据流，则需要两个 SA，一个用于 AH，另一个用于 ESP。

安全联盟由一个三元组来唯一标识，这个三元组包括 SPI(Security Parameter Index，安全参数索引)、目的 IP 地址、安全协议号(AH 或 ESP)。SPI 是为唯一标识 SA 而生成的一个 32 比特的数值，它在 AH 和 ESP 头中传输。

2) AH 与 ESP

IPSec 提供了两种安全机制：认证和加密。认证机制使 IP 通信的数据接收方能够确认数据发送方的真实身份，以及数据在传输过程中是否遭篡改；加密机制通过对数据进行加密运算来保证数据的机密性，以防数据在传输过程中被窃听。

鉴别首部(Authentication Header, AH)协议定义了认证的应用方法，提供数据源认证、数据完整性校验和防报文重放功能，它能保护通信免受篡改，但不能防止窃听，适用于传输非机密数据。AH 的工作原理是在每一个数据包的标准 IP 包头的后面添加一个身份验证报文头，对数据提供完整性保护。可选择的认证算法有 MD5(Message Digest)、SHA-1(Secure Hash Algorithm)等。AH 报文封装如图 7-60 所示。

图 7-60　AH 报文封装

封装安全载荷(Encapsulating Security Payload，ESP)协议定义了加密和可选认证的应用方法，提供加密、数据源认证、数据完整性校验和防报文重放功能。ESP 的工作原理是在每一个数据包的标准 IP 包头的后面添加一个 ESP 报文头，并在数据包后面追加一个 ESP 尾部。与 AH 协议不同的是，ESP 将需要保护的用户数据进行加密后再封装到 IP 包中，以保证数据的机密性。常见的加密算法有 DES、3DES、AES 等，同时还可以选择 MD5、SHA-1 等算法保证报文的完整性和真实性。ESP 报文封装如图 7-61 所示。

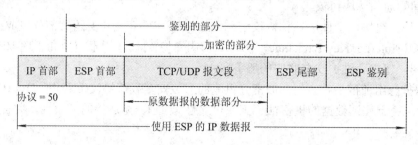

图 7-61　ESP 报文封装

在进行 IP 通信时，可以根据实际安全需求同时使用 AH 与 ESP 协议或选择其中的一种。AH 和 ESP 都可以提供认证服务，不过，AH 提供的认证服务要强于 ESP。同时使用 AH 和 ESP 时，设备支持 AH 和 ESP 联合使用的方式为：先对报文进行 ESP 封装，再进行 AH 封装，封装之后的报文从内到外依次是原始 IP 报文、ESP 头、AH 头和外部 IP 头。

3) IPSec 工作模式

IPSec 在不同的应用需求下会有不同的工作模式，分别为传输模式(Transport Mode)及隧道模式(Tunnel Mode)。

传输模式：只是传输层数据被用来计算 AH 或 ESP 头，AH 或 ESP 头以及 ESP 加密的用户数据被放置在原 IP 包头的后面。通常，传输模式应用于两台主机之间的通信，或一台主机和一个安全网关之间的通信。

隧道模式：用户的整个 IP 数据包被用来计算 AH 或 ESP 头，AH 或 ESP 头以及 ESP 加密的用户数据被封装在一个新的 IP 数据包中。通常，隧道模式应用于两个安全网关之间的通信。

在传输模式和隧道模式下的数据封装形式如图 7-62 所示，图中 data 为原来的 IP 报文。

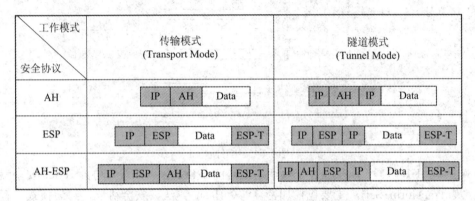

图 7-62　不同模式下安全协议的数据封装格式

4) IKE 协议

在实施 IPSec 的过程中，可以使用 IKE(Internet Key Exchange，因特网密钥交换)协议来建立 SA，该协议建立在 ISAKMP(Internet Security Association and Key Management Protocol，互联网安全联盟和密钥管理协议)定义的框架上。IKE 为 IPSec 提供了自动协商交换密钥、建立 SA 的服务，能够简化 IPSec 的使用和管理，大大简化 IPSec 的配置和维护工作。

IKE 为 IPSec 提供密钥协商并建立 SA 服务分为两个阶段：

第一阶段，通信各方彼此建立了一个已通过身份认证和安全保护的通道，即建立一个 ISAKMP SA。该阶段有主模式(Main Mode)和野蛮模式(Aggressive Mode)两种 IKE 交换方法。

第二阶段，使用第一阶段建立的安全隧道为 IPSec 协商安全服务，即为 IPSec 协商具体的 SA，建立用于最终的安全传输 IP 数据的 IPSec SA。

5) IPSec VPN 建立过程

以图 7-63 的两个网络访问为例，典型的 IPSec VPN 建立过程如下：

(1) 需要访问远端的数据流经路由器，触发路由器启动相关的协商过程。

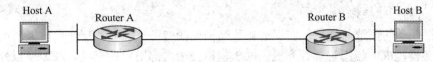

图 7-63　IPSec VPN 的初始建立

(2) 启动 IKE (Internet key exchange)阶段 1，对通信双方进行身份认证，并在两端之间建立一条安全通道。阶段 1 协商建立 IKE 安全通道所使用的参数，主要包括加密算法、Hash 算法、DH 算法、身份认证方法、存活时间等，如图 7-64 所示。

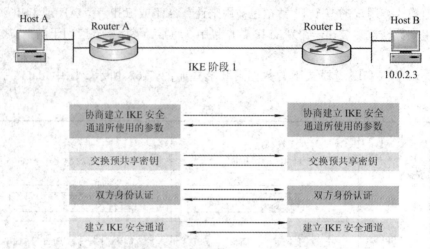

图 7-64　IKE 阶段 1

(3) 启动 IKE 阶段 2，在上述安全通道上协商 IPSec 参数。双方协商 IPSec 安全参数称为变换集(Transform Set)，主要包括加密算法、Hash 算法、安全协议、封装模式、存活时间、DH 算法等，如图 7-65 所示。

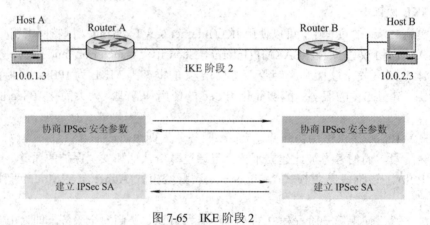

图 7-65　IKE 阶段 2

(4) 按协商好的 IPSec 安全参数对数据流进行加密、Hash 等算法保护。

## 五、任务实施

### 1. 实施规划

◇　实训拓扑结构

根据任务的需求与分析，实训的拓扑结构如图 7-66 所示，Server 模拟公司内部网络 Web 服务器，PC1 模拟管理计算机，PC3 模拟公司内部用户计算机，PC2 模拟外部用户计算机，VPN 设备作为公司出口提供用户的 VPN 访问。

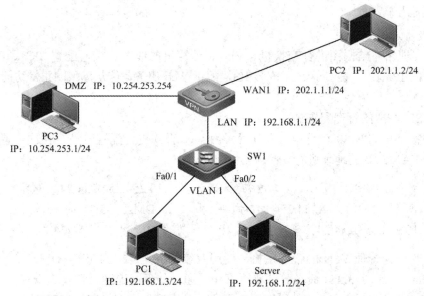

图 7-66　实训拓扑结构

◇ 实训设备

根据任务的需求和实训拓扑结构图，每个实训小组的实训设备配置建议如表 7-9 所示。

表 7-9　实训设备配置清单

| 类　型 | 型　号 | 数　量 |
| --- | --- | --- |
| 交换机 | 锐捷 RG-S2328G | 1 |
| VPN | 深信服 VPN 2050 | 1 |
| 计算机 | PC，Windows XP | 3 |
| 服务器 | Windows 2003 Server | 1 |
| 双绞线 | RJ-45 | 4 |

◇ IP 地址规划

根据任务的需求分析和实训拓扑结构图，本任务中公司内部的 IP 地址网段规划为 192.168.1.0/24，外部 IP 地址网段规划为 202.1.1.0/24，各实训设备的 IP 地址规划如表 7-10 所示。

表 7-10　实训设备 IP 地址规划

| 接　口 | IP 地址 | 网关地址 |
| --- | --- | --- |
| VPN　WAN1 | 202.1.1.1/24 | |
| VPN　LAN | 192.168.1.1/24 | |
| Server | 192.168.1.2/24 | 192.168.1.1 |
| PC1 | 192.168.1.3/24 | 192.168.1.1 |
| PC2 | 202.1.1.2/24 | |
| PC3 | 10.254.253.1 | |

### 2. 实施步骤

(1) 设备连接。

根据实训拓扑结构图进行交换机、VPN、计算机的线缆连接，配置 PC1、PC2、PC3 和 Server 的 IP 地址。在 Server 上安装 IIS，配置 Web 服务，能从局域网正常访问 Server 的 Web 服务。

(2) SSL VPN 的管理配置。

深信服 SSL VPN 2050 及相关系列可采用 Web 方式进行配置管理，初次配置时可以采用 DMZ、LAN 默认的地址进行。

⇨ 提示：深信服 VPN 的 LAN 接口的初始 IP 地址为 10.254.254.254/24，管理主机的 IP 应设置为 10.254.254.254/24 同一网段；DMZ 接口的初始 IP 地址为 10.254.253.254/24，管理主机的 IP 应设置为 10.254.253.254/24 同一网段。

用 PC3 作为管理 VPN 的管理主机，使用双绞线将其连接到 VPN DMZ 口。在管理主机运行 ping 10.254.253.254 命令验证是否真正连通，如不能连通，请检查管理主机的 IP 是否与 DMZ 口(10.254.253.254/24)位于同一网段，是否连接在 VPN 的 DMZ 接口上。

在 PC3 上运行 IE 浏览器，在地址栏输入 http://10.254.253.254:1000，弹出用户登录界面，如图 7-67 所示。

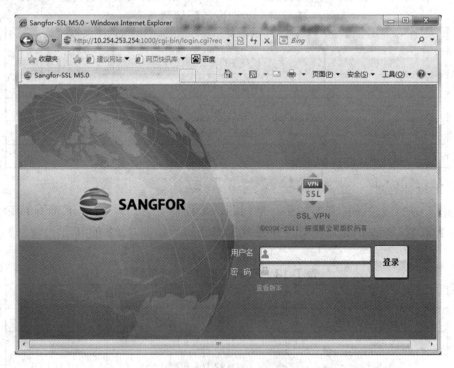

图 7-67　登录界面

输入管理员账号和密码，即可进入 SSL VPN 管理界面，缺省情况下管理员用户名是 Admin，密码是 Admin。如图 7-68 所示，SSL VPN 管理界面左边为树形结构的菜单，右边为配置管理界面，单击各菜单项熟悉其内容。

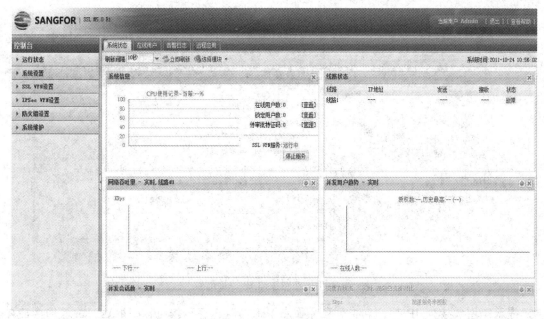

图 7-68 VPN 管理主界面

(3) SSL VPN 的部署模式及接口 IP 配置。

深信服 SSL VPN 分为网关(单线路和多线路)模式和单臂模式两种工作模式。依次选择"系统设置"→"网络配置"→"部署模式"选项,选中"网关模式"单选按钮,进入 SSL VPN 的配置页面进行部署,内网接口 LAN 配置相应的内网 IP 地址与子网掩码地址,如图 7-69 所示。

图 7-69 部署模式选择 LAN 配置

根据实训任务的 IP 规划参数,单击"线路 1"配置外网接口 IP 地址,如图 7-70 所示。

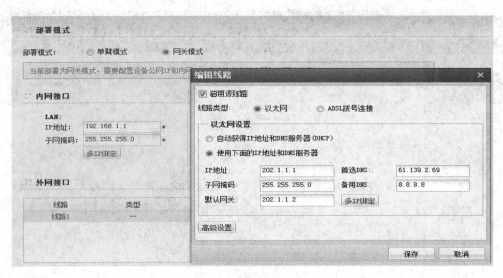

图 7-70　外网接口 IP 地址配置

⇨ **提示：** 增加接口 IP 后，点击管理界面左下部的"保存"按钮保存配置。注意，单击页面右上角的"立即生效"按钮即生效配置。

(4) 资源的定义。

资源是指各种规则要使用的对象的集合，在进行相关配置时调用。深信服 SSL VPN 将资源分为 Web 资源、APP 资源和 IP 资源三类，为了满足 SSL VPN 接入用户访问不同的内网资源，需要先建立内网资源。依次选择"SSL VPN 设置"→"资源管理"→"新建"选项，选择相应的资源发布，如图 7-71 所示。

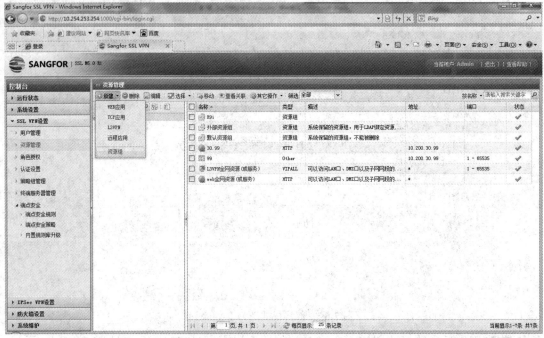

图 7-71　资源建立主界面

实训任务要求 Server 提供 Web 服务，所以针对 Server 的应用发布 Web 服务，如图 7-72 所示，主要填写名称(用户自定义)、类型(选择 HTTP)、地址(内网服务器的主机 IP)，勾选 "启用该资源""允许用户可见"选项。

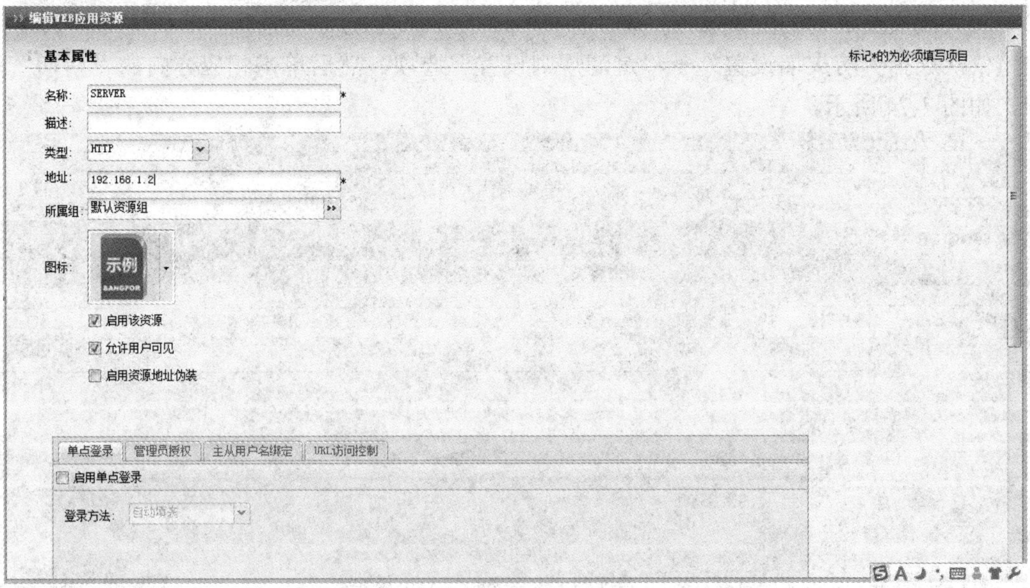

图 7-72　发布 Web 资源

本实训中为了保证 PC2 能够 ping 通 PC1，PC2 需要获取一个虚拟 IP 地址，针对以上要求需要发布一个 L3 VPN 资源(在旧版本里为 IP 资源)，主要设置名称(用户自定义)、类型(此处选择 Other)、协议(ICMP)、地址(需要 Ping 通的内网主机 IP)，勾选"启用该资源""允许用户可见"选项，如图 7-73 所示。

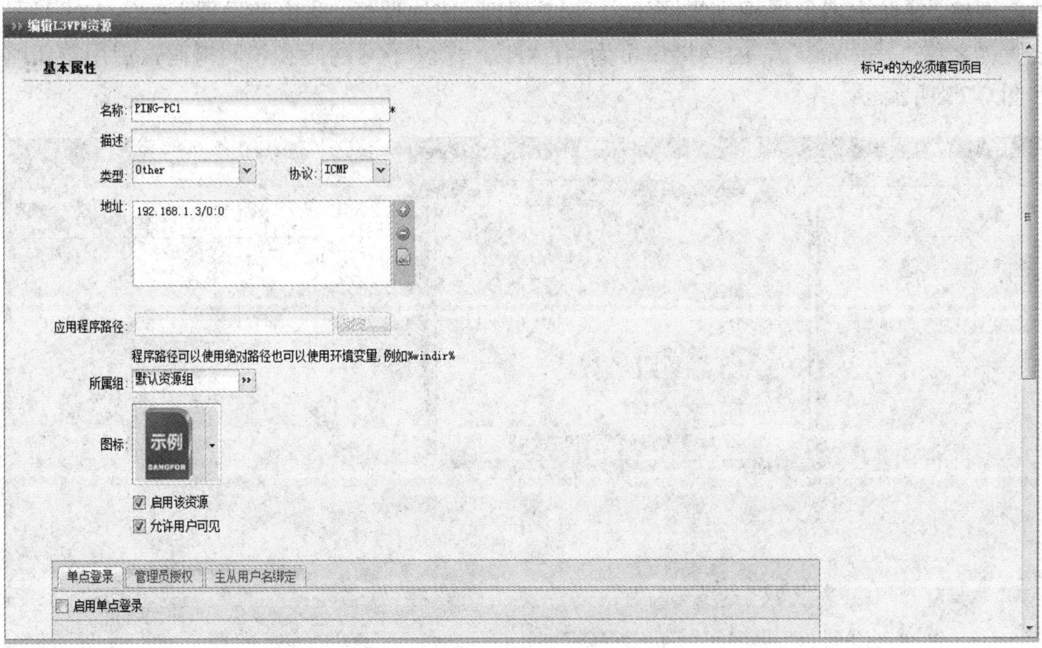

图 7-73　L3 VPN 资源发布

（5）SSL VPN 防火墙规则的配置。

SSL VPN 的所有访问控制均根据防火墙安全规则的设置完成。安全规则主要包括包过滤规则、NAT 规则、IP 映射规则、端口映射规则等。

防火墙安全规则的配置如下：

依次选择"防火墙设置"→"过滤规则设置"选项，然后单击相应方向的"新增"按钮，如图 7-74 所示。

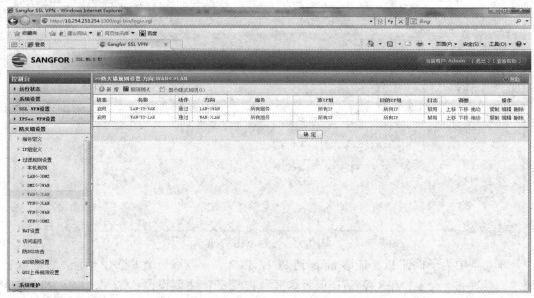

图 7-74　安全规则的配置

根据任务需求和实训拓扑结构，需要配置防火墙规则，使内部网络能够通过 NAT 访问外部网络。在防火墙设置规则界面添加 NAT 规则，依次选择"防火墙设置"→"NAT 设置"，设置"名称"为"nat"，"内网接口"为"LAN"，定义子网网段和子网掩码，启用该策略，如图 7-75 所示。

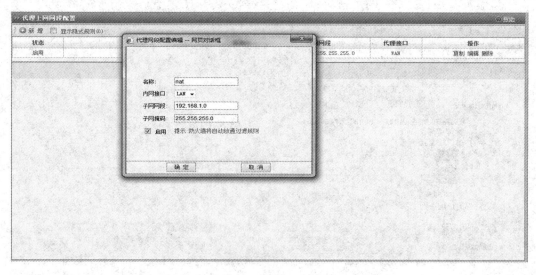

图 7-75　NAT 规则配置

⇨ 提示：SSL VPN 默认使用 WAN 口地址进行转换，目的地址服务为 ANY。

　　配置防火墙包过滤规则，以允许分公司的 IP 访问 Web 为例进行配置：依次选择"防火墙设置"→"过滤规则"→"VPN->LAN"等选项，点击"新增"按钮访问服务器。相关内容的设置如图 7-76 所示。依次选择"WAN->LAN""VPN->LAN""VPN->WAN"等选项，根据情况分别进行双向放通设置，如图 7-77～图 7-79 所示。

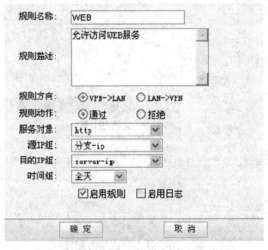

图 7-76　包过滤规则的具体配置内容

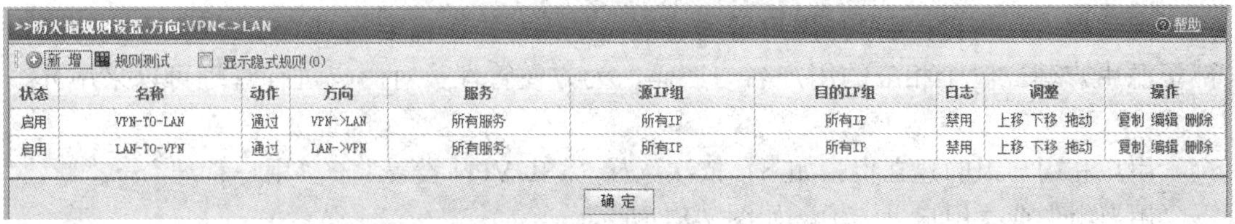

>>防火墙规则设置,方向:VPN<->LAN

○ 新增　■ 规则测试　□ 显示隐式规则(0)

| 状态 | 名称 | 动作 | 方向 | 服务 | 源IP组 | 目的IP组 | 日志 | 调整 | 操作 |
|---|---|---|---|---|---|---|---|---|---|
| 启用 | VPN-TO-LAN | 通过 | VPN->LAN | 所有服务 | 所有IP | 所有IP | 禁用 | 上移 下移 拖动 | 复制 编辑 删除 |
| 启用 | LAN-TO-VPN | 通过 | LAN->VPN | 所有服务 | 所有IP | 所有IP | 禁用 | 上移 下移 拖动 | 复制 编辑 删除 |

确定

图 7-77　VPN<->LAN 方向规则

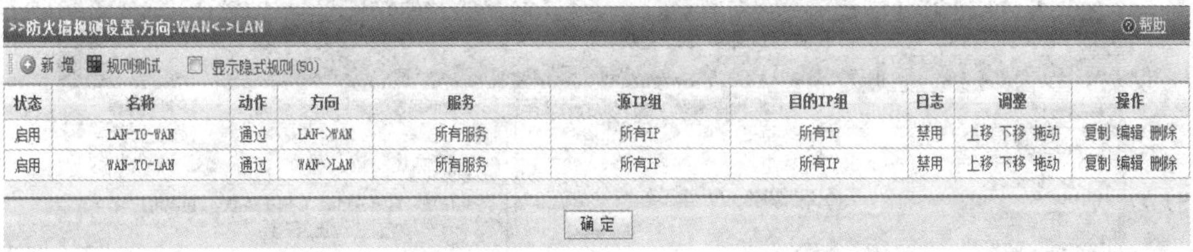

>>防火墙规则设置,方向:WAN<->LAN

○ 新增　■ 规则测试　□ 显示隐式规则(50)

| 状态 | 名称 | 动作 | 方向 | 服务 | 源IP组 | 目的IP组 | 日志 | 调整 | 操作 |
|---|---|---|---|---|---|---|---|---|---|
| 启用 | LAN-TO-WAN | 通过 | LAN->WAN | 所有服务 | 所有IP | 所有IP | 禁用 | 上移 下移 拖动 | 复制 编辑 删除 |
| 启用 | WAN-TO-LAN | 通过 | WAN->LAN | 所有服务 | 所有IP | 所有IP | 禁用 | 上移 下移 拖动 | 复制 编辑 删除 |

确定

图 7-78　WAN<->LAN 方向规则

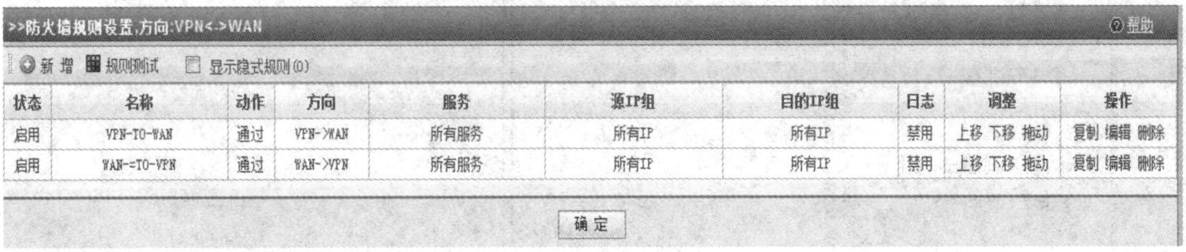

>>防火墙规则设置,方向:VPN<->WAN

○ 新增　■ 规则测试　□ 显示隐式规则(0)

| 状态 | 名称 | 动作 | 方向 | 服务 | 源IP组 | 目的IP组 | 日志 | 调整 | 操作 |
|---|---|---|---|---|---|---|---|---|---|
| 启用 | VPN-TO-WAN | 通过 | VPN->WAN | 所有服务 | 所有IP | 所有IP | 禁用 | 上移 下移 拖动 | 复制 编辑 删除 |
| 启用 | WAN-TO-VPN | 通过 | WAN->VPN | 所有服务 | 所有IP | 所有IP | 禁用 | 上移 下移 拖动 | 复制 编辑 删除 |

确定

图 7-79　VPN<->WAN 方向规则

(6) 路由配置。

为了保证内网用户能通过 NAT 访问互联网，需要配置一条静态默认路由，下一跳指向互联网网关。具体步骤为：依次选择"系统设置"→"网络配置"→"路由设置"选项，单击"新增"按钮弹出"添加路由信息"对话框，如图 7-80 所示。

图 7-80　静态默认路由配置

(7) 用户与用户组配置。

深信服 SSL VPN 用户与用户组的建立，是为每一个需要通过 SSL VPN 方式访问内部资源用户建立一个相应的用户名与密码，为方便管理员对用户进行管理可以采用分组方式。

用户和用户组的建立步骤如下：依次选择"SSL VPN 设置"→"用户管理"→"新建"→"用户组"或"用户"选项，如图 7-81 所示。

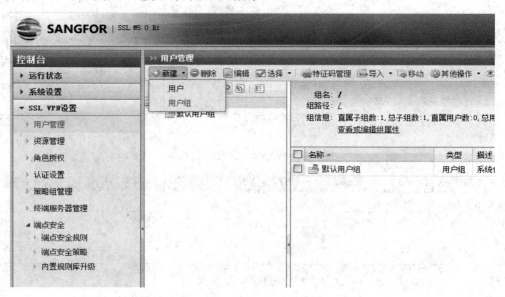

图 7-81　用户或用户组建立

根据本实训要求建立实验组 1，如图 7-82 所示。

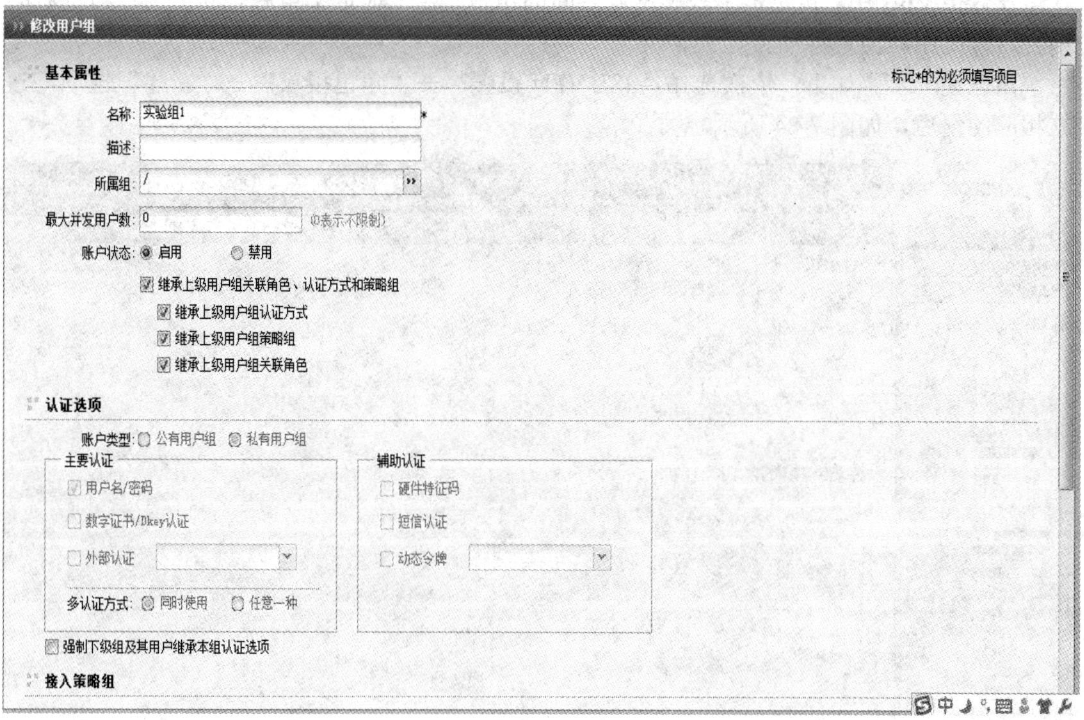

图 7-82　用户组建立

用户组建立完毕，然后在用户组中建立 TEST 用户，如图 7-83 所示。

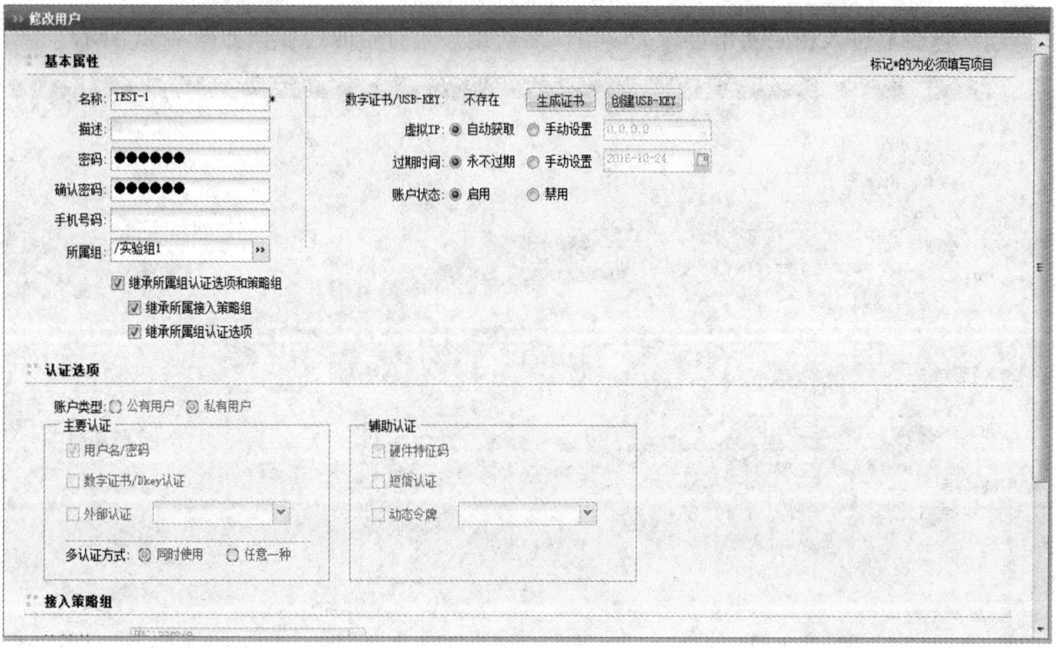

图 7-83　用户的建立

(8) 角色的定义。

在 SSL VPN 中，角色是用户和资源之间的纽带，合理地定义角色有利于用户与资源的结合，提高用户与资源的合理性。

角色建立步骤如下：依次选择"SSL VPN 设置"→"角色授权"→"新建"选项，建立相应的角色，如图 7-84 所示。

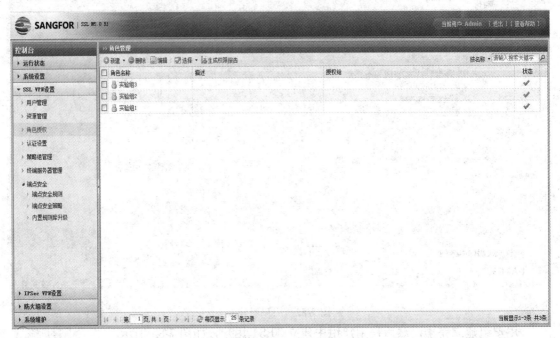

图 7-84　建立角色主界面

建立角色后进入相应的角色，关联用户后对用户进行资源授权，如图 7-85 所示。

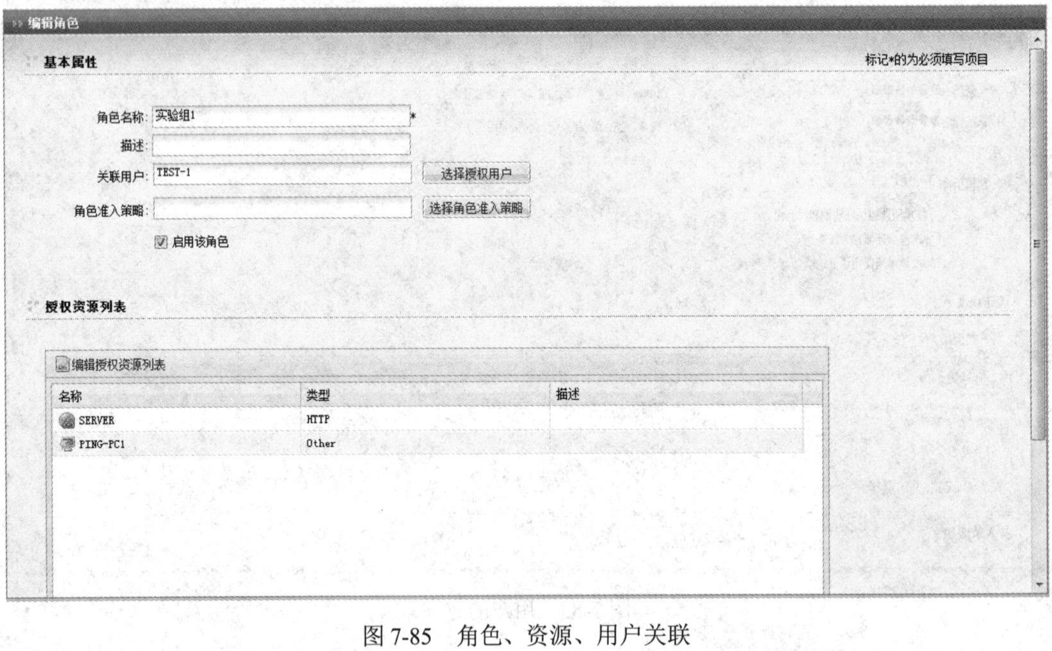

图 7-85　角色、资源、用户关联

⇨ **提示**：在 SSL VPN 设置的过程中要注意单击"完成""确定""立即生效"等按钮，确保配置生效。

## 六、任务验收

### 1. 设备验收

根据实训拓扑结构图检查交换机、计算机的线缆连接，检查 VPN、Server、PC1、PC2、PC3 的 IP 地址。

### 2. 配置验收

(1) 接口 IP 配置验收。

在 VPN 管理界面中网络接口配置菜单的接口 IP 项，检查各网络接口的 IP 参数是否符合实训参数规划。

(2) NAT 配置验收。

深信服 VPN 工作的模式分为网关和单臂工作模式，网关模式时，VPN 设备工作层次与路由器或包过滤防火墙基本相当，具备基本的路由转发及 NAT 功能。根据实训的拓扑，VPN 为网关工作模式，检查 NAT 配置是否正确。

(3) 资源管理配置验收。

在 VPN 管理界面的资源管理项，检查资源的定义是否符合实训的参数规划。深信服 SSL VPN 将资源分为 Web 资源、APP 资源和 IP 资源三类，登录控制台查看已发布的内网资源和类型是否正确，如图 7-86 所示。

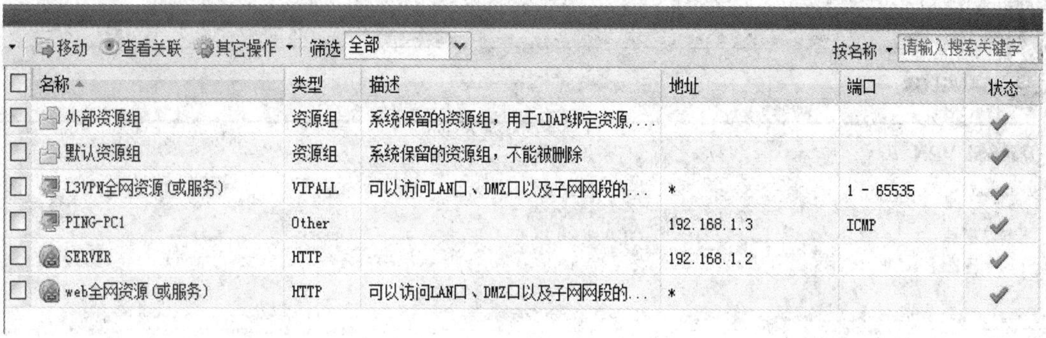

| | 名称 ▲ | 类型 | 描述 | 地址 | 端口 | 状态 |
|---|---|---|---|---|---|---|
| ☐ | 外部资源组 | 资源组 | 系统保留的资源组，用于LDAP绑定资源... | | | ✔ |
| ☐ | 默认资源组 | 资源组 | 系统保留的资源组，不能被删除 | | | ✔ |
| ☐ | L3VPN全网资源（或服务） | VIPALL | 可以访问LAN口、DMZ口以及子网网段的... | * | 1 - 65535 | ✔ |
| ☐ | PING-PC1 | Other | | 192.168.1.3 | ICMP | ✔ |
| ☐ | SERVER | HTTP | | 192.168.1.2 | | ✔ |
| ☐ | web全网资源（或服务） | HTTP | 可以访问LAN口、DMZ口以及子网网段的... | * | | ✔ |

图 7-86 资源管理

(4) 用户账号配置验收。

深信服 VPN 在实际部署时可以建立完备的组织结构，对不同的组添加相应的用户，构成整个用户管理的树形结构，方便为结构中不同级别、不同职位的用户关联不同的资源。检查设定的用户账号情况，如图 7-87 所示。

(5) 资源权限配置验收。

在角色菜单中，对每个角色的设置分为用户、用户组、资源、资源组、准入、授权六项，用户/用户组、资源/资源组可以任意组合，对其赋予相应的用户/用户组应用的访问权限。在角色授权菜单项下检查资源的权限配置。

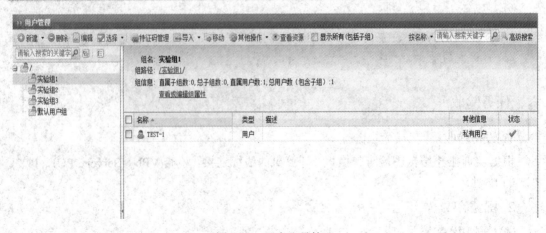

图 7-87　用户账号管理

### 3. 功能验收

(1) 在 PC1 上检查与 PC2 的连通性，PC1 通过 VPN 的 NAT 功能与 PC2 连通。

(2) 在 PC2 上的浏览器输入 SSL VPN 登录网址 https:// 202.1.1.1，当页面跳转之后，地址栏显示颜色变化，并在右端显示一把锁头的标志，表示该网页是通过 SSL 进行加密处理的。

在登录界面输入设定的用户名和密码，通过相应的认证后加载必要的插件可以进入资源页面，资源页面上将列出该用户可以访问的资源列表，如图 7-88～图 7-90 所示。

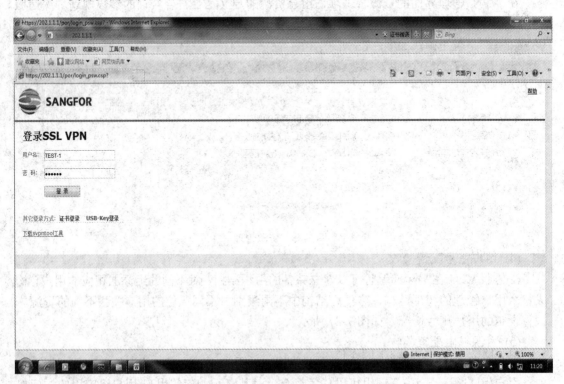

图 7-88　输入用户名和密码

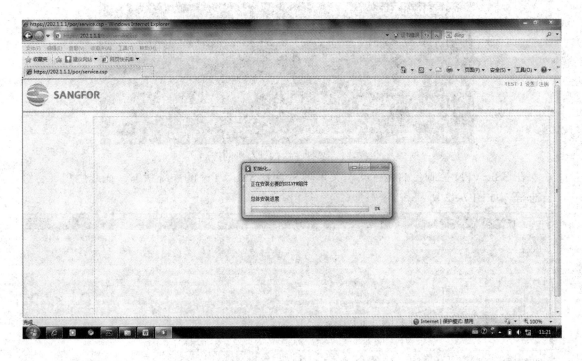

图 7-89　加载必要的插件

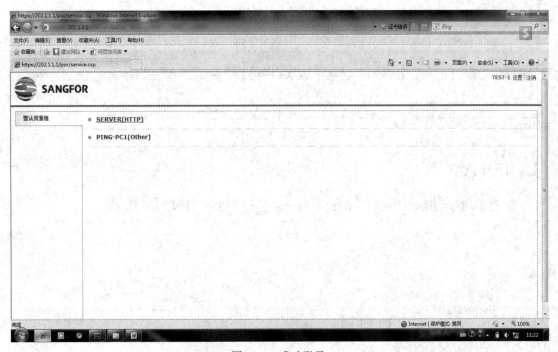

图 7-90　成功登录

在 PC2 上验证访问内部资源情况，单击资源页面的 Server，能正常访问到 Server 的 Web 服务，同时 ping PC1 能够连通，如图 7-91 所示。

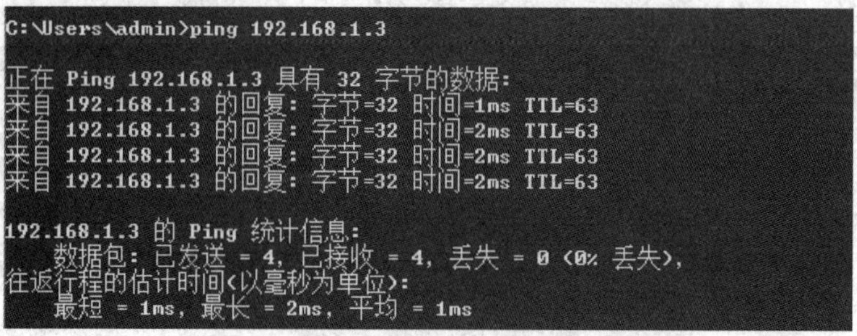

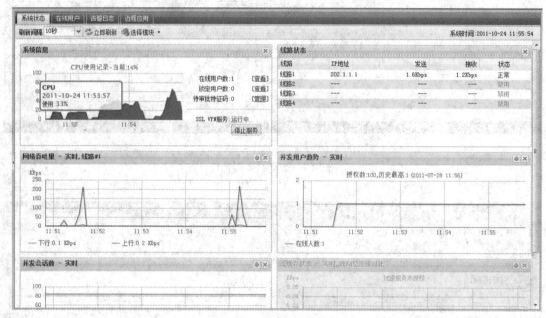

图 7-91　验证与内部计算机的连通

在 SSL VPN 控制台的运行状态菜单项里查看 SSL VPN 的系统状态、在线用户、告警日志等，如图 7-92 所示。

图 7-92　VPN 运行状态

## 七、任务总结

针对公司移动用户访问企业网资源的任务进行了 SSL VPN 的配置及验证。

# 参 考 文 献

[1] 王亮，张虹霞. 计算机网络技术基础[M]. 北京：航空工业出版社，2019.

[2] 王公儒. 网络综合布线系统工程技术实训教程[M]. 北京：机械工业出版社，2020.

[3] 杭州华三通信技术有限公司. 路由交换技术(第 1 卷)[M]. 北京：清华大学出版社，2019.

[4] 杭州华三通信技术有限公司. 路由交换技术(第 2 卷)[M]. 北京：清华大学出版社，2019.

[5] 杭州华三通信技术有限公司. IPv6 技术[M]. 北京：清华大学出版社，2019.

[6] 思科系统公司. CCNA EXPLORATION：网络基础知识[M]. 北京：人民邮电出版社，2020.

[7] 思科系统公司. CCNA EXPLORATION：LAN 交换和无线[M]. 北京：人民邮电出版社，2020.

[8] 思科系统公司. CCNA EXPLORATION：路由协议和概念[M]. 北京：人民邮电出版社，2020.

[9] 思科系统公司. CCNA EXPLORATION：接入 WAN[M]. 北京：人民邮电出版社，2020.

[10] 戴有炜. Windows Server 2003 网络专业指南[M]. 北京：清华大学出版社，2019.

[11] 张虹霞，王亮. 计算机网络安全与管理项目教程. 北京：清华大学出版社，2018.